建筑设计常用规范速查手册

JIANZHU SHEJI
CHANGYONG GUIFAN
SUCHA SHOUCE

伍孝波　东艳晖　主编

U0251298

化学工业出版社

·北京·

本手册按照一般规定，场地，建筑防火，建筑防、排烟，建筑防、排水，建筑防雷，建筑无障碍设计，楼梯间和楼梯，电梯，卫生间，门窗，建筑节能和绿色建筑等建筑设计基本元素，对现行 60 余种建筑法规，建筑设计规范、规程的相关条文进行了分类整理和重新编排，便于建筑设计相关工作人员根据工作需要快速查询和使用。

本手册是建筑设计相关工作人员的手边书，也是建筑施工图审图单位相关工作人员、施工单位和监理单位技术人员的好帮手，还可作为建筑院校相关专业教师和学生的参考书。

2013 年 10 月重印说明：

本次重印更新了《屋面工程技术规范》（GB 50345—2012）及《城市道路公共交通站、场、厂工程设计规范》（CJJ/T 15—2011）中相应内容。

图书在版编目（CIP）数据

建筑设计常用规范速查手册/伍孝波，东艳晖主编. —北京：化学工业出版社，2012.9（2015.3 重印）
　ISBN 978-7-122-15025-7

　Ⅰ.①建… Ⅱ.①伍…②东… Ⅲ.①建筑设计-技术手册 Ⅳ.①TU2-62

中国版本图书馆 CIP 数据核字（2012）第 176563 号

责任编辑：彭明兰　　　　　　　　　装帧设计：韩　飞
责任校对：陈　静

出版发行：化学工业出版社（北京市东城区青年湖南街 13 号　邮政编码 100011）
印　　刷：北京永鑫印刷有限责任公司
装　　订：三河市宇新装订厂
710mm×1000mm　1/16　印张 14¼　字数 298 千字　　2015 年 3 月北京第 1 版第 6 次印刷

购书咨询：010-64518888（传真：010-64519686）　　售后服务：010-64518899
网　　址：http://www.cip.com.cn
凡购买本书，如有缺损质量问题，本社销售中心负责调换。

定　　价：39.00 元

　　建筑设计从前期、方案、初步设计直至施工图设计的全过程中，对规范的遵守是法定的、必须的，也是完成一个成功的建筑设计的前提条件，因此快速查询和熟练运用规范、法规，对建筑设计工作是至关重要的。

　　我国现行建筑设计规范基本都是按照建筑类别编制的，使得一些基本的设计元素如防火、防烟、防水、安全疏散、楼梯、电梯、门窗等的信息分散在多本规范的各式条文中。在实际的规范查阅过程中，特别是前期、方案和初步设计阶段，建筑设计师需要面对繁杂的各类规范、法规条文，常会为查找相关的设计依据花费过多的时间和精力。因此，有必要对现有建筑设计规范中的相关条文按照基本设计元素进行分类整理，便于建筑师在实际工作中查询使用。本手册就是应这类需求而编制的。

　　本手册按照一般规定，场地，建筑防火，建筑防、排烟，建筑防、排水，建筑防雷，建筑无障碍设计，楼梯间和楼梯，电梯，卫生间，门窗，建筑节能和绿色建筑等建筑设计基本元素，对现行 60 余种建筑法规，建筑设计规范、规程的相关条文进行了分类整理和重新编排，便于建筑设计相关工作人员根据工作需要快速查询和使用。

　　在本手册编写过程中，编者力求全面、准确地引用有关建筑法规，建筑设计规范、规程和标准条文，但由于条件所限，内容的局限性和疏漏、失当之处在所难免。因此，本手册不能替代相关规范、规程和标准，读者在引用时需核对相关规范、规程和标准原文。

　　本手册由伍孝波、东艳晖主编，参与编写的还有朱株、王双厚、吕红霞、刘劲、乐倩、王辉、王强周、刘进波、王伟海、熊小龙、黄轶军等同志。对于在编写过程中参考或引用的相关标准规范和手册资料的作者，对于给予手册编辑出版以大力支持、帮助和协助的领导、专家和同志，在此致以深深的谢意。

　　为了编好这本手册，编者尽了最大努力，但因编者水平有限，加之工作量大、涉及面宽，书中难免会有缺点和不足，恳请相关专家和读者给予补充和指正，使之更臻完善。

　　希望本手册对广大建筑设计相关人员有所帮助。

第三章　建筑防火　　35

第九章 电 梯 165

第十章 卫生间 170

第十一章 门 窗 186

第十二章　建筑节能　　202

第十三章　绿色建筑　　210

第一章　一般规定

第一节　建筑分类

一、使用功能分类

见《民用建筑设计通则》(GB 50352—2005)。

3.1.1　民用建筑按使用功能可分为居住建筑和公共建筑两大类。

见《全国民用建筑工程设计技术措施规划/规划·建筑·景观 (2009 年版)》。

2.3.1　民用建筑按使用功能可分为居住建筑和公共建筑两大类见表 2.3.1。

表 2.3.1　民用建筑分类

分类	建筑类别	建筑物举例
居住建筑	住宅建筑	住宅、公寓、别墅、老年人住宅等
	宿舍建筑	集体宿舍、职工宿舍、学生宿舍、学生公寓等
公共建筑	办公建筑	各级党政、团体、企事业单位办公楼、商务写字楼等
	商业建筑	商场、购物中心、超市等
	饮食建筑	餐馆、饮食店、食堂等
	休闲、娱乐建筑	洗浴中心、歌舞厅、休闲会馆等
	金融建筑	银行、证券等
	旅馆建筑	旅馆、宾馆、饭店、度假村等
	科研建筑	实验楼、科研楼、研发基地等
	教育建筑	托幼、中小学校、高等院校、职业学校、特殊教育学校等
	观演建筑	剧院、电影院、音乐厅等
	博物馆建筑	博物馆、美术馆等
	文化建筑	文化馆、图书馆、档案馆、文化中心等
	纪念建筑	纪念馆、名人故居等
	会展建筑	展览中心、会议中心、科技展览馆等
	体育建筑	各类体育场馆、游泳馆、健身场馆等
	医疗建筑	各类医院、疗养院、急救中心等
	卫生、防疫建筑	动植物检疫、卫生防疫站等
	交通建筑	地铁站、汽车、铁路、港口客运站、空港航站楼等

分类	建筑类别	建筑物举例
公共建筑	广播、电视建筑	电视台、广播电台、广播电视中心等
	邮电、通讯建筑	邮电局、通讯站等
	商业综合体	商业、办公、酒店或公寓为一体的建筑
	宗教建筑	道观、寺庙、教堂等
	殡葬建筑	殡仪馆、墓地建筑等
	惩戒建筑	劳教所、监狱等
	园林建筑	各类公园、绿地中的亭、台、楼、榭等
	市政建筑	变电站、热力站、锅炉房、垃圾楼等
	临时建筑	售楼处、临时展览、世博会建筑

注：1 本表的分类仅供设计时参考；

2 当做建筑的节能设计时，居住建筑与公共建筑的分类应按国家或地方有关建筑节能设计标准中的分类规定。

二、层数或高度分类

见《民用建筑设计通则》(GB 50352—2005)。

3.1.2 民用建筑按地上层数或高度分类划分应符合下列规定：

1 住宅建筑按层数分类：一层至三层为低层住宅，四层至六层为多层住宅，七层至九层为中高层住宅，十层及十层以上为高层住宅；

2 除住宅建筑之外的民用建筑高度不大于24m者为单层和多层建筑，大于24m者为高层建筑（不包括建筑高度大于24m的单层公共建筑）；

3 建筑高度大于100m的民用建筑为超高层建筑。

注：本条建筑层数和建筑高度计算应符合防火规范的有关规定。

见《建筑设计防火规范》(GB 50016—2006)。

1.0.2 条文说明：

注：1 建筑高度的计算：当为坡屋面时，应为建筑物室外设计地面到其檐口的高度；当为平屋面（包括有女儿墙的平屋面）时，应为建筑物室外设计地面到其屋面面层的高度；当同一座建筑物有多种屋面形式时，建筑高度应按上述方法分别计算后取其最大值。局部突出屋顶的瞭望塔、冷却塔、水箱间、微波天线间或设施、电梯机房、排风和排烟机房以及楼梯出口小间等，可不计入建筑高度内。

2 建筑层数的计算：建筑的地下室、半地下室的顶板面高出室外设计地面的高度小于等于1.5m者，建筑底部设置的高度不超过2.2m的自行车库、储藏室、敞开空间，以及建筑屋顶上突出的局部设备用房、出屋面的楼梯间等，可不计入建筑层数内。住宅顶层为两层一套的跃层，可按1层计，其他各层的跃层以及顶层中多于2层一套的跃层，应计入层数。

三、建筑防火分类

见本书第三章第一节相关内容。

四、使用年限分类

见《民用建筑设计通则》(GB 50352—2005)。

3.2.1 民用建筑的设计使用年限应符合表3.2.1的规定。

表3.2.1 设计使用年限分类

类别	设计使用年限（年）	示例
1	5	临时性建筑
2	25	易于替换结构构件的建筑
3	50	普通建筑和构筑物
4	100	纪念性建筑和特别重要的建筑

五、设计等级分类

见《建筑工程设计资质分级标准》(建设〔1999〕9号)。

民用建筑工程设计等级分类表

		特级	一级	二级	三级
一般公共建筑	单体建筑面积	8万平方米以上	2万平方米以上至8万平方米	5千平方米以上至2万平方米	5千平方米以下
	立项投资	2亿元以上	4千万元以上至2亿元	1千万元以上至4千万元	1千万元及以下
	建筑高度	100米以上	50米以上至100米	24米以上至50米	24米及以下（其中砌体建筑不得超过抗震规范高度限值要求）
住宅、宿舍	层数		20层以上	12层以上至20层	12层及以下（其中砌体建筑不得超过抗震规范层数限值要求）
居住区、工厂生活区	总建筑面积		10万平方米以上	10万平方米及以下	
地下工程	地下空间（总建筑面积）	5万平方米以上	1万平方米以上至5万平方米	1万平方米及以下	
	附建式人防（防护等级）		四级及以上	五级及以下	
一般公共建筑	超限高层建筑抗震要求	抗震设防区特殊超限高层建筑	抗震设防区建筑高度100米及以下的一般超限高层建筑		
	技术复杂、有声、光、热、振动、视线等特殊要求	技术特别复杂	技术比较复杂		
	重要性	国家级经济、文化、历史、涉外等重点工程项目	省级经济、文化、历史、涉外等重点工程项目		

注：符合某工程等级特征之一的项目即可确认为该工程等级项目。

六、工程规模分类

见《全国民用建筑工程设计技术措施规划/规划·建筑·景观（2009 年版）》。

表 2.3.3   民用建筑按工程规模分类

建筑类别　　　分类	特大型	大型	中型	小型
展览建筑(总展览面积 S)	S＞100000m²	30000m²＜S ≤100000m²	10000m²＜S ≤30000m²	S≤10000m²
博物馆(建筑面积)		＞10000m²	4000～10000m²	＜4000m²
剧场(座席数)	＞1601 座	1201～1600 座	801～1200 座	300～800 座
电影院(座席数)	＞1800 座观众厅不宜少于 11 个	1201～1800 座观众厅不宜少于 8～10 个	701～1200 座观众厅不宜少于 5～7 个	＜700 座观众厅不宜少于 5 个
体育场(座席数)	＞60000 座	40000～60000 座	20000～40000 座	＜20000 座
体育馆(座席数)	＞10000 座	6000～10000 座	3000～6000 座	＜3000 座
游泳馆(座席数)	＞6000 座	3000～6000 座	1500～3000 座	＜1500 座
汽车库(车位数)	＞500 辆	301～500 辆	51～500 辆	＜50 辆
幼儿园(班数)	—	10～12 班	6～9 班	5 班以下
商场(建筑面积)		＞15000m²	3000～15000m²	＜3000m²
专业商店(建筑面积)		＞5000m²	1000～5000m²	＜1000m²
菜市场	—	＞6000m²	1200～6000m²	＜1200

注：1　本表依据各相关建筑设计规范编制。

2　话剧、戏曲剧场不宜超过 1200 座，歌舞剧场不宜超过 1800 座，单独的托儿所不宜超过 5 个班。

第二节　各功能房间人均最小面积和人口密度

见《全国民用建筑工程设计技术措施规划/规划·建筑·景观（2009 年版）》。

2.5.1　各功能房间合理使用人数是确定空间尺度、核算配套用房及设施的依据，房间合理使用人数的确定，可按最小人均使用面积进行折算，人均最小使用面积见表 2.5.1。

2.5.2　建筑物应按防火规范有关规定计算安全疏散楼梯、走道和出口的宽度和数量。有标定人数的建筑（有固定座席的剧场、体育场馆等），可按标定的使用人数计算；对于无标定人数的建筑应按有关设计规范或经过调查分析，确定合理的使用人数或人员密度，并以此为基数，计算安全疏散楼梯、走道和出口的宽度和数量，无标定人数的房间疏散人数可按房间的人员密度值进行折算，部分无标定人数的房间人员密度值见表 2.5.2。

表 2.5.1 各功能房间人均最小使用面积

序号	房间功能			人均最小使用面积（m²/人）
1	办公楼	普通办公室		4
		研究工作室		5
		设计绘图室		6
		单间办公室		10
		中、小会议室	有会议桌	1.8
			无会议桌、报告厅	0.8
2	中小学校	普通教室（m²/每座）	小学	1.36
			中学	1.39
			幼儿及中等师范	1.37
		合班教室（m²/每座）		小学 0.89　中学 0.90
		教师办公室（m²/每座）		5.00
3	剧场	观众厅	甲等	0.8
			乙等	0.7
			丙等	0.6
4	电影院	观众厅	特级	1.0
			甲级	
			乙级	
			丙级	0.6
5	商场	营业厅、自选营业厅		1.35
		用小车选购的自选营业厅		1.7
6	餐饮	餐馆餐厅	一级	1.30
			二级	1.1
		食堂餐厅	一级	1.1
			二级	0.85
7	图书馆	阅览室	普通及报刊阅览室	1.8~2.3
			专业阅览室	3.5
			儿童阅览室	1.8

注：1 本表依据各相关建筑设计规范编制。
　　2 本表为建筑正常使用情况下房间的合理使用人数，非消防疏散计算的最不利人数。

表 2.5.2 无标定人数的房间人员密度值

序号	房间功能		人员密度（人/m²）
1	展览建筑	展厅	地下1层	0.65
			地上1层	0.7
			地上2层	0.65
			地上3层及以上	0.5

续表

序号	房 间 功 能			人员密度(人/m²)
2	商场	营业厅	地下2层	0.8
			地下1层 地上1、2层	0.85
			地上3层	0.77
			地上4层及以上	0.6
3	娱乐场		录像厅、放映厅	1
			歌舞厅、夜总会、游艺厅	0.5
4	汽车客运站		候车厅	0.91

注：1 本表依据各相关建筑设计规范编制；

2 商场营业厅建筑面积值应乘以面积折算值，地上商场的面积折算值宜为50%～70%，地下商场的面积折算值不应小于70%。

第三节 常用名词解释

见《城市居住区规划设计规范（2002年版）》(GB 50180—93)。

2.0.1 城市居住区

一般称居住区，泛指不同居住人口规模的居住生活聚居地和特指城市干道或自然分界线所围合，并与居住人口规模（30000～50000人）相对应，配建有一整套较完善的、能满足该区居民物质与文化生活所需的公共服务设施的居住生活聚居地。

2.0.2 居住小区

一般称小区，是指被城市道路或自然分界线所围合，并与居住人口规模（10000～15000人）相对应，配建有一套能满足该区居民基本的物质与文化生活所需的公共服务设施的居住生活聚居地。

2.0.3 居住组团

一般称组团，指一般被小区道路分隔，并与居住人口规模（1000～3000人）相对应，配建有居民所需的基层公共服务设施的居住生活聚居地。

2.0.4 居住区用地（R）

住宅用地、公建用地、道路用地和公共绿地等四项用地的总称。

2.0.5 住宅用地（R01）

住宅建筑基底占地及其四周合理间距内的用地（含宅间绿地和宅间小路等）的总称。

2.0.6 公共服务设施用地（R02）

一般称公建用地，是与居住人口规模相对应配建的、为居民服务和使用的各类设施的用地，应包括建筑基底占地及其所属场院、绿地和配建停车场等。

2.0.20 住宅平均层数

住宅总建筑面积与住宅基底总面积的比值（层）。

2.0.21 高层住宅（大于等于10层）比例

高层住宅总建筑面积与住宅总建筑面积的比率（%）。

2.0.22 中高层住宅（7～9层）比例

中高层住宅总建筑面积与住宅总建筑面积的比率（%）。

2.0.23　人口毛密度
每公顷居住区用地上容纳的规划人口数量（人/hm²）。

2.0.24　人口净密度
每公顷住宅用地上容纳的规划人口数量（人/hm²）。

2.0.25　住宅建筑套密度（毛）
每公顷居住区用地上拥有的住宅建筑套数（套/hm²）。

2.0.26　住宅建筑套密度（净）
每公顷住宅用地上拥有的住宅建筑套数（套/hm²）。

2.0.27　住宅建筑面积毛密度
每公顷居住区用地上拥有的住宅建筑面积（万 m²/hm²）。

2.0.28　住宅建筑面积净密度
每公顷住宅用地上拥有的住宅建筑面积（万 m²/hm²）。

2.0.29　建筑面积毛密度
也称容积率，是每公顷居住区用地上拥有的各类建筑的建筑面积（万 m²/hm²）或以居住区总建筑面积（万 m²）与居住区用地（万 m²）的比值表示。

2.0.30　住宅建筑净密度
住宅建筑基底总面积与住宅用地面积的比率（%）。

2.0.31　建筑密度
居住区用地内，各类建筑的基底总面积与居住区用地面积的比率（%）。

2.0.32　绿地率
居住区用地范围内各类绿地面积的总和占居住区用地面积的比率（%）。

绿地应包括：公共绿地、宅旁绿地、公共服务设施所属绿地和道路绿地（即道路红线内的绿地），其中包括满足当地植树绿化覆土要求、方便居民出入的地下或半地下建筑的屋顶绿地，不应包括其他屋顶、晒台的人工绿地。

2.0.32a　停车率
指居住区内居民汽车的停车位数量与居住户数的比率（%）。

2.0.32b　地面停车率
居民汽车的地面停车位数量与居住户数的比率（%）。

2.0.33　拆建比
拆除的原有建筑总面积与新建的建筑总面积的比值。

见《民用建筑设计通则》(GB 50352—2005)。

2.0.6　建筑基地 construction site
根据用地性质和使用权属确定的建筑工程项目的使用场地。

2.0.7　道路红线 boundary line of roads
规划的城市道路（含居住区级道路）用地的边界线。

2.0.8　用地红线 boundary line of land；property line
各类建筑工程项目用地的使用权属范围的边界线。

2.0.9　建筑控制线 building line
有关法规或详细规划确定的建筑物、构筑物的基底位置不得超出的界线。

2.0.10　建筑密度 building density；building coverage ratio
在一定范围内，建筑物的基底面积总和与占用地面积的比例（%）。

2.0.11　容积率　plot ratio, floor area ratio

在一定范围内，建筑面积总和与用地面积的比值。

2.0.14　层高　storey height

建筑物各层之间以楼、地面面层（完成面）计算的垂直距离，屋顶层由该层楼面面层（完成面）至平屋面的结构面层或至坡顶的结构面层与外墙外皮延长线的交点计算的垂直距离。

2.0.16　地下室　basement

房间地平面低于室外地平面的高度超过该房间净高的 1/2 者为地下室。

2.0.17　半地下室　semi-basement

房间地平面低于室外地平面的高度超过该房间净高的 1/3，且不超过 1/2 者为半地下室。

2.0.18　设备层　mechanical floor

建筑物中专为设置暖通、空调、给水排水和配变电等的设备和管道且供人员进入操作用的空间层。

2.0.19　避难层　refuge storey

建筑高度超过 100m 的高层建筑，为消防安全专门设置的供人们疏散避难的楼层。

2.0.20　架空层　open floor

仅有结构支撑而无外围护结构的开敞空间层。

2.0.33　采光系数　daylight factor

在室内给定平面上的一点，由直接或间接地接收来自假定和已知天空亮度分布的天空漫射光而产生的照度与同一时刻该天空半球在室外无遮挡水平面上产生的天空漫射光照度之比。

2.0.34　采光系数标准值　standard value of daylight factor

室内和室外天然光临界照度时的采光系数值。

见《建筑设计防火规范》(GB 50016—2006)。

2.0.1　耐火极限　Fire resistance rating

在标准耐火试验条件下，建筑构件、配件或结构从受到火的作用时起，到失去稳定性、完整性或隔热性时止的这段时间，用小时表示。

2.0.2　不燃烧体　Non-combustible component

用不燃材料做成的建筑构件。

2.0.3　难燃烧体　Difficult-combustible component

用难燃材料做成的建筑构件或用可燃材料做成而用不燃材料做保护层的建筑构件。

2.0.4　燃烧体　Combustible component

用可燃材料做成的建筑构件。

2.0.10　多层厂房（仓库）　Multi-storied industrial building

2 层及 2 层以上，且建筑高度不超过 24.0m 的厂房（仓库）。

2.0.11　高层厂房（仓库）　High-rise industrial building

2 层及 2 层以上，且建筑高度超过 24.0m 的厂房（仓库）。

2.0.12　高架仓库　High rack storage

货架高度超过 7.0m 且机械化操作或自动化控制的货架仓库。

2.0.13　重要公共建筑　Important public building

人员密集、发生火灾后伤亡大、损失大、影响大的公共建筑。

2.0.14　商业服务网点　Commercial service facilities

居住建筑的首层或首层及二层设置的百货店、副食店、粮店、邮政所、储蓄所、理发店等小型营业性用房。该用房总建筑面积不超过 300m²，采用耐火极限不低于 1.50h 的楼板和耐火极限不低于 2.00h 且无门窗洞口的隔墙与居住部分及其他用房完全分隔，其安全出口、疏散楼梯与居住部分的安全出口、疏散楼梯分别独立设置。

2.0.17　安全出口　Safety exit

供人员安全疏散用的楼梯间、室外楼梯的出入口或直通室内外安全区域的出口。

2.0.18　封闭楼梯间　Enclosed staircase

用建筑构配件分隔，能防止烟和热气进入的楼梯间。

2.0.19　防烟楼梯间　Smoke-proof staircase

在楼梯间入口处设有防烟前室，或设有专供排烟用的阳台、凹廊等，且通向前室和楼梯间的门均为乙级防火门的楼梯间。

2.0.20　防火分区　Fire compartment

在建筑内部采用防火墙、耐火楼板及其他防火分隔设施分隔而成，能在一定时间内防止火灾向同一建筑的其余部分蔓延的局部空间。

2.0.21　防火间距　Fire separation distance

防止着火建筑的辐射热在一定时间内引燃相邻建筑，且便于消防扑救的间隔距离。

2.0.22　防烟分区　Smoke bay

在建筑内部屋顶或顶板、吊顶下采用具有挡烟功能的构配件进行分隔所形成的，具有一定蓄烟能力的空间。

见《高层民用建筑设计防火规范（2005 年版)》(GB 50045—95)。

2.0.2　建筑高度 building altitude

建筑物室外地面到其檐口或屋面面层的高度，屋顶上的水箱间、电梯机房、排烟机房和楼梯出口小间等不计入建筑高度。

2.0.7　综合楼 multiple-use building

由二种及二种以上用途的楼层组成的公共建筑。

2.0.8　商住楼 business-living building

底部商业营业厅与住宅组成的高层建筑。

2.0.10　高级旅馆 high-grade hotel

具备星级条件的且设有空气调节系统的旅馆。

2.0.11　高级住宅 high-grade residence

建筑装修标准高和设有空气调节系统的住宅。

2.0.12　重要的办公楼、科研楼、档案楼 important office building、laboratory、archive

性质重要，建筑装修标准高，设备、资料贵重，火灾危险性大、发生火灾后损失大、影响大的办公楼、科研楼、档案楼。

2.0.16　挡烟垂壁 hang wall

用不燃烧材料制成，从顶棚下垂不小于 500mm 的固定或活动的挡烟设施。活动挡烟垂壁系指火灾时因感温、感烟或其他控制设备的作用，自动下垂的挡烟垂壁。

见《绿色建筑评价标准》(GB/T 50378—2006)。

2.0.1　绿色建筑 green building

在建筑的全寿命周期内，最大限度地节约资源（节能、节地、节水、节材）、保护环境和减少污染，为人们提供健康、适用和高效的使用空间，与自然和谐共生的建筑。

第二章 场地

第一节 总平面图

一、建筑基地"两证一书"和控制线

见《中华人民共和国城市规划法》。

第二十九条 城市规划区内的土地利用和各项建设必须符合城市规划，服从规划管理。

第三十条 城市规划区内的建设工程的选址和布局必须符合城市规划。设计任务书报请批准时，必须附有城市规划行政主管部门的选址意见书。

第三十一条 在城市规划区内进行建设需要申请用地的，必须持国家批准建设项目的有关文件，向城市规划行政主管部门申请定点，由城市规划行政主管部门核定其用地位置和界限，提供规划设计条件，核发建设用地规划许可证。建设单位或者个人在取得建设用地规划许可证后，方可向县级以上地方人民政府土地管理部门申请用地，经县级以上人民政府审查批准后，由土地管理部门划拨土地。

第三十二条 在城市规划区内新建、扩建和改建建筑物、构筑物、道路、管线和其他工程设施，必须持有关批准文件向城市规划行政主管部门提出申请，由城市规划行政主管部门根据城市规划提出的规划设计要求。核发建设工程规划许可证件。建设单位或者个人在取得建设工程规划许可证件和其他有关批准文件后，方可申请办理开工手续。

第三十四条 任何单位和个人必须服从城市人民政府根据城市规划作出的调整用地决定。

第三十五条 任何单位和个人不得占用道路、广场、绿地、高压供电走廊和压占地下管线进行建设。

见《城市规划编制办法》(2006 年 4 月 1 日起施行)。

第四十一条 控制性详细规划应当包括下列内容：

(一) 确定规划范围内不同性质用地的界线，确定各类用地内适建，不适建或者有条件地允许建设的建筑类型。

(二) 确定各地块建筑高度、建筑密度、容积率、绿地率等控制指标；确定公共设施配套要求、交通出入口方位、停车泊位、建筑后退红线距离等要求。

(三) 提出各地块的建筑体量、体型、色彩等城市设计指导原则。

(四) 根据交通需求分析，确定地块出入口位置、停车泊位、公共交通场站用地范围和站点位置、步行交通以及其他交通设施。规定各级道路的红线、断面、交叉口形式及渠化措施、控制点坐标和标高。

(五) 根据规划建设容量，确定市政工程管线位置、管径和工程设施的用地界线，进行管线综合。确定地下空间开发利用具体要求。

（六）制定相应的土地使用与建筑管理规定。

第四十二条　控制性详细规划确定的各地块的主要用途、建筑密度、建筑高度、容积率、绿地率、基础设施和公共服务设施配套规定应当作为强制性内容。

见《城市黄线管理办法》（2006年3月1日起施行）。

第十二条　在城市黄线内进行建设活动，应当贯彻安全、高效、经济的方针，处理好近远期关系，根据城市发展的实际需要，分期有序实施。

第十三条　在城市黄线范围内禁止进行下列活动：

（一）违反城市规划要求，进行建筑物、构筑物及其他设施的建设；

（二）违反国家有关技术标准和规范进行建设；

（三）未经批准，改装、迁移或拆毁原有城市基础设施；

（四）其他损坏城市基础设施或影响城市基础设施安全和正常运转的行为。

第十四条　在城市黄线内进行建设，应当符合经批准的城市规划。

在城市黄线内新建、改建、扩建各类建筑物、构筑物、道路、管线和其他工程设施，应当依法向建设主管部门（城乡规划主管部门）申请办理城市规划许可，并依据有关法律、法规办理相关手续。

迁移、拆除城市黄线内城市基础设施的，应当依据有关法律、法规办理相关手续。

第十五条　因建设或其他特殊情况需要临时占用城市黄线内土地的，应当依法办理相关审批手续。

见《城市蓝线管理办法》（2006年3月1日起施行）。

第十条　在城市蓝线内禁止进行下列活动：

（一）违反城市蓝线保护和控制要求的建设活动；

（二）擅自填埋、占用城市蓝线内水域；

（三）影响水系安全的爆破、采石、取土；

（四）擅自建设各类排污设施；

（五）其他对城市水系保护构成破坏的活动。

第十一条　在城市蓝线内进行各项建设，必须符合经批准的城市规划。

在城市蓝线内新建、改建、扩建各类建筑物、构筑物、道路、管线和其他工程设施，应当依法向建设主管部门（城乡规划主管部门）申请办理城市规划许可，并依照有关法律、法规办理相关手续。

见《城市紫线管理办法》（2004年2月1日起施行）。

第十三条　在城市紫线范围内禁止进行下列活动：

（一）违反保护规划的大面积拆除、开发；

（二）对历史文化街区传统格局和风貌构成影响的大面积改建；

（三）损坏或者拆毁保护规划确定保护的建筑物、构筑物和其他设施；

（四）修建破坏历史文化街区传统风貌的建筑物、构筑物和其他设施；

（五）占用或者破坏保护规划确定保留的园林绿地、河湖水系、道路和古树名木等；

（六）其他对历史文化街区和历史建筑的保护构成破坏性影响的活动。

第十四条　在城市紫线范围内确定各类建设项目，必须先由市、县人民政府城乡规划行政主管部门依据保护规划进行审查，组织专家论证并进行公示后核发选址意见书。

　　第十五条　在城市紫线范围内进行新建或者改建各类建筑物、构筑物和其他设施，对规划确定保护的建筑物、构筑物和其他设施进行修缮和维修以及改变建筑物、构筑物的使用性质，应当依照相关法律、法规的规定，办理相关手续后方可进行。

　　第十六条　城市紫线范围内各类建设的规划审批，实行备案制度。

　　见《城市绿线管理办法》（2002 年 11 月 1 日起施行）。

　　第十一条　城市绿线内的用地，不得改作他用，不得违反法律法规、强制性标准以及批准的规划进行开发建设。

　　有关部门不得违反规定，批准在城市绿线范围内进行建设。

　　因建设或者其他特殊情况，需要临时占用城市绿线内用地的，必须依法办理相关审批手续。

　　在城市绿线范围内，不符合规划要求的建筑物、构筑物及其他设施应当限期迁出。

　　第十二条　任何单位和个人不得在城市绿地范围内进行拦河截溪、取土采石、设置垃圾堆场、排放污水以及其他对生态环境构成破坏的活动。

　　近期不进行绿化建设的规划绿地范围内的建设活动，应当进行生态环境影响分析，并按照《城市规划法》的规定，予以严格控制。

　　第十三条　居住区绿化、单位绿化及各类建设项目的配套绿化都要达到《城市绿化规划建设指标的规定》的标准。

　　各类建设工程要与其配套的绿化工程同步设计，同步施工，同步验收。达不到规定标准的，不得投入使用。

二、建筑基地出入口

　　见《民用建筑设计通则》（GB 50352—2005）。

　　4.1.2　基地应与道路红线相邻接，否则应设基地道路与道路红线所划定的城市道路相连接。基地内建筑面积小于或等于 3000m^2 时，基地道路的宽度不应小于 4m，基地内建筑面积大于 3000m^2 且只有一条基地道路与城市道路相连接时，基地道路的宽度不应小于 7m，若有两条以上基地道路与城市道路相连接时，基地道路的宽度不应小于 4m。

　　4.1.5　基地机动车出入口位置应符合下列规定：

　　1　与大中城市主干道交叉口的距离，自道路红线交叉点量起不应小于 70m；

　　2　与人行横道线、人行过街天桥、人行地道（包括引道、引桥）的最边缘线不应小于 5m；

　　3　距地铁出入口、公共交通站台边缘不应小于 15m；

　　4　距公园、学校、儿童及残疾人使用建筑的出入口不应小于 20m；

　　5　当基地道路坡度大于 8％时，应设缓冲段与城市道路连接；

　　6　与立体交叉口的距离或其他特殊情况，应符合当地城市规划行政主管部门的规定。

　　4.1.6　大型、特大型的文化娱乐、商业服务、体育、交通等人员密集建筑的基地应符合下列规定：

　　1　基地应至少有一面直接临接城市道路，该城市道路应有足够的宽度，以减少人员疏散时对城市正常交通的影响；

　　2　基地沿城市道路的长度应按建筑规模或疏散人数确定，并至少不小于基地周长的 1/6；

　　3　基地应至少有两个或两个以上不同方向通向城市道路的（包括以基地道路连接的）出口；

　　4　基地或建筑物的主要出入口，不得和快速道路直接连接，也不得直对城市主要干道的交叉口；

5　建筑物主要出入口前应有供人员集散用的空地，其面积和长宽尺寸应根据使用性质和人数确定；

6　绿化和停车场布置不应影响集散空地的使用，并不宜设置围墙、大门等障碍物。

见《城市居住区规划设计规范（2002年版）》(GB 50180—93)。

8.0.5.1　小区内主要道路至少应有两个出入口；居住区内主要道路至少应有两个方向与外围道路相连；机动车道对外出入口间距不应小于150m。沿街建筑物长度超过150m时，应设不小于4m×4m的消防车通道。人行出口间距不宜超过80m，当建筑物长度超过80m时，应在底层加设人行通道；

8.0.5.2　居住区内道路与城市道路相接时，其交角不宜小于75°；当居住区内道路坡度较大时，应设缓冲段与城市道路相接；

见《北京市人民政府关于在城市道路两侧和交叉路口周围新建、改建建筑工程的若干规定》(1987年4月1日实施)。

一、凡在本市市区和郊区城镇地区的道路（包括主干道、次干道和支路，以下简称城市道路）两侧和交叉路口周围新建、改建建筑工程，均须按以下规定保持建筑工程与城市道路（即规划道路红线，下同）之间的距离：

（一）立体交叉路口周围建筑工程与城市道路距离的宽度，视城市道路宽度而定：城市道路宽度在150米以上的，距离的宽度不小于15米；城市道路宽度在150米以下（含150米）的，距离的宽度不小于30米。

立体交叉引桥高出地面的，建筑工程距离引桥路面外边线的宽度不小于30米。

特殊形式立体交叉路口周围建筑工程与城市道路距离的宽度，由市规划管理局视具体情况确定。

（二）平交路口周围30米范围内，根据规划的需要，建筑工程与城市道路距离宽度不小于10至20米。

（三）城市道路两侧（即非交叉路口的路段）建筑工程与城市道路距离的宽度，由市规划管理局按规划的需要规定。

（四）城市道路两侧现有建筑物翻建或建设临时性建筑工程，按规定保留距离的宽度确有困难的，可适当照顾。但建筑工程与现有城市道路路面边线的距离，不得小于10至15米。

现有城市道路交叉口范围内，禁止新建临时性建筑工程。

二、建筑工程与城市道路之间按规定宽度保留的空地，由市规划管理局安排用途。在用途确定前，可暂由新建、改建工程的建设单位负责进行绿化。

三、新建大型公共建筑工程（包括饭店、旅馆、写字楼、医院、影剧院、博物馆、大型商场等），除按本规定进行建设外，还须按规划要求在建设用地范围内留足停车场和绿化用地。

三、建筑突出物与用地红线

见《民用建筑设计通则》(GB 50352—2005)。

4.2.1　建筑物及附属设施不得突出道路红线和用地红线建造。

不得突出的建筑突出物为：

——地下建筑物及附属设施，包括结构挡土桩、挡土墙、地下室、地下室底板及其基础、化粪池等；

—— 地上建筑物及附属设施，包括门廊、连廊、阳台、室外楼梯、台阶、坡道、花池，围墙、平台、散水明沟、地下室进排风口、地下室出入口、集水井、采光井等；

—— 除基地内连接城市的管线、隧道、天桥等市政公共设施外的其他设施。

4.2.2 经当地城市规划行政主管部门批准，允许突出道路红线的建筑突出物应符合下列规定：

1 在有人行道的路面上空：

1) 2.50m 以上允许突出建筑构件：凸窗、窗扇、窗罩、空调机位，突出的深度不应大于 0.50m；

2) 2.50m 以上允许突出活动遮阳，突出宽度不应大于人行道宽度减 1m，并不应大于 3m；

3) 3m 以上允许突出雨篷、挑檐，突出的深度不应大于 2m；

4) 5m 以上允许突出雨篷、挑檐，突出的深度不宜大于 3m。

2 在无人行道的路面上空：4m 以上允许突出建筑构件：窗罩，空调机位，突出深度不应大于 0.50m。

3 建筑突出物与建筑本身应有牢固地结合。

4 建筑物和建筑突出物均不得向道路上空直接排泄雨水、空调冷凝水及从其他设施排出的废水。

4.2.3 当地城市规划行政主管部门在用地红线范围内另行划定建筑控制线时，建筑物的基底不应超出建筑控制线，突出建筑控制线的建筑突出物和附属设施应符合当地城市规划的要求。

4.2.4 属于公益上有需要而不影响交通及消防安全的建筑物、构筑物，包括公共电话亭、公共交通候车亭、治安岗等公共设施及临时性建筑物和构筑物，经当地城市规划行政主管部门的批准，可突入道路红线建造。

4.2.5 骑楼、过街楼和沿道路红线的悬挑建筑建造不应影响交通及消防的安全；在有顶盖的公共空间下不应设置直接排气的空调机、排气扇等设施或排出有害气体的通风系统。

四、建筑高度

见《民用建筑设计通则》(GB 50352—2005)。

4.3.1 建筑高度不应危害公共空间安全、卫生和景观，下列地区应实行建筑高度控制：

1 对建筑高度有特别要求的地区，应按城市规划要求控制建筑高度；

2 沿城市道路的建筑物，应根据道路的宽度控制建筑裙楼和主体塔楼的高度；

3 机场、电台、电信、微波通信、气象台、卫星地面站、军事要塞工程等周围的建筑，当其处在各种技术作业控制区范围内时，应按净空要求控制建筑高度；

4 当建筑处在本通则第 1 章第 1.0.3 条第 8 款所指的保护规划区内。

注：建筑高度控制尚应符合当地城市规划行政主管部门和有关专业部门的规定。

4.3.2 建筑高度控制的计算应符合下列规定：

1 第 4.3.1 条 3、4 款控制区内建筑高度，应按建筑物室外地面至建筑物和构筑物最高点的高度计算；

2 非第 4.3.1 条 3、4 款控制区内建筑高度：平屋顶应按建筑物室外地面至其屋面面层或女儿墙顶点的高度计算；坡屋顶应按建筑物室外地面至屋檐和屋脊的平均高度计算；下列突出物不计入建筑高度内：

1) 局部突出屋面的楼梯间、电梯机房、水箱间等辅助用房占屋顶平面面积不超过 1/4 者；

2) 突出屋面的通风道、烟囱、装饰构件、花架、通信设施等；

3) 空调冷却塔等设备。

1.0.3 民用建筑设计除应执行国家有关工程建设的法律、法规外，尚应符合下列要求：

8 在国家或地方公布的各级历史文化名城、历史文化保护区、文物保护单位和风景名胜区的各项建设，应按国家或地方制定的保护规划和有关条例进行。

五、建筑总体布局要求

见《民用建筑设计通则》(GB 50352—2005)。

5.1.1 民用建筑应根据城市规划条件和任务要求，按照建筑与环境关系的原则，对建筑布局、道路、竖向、绿化及工程管线等进行综合性的场地设计。

5.1.2 建筑布局应符合下列规定

1 建筑间距应符合防火规范要求；

2 建筑间距应满足建筑用房天然采光（本通则第7章7.1节采光）的要求，并应防止视线干扰；

3 有日照要求的建筑应符合本节第5.1.3条建筑日照标准的要求，并应执行当地城市规划行政主管部门制定的相应的建筑间距规定；

4 对有地震等自然灾害地区，建筑布局应符合有关安全标准的规定；

5 建筑布局应使建筑基地内的人流、车流与物流合理分流，防止干扰，并有利于消防、停车和人员集散；

6 建筑布局应根据地域气候特征，防止和抵御寒冷、暑热、疾风、暴雨、积雪和沙尘等灾害侵袭，并应利用自然气流组织好通风，防止不良小气候产生；

7 根据噪声源的位置、方向和强度，应在建筑功能分区、道路布置、建筑朝向、距离以及地形、绿化和建筑物的屏障作用等方面采取综合措施，以防止或减少环境噪声；

8 建筑物与各种污染源的卫生距离，应符合有关卫生标准的规定。

5.1.3 建筑日照标准应符合下列要求：

1 每套住宅至少应有一个居住空间获得日照，该日照标准应符合现行国家标准《城市居住区规划设计规范》GB 50180 有关规定；

2 宿舍半数以上的居室，应能获得同住宅居住空间相等的日照标准；

3 托儿所、幼儿园的主要生活用房，应能获得冬至日不小于3h的日照标准；

4 老年人住宅、残疾人住宅的卧室、起居室，医院、疗养院半数以上的病房和疗养室，中小学半数以上的教室应能获得冬至日不小于2h的日照标准。

见《中小学校设计规范》(GB 50099—2011)。

4.1.6 学校教学区的声环境质量应符合现行国家标准《民用建筑隔声设计规范》GB 50118 的有关规定。学校主要教学用房设置窗户的外墙与铁路路轨的距离不应小于300m，与高速路、地上轨道交通线或城市主干道的距离不应小于80m。当距离不足时，应采取有效的隔声措施。

4.1.7 学校周界外25m范围内已有邻里建筑处的噪声级不应超过现行国家标准《民用建筑隔声设计规范》GB 50118 有关规定的限值。

4.3.5 中小学校的总平面设计应根据学校所在地的冬夏主导风向合理布置建筑物及构筑物，有效组织校园气流，实现低能耗通风换气。

4.3.6 中小学校体育用地的设置应符合下列规定：

1 各类运动场地应平整，在其周边的同一高程上应有相应的安全防护空间。

2 室外田径场及足球、篮球、排球等各种球类场地的长轴宜南北向布置。长轴南偏东宜小于20°，南偏西宜小于10°。

3 相邻布置的各体育场地间应预留安全分隔设施的安装条件。

4 中小学校设置的室外田径场、足球场应进行排水设计。室外体育场地应排水通畅。

5 中小学校体育场地应采用满足主要运动项目对地面要求的材料及构造做法。

6 气候适宜地区的中小学校宜在体育场地周边的适当位置设置洗手池、洗脚池等附属设施。

4.3.7 各类教室的外窗与相对的教学用房或室外运动场地边缘间的距离不应小于25m。

4.3.8 中小学校的广场、操场等室外场地应设置供水、供电、广播、通信等设施的接口。

4.3.9 中小学校应在校园的显要位置设置国旗升旗场地。

六、建筑间距

(一) 日照间距 见《民用建筑设计通则》(GB 50352—2005)。

5.1.3 建筑日照标准应符合下列要求:

1 每套住宅至少应有一个居住空间获得日照,该日照标准应符合现行国家标准《城市居住区规划设计规范》GB 50180 有关规定;

2 宿舍半数以上的居室,应能获得同住宅居住空间相等的日照标准;

3 托儿所、幼儿园的主要生活用房,应能获得冬至日不小于3h的日照标准;

4 老年人住宅、残疾人住宅的卧室、起居室,医院、疗养院半数以上的病房和疗养室,中小学半数以上的教室应能获得冬至日不小于2h的日照标准。

见《城市居住区规划设计规范 (2002年版)》(GB 50180—93)。

5.0.2.1 住宅日照标准应符合表5.0.2-1规定;对于特定情况还应符合下列规定:

(1) 老年人居住建筑不应低于冬至日日照2小时的标准;

(2) 在原设计建筑外增加任何设施不应使相邻住宅原有日照标准降低;

(3) 旧区改建的项目内新建住宅日照标准可酌情降低,但不宜低于大寒日日照1小时的标准。

表 5.0.2-1　住宅建筑日照标准

建筑气候区划	I、II、III、VII气候区		IV气候区		V、VI气候区
	大城市	中小城市	大城市	中小城市	
日照标准日	大寒日				冬至日
日照时数(h)	≥2		≥3		≥1
有效日照时间带(h)	8～16				9～15
日照时间计算起点	底层窗台面				

注:① 建筑气候区划应符合本规范附录A第A.0.1条的规定。
② 底层窗台面是指距离室内地坪0.9m高的外墙位置。

5.0.2.2 住宅正面间距,应按日照标准确定的不同方位的日照间距系数控制,也可采用表5.0.2-2不同方位间距折减系数换算。

表 5.0.2-2　不同方位间距折减系数

方位	0°～15°	15°～30°	30°～45°	45°～60°	>60°
折减值	1.00L	0.90L	0.80L	0.90L	0.95L

注:① 表中方位为正南向 (0°) 偏东、偏西的方位角。
② L 为当地正南向住宅的标准日照间距 (m)。
③ 本表指标仅适用于无其他日照遮挡的平行布置条式住宅之间。

（二）防火间距　见本书第三章第四节相关内容。

（三）住宅侧面间距　见《城市居住区规划设计规范（2002 年版）》(GB 50180—93)。

5.0.2.3　住宅侧面间距，应符合下列规定：

(1) 条式住宅，多层之间不宜小于 6m；高层与各种层数住宅之间不宜小于 13m；

(2) 高层塔式住宅、多层和中高层点式住宅与侧面有窗的各种层数住宅之间应考虑视觉卫生因素，适当加大间距。

（四）架空管线与建（构）筑物等的最小水平净距　见《城市工程管线综合规划规范》(GB 50289—1998)。

3.0.8　架空管线与建（构）筑物等的最小水平净距应符合表 3.0.8 的规定。

表 3.0.8　架空管线之间及其与建（构）筑物之间的最小水平净距（m）

名　　称		建筑物（凸出部分）	道路（路缘石）	铁路（轨道中心）	热力管线
电力	10kV 边导线	2.0	0.5	杆高加 3.0	2.0
	35kV 边导线	3.0	0.5	杆高加 3.0	4.0
	110kV 边导线	4.0	0.5	杆高加 3.0	4.0
电信杆线		2.0	0.5	4/3 杆高	1.5
热力管线		1.0	1.5	3.0	—

3.0.9　架空管线交叉时的最小垂直净距应符合表 3.0.9 的规定。

表 3.0.9　架空管线之间及其与建（构）筑物之间交叉时的最小垂直净距（m）

名　　称		建筑物（顶端）	道路（地面）	铁路（轨顶）	电信线		热力管线
					电力线有防雷装置	电力线无防雷装置	
电力管线	10kV 及以下	3.0	7.0	7.5	2.0	4.0	2.0
	35～110kV	4.0	7.0	7.5	3.0	5.0	3.0
电信线		1.5	4.5	7.0	0.6	0.6	1.0
热力管线		0.6	4.5	6.0	1.0	1.0	0.25

注：横跨道路或与无轨电车馈电线平行的架空电力线距地面应大于 9m。

见《城市电力规划规范》(GB 50293—1999)。

附录 B　城市架空电力线路接近或跨越建筑物的安全距离

B.0.1　在导线最大计算弧垂情况下，1～330kV 架空电力线路导线与建筑物之间垂直距离不应小于附表 B.0.1 的规定值。

附表 B.0.1　1～330kV 架空电力线路导线与建筑物之间的垂直距离
（在导线最大计算弧垂情况下）

线路电压(kV)	1～10	35	66～110	220	330
垂直距离(m)	3.0	4.0	5.0	6.0	7.0

B.0.2 城市架空电力线路边导线与建筑物之间,在最大计算风偏情况下的安全距离不应小于附表 B.0.2 的规定值。

附表 B.0.2 架空电力线路边导线与建筑物之间安全距离（在最大计算风偏情况下）

线路电压(kV)	<1	1~10	35	66~110	220	330
安全距离(m)	1.0	1.5	3.0	4.0	5.0	6.0

（五）挡土墙与住宅间距离　见《住宅建筑规范》(GB 50368—2005)。

4.5.2 住宅用地的防护工程设置应符合下列规定:

1 台阶式用地的台阶之间应用护坡或挡土墙连接,相邻台地间高差大于 1.5m 时,应在挡土墙或坡比值大于 0.5 的护坡顶面加设安全防护设施;

2 土质护坡的坡比值不应大于 0.5;

3 高度大于 2m 的挡土墙和护坡的上缘与住宅间水平距离不应小于 3m,其下缘与住宅间的水平距离不应小于 2m。

见《城市用地竖向规划规范》(CJJ 83—1999)。

5.0.3 挡土墙、护坡与建筑的最小间距应符合下列规定:

1 居住区内的挡土墙与住宅建筑的间距应满足住宅日照和通风的要求;

2 高度大于 2m 的挡土墙和护坡的上缘与建筑间水平距离不应小于 3m,其下缘与建筑间的水平距离不应小于 2m。

9.0.3 用地的防护工程设置,宜根据规划地面形式及所防护的灾害类别确定,主要采用护坡、挡土墙或堤、坝等。防护工程的设置应符合下列规定:

1 街区用地的防护应与其外围道路工程的防护相结合;

2 台阶式用地的台阶之间应用护坡或挡土墙联接,相邻台地间高差大于 1.5m 时,应在挡土墙或坡比值大于 0.5 的护坡顶加设安全防护设施;

3 土质护坡的坡比值应小于或等于 0.5;砌筑型护坡的坡比值宜为 0.5~1.0;

4 在建（构）筑物密集、用地紧张区域及有装卸作业要求的台阶应采用挡土墙防护;人口密度大、工程地质条件差、降雨量多的地区,不宜采用土质护坡;

5 挡土墙的高度宜为 1.5~3.0m,超过 6.0m 时宜退台处理,退台宽度不应小于 1.0m;在条件许可时,挡土墙宜以 1.5m 左右高度退台。

（六）住宅与道路间距　见《住宅建筑规范》(GB 50368—2005)。

4.1.2 住宅至道路边缘的最小距离,应符合表 4.1.2 的规定。

表 4.1.2　住宅至道路边缘最小距离（m）

与住宅距离	路面宽度		<6	6~9	>9
住宅面向道路	无出入口	高层	2	3	5
		多层	2	3	3
	有出入口		2.5	5	—

续表

路面宽度　　　与住宅距离		<6	6~9	>9
住宅山墙面向道路	高层	1.5	2	4
	多层	1.5	2	2

注：1　当道路设有人行便道时，其道路边缘指便道边线；
2　表中"—"表示住宅不应向路面宽度大于9m的道路开设出入口。

第二节　竖　　向

见《城市居住区规划设计规范（2002年版）》(GB 50180—93)。

8.0.3　居住区内道路纵坡规定，应符合下列规定：

8.0.3.1　居住区内道路纵坡控制指标应符合表8.0.3的规定；

表8.0.3　居住区内道路纵坡控制指标（％）

道路类别	最小纵坡	最大纵坡	多雪严寒地区最大纵坡
机动车道	≥0.2	≤8.0 $L≤200m$	≤5.0 $L≤600m$
非机动车道	≥0.2	≤3.0 $L≤50m$	≤2.0 $L≤100m$
步行道	≥0.2	≤8.0	≤4.0

注：L 为坡长（m）。

8.0.3.2　机动车与非机动车混行的道路，其纵坡宜按非机动车道要求，或分段按非机动车道要求控制。

9.0.2　居住区竖向规划设计，应遵循下列原则：

9.0.2.1　合理利用地形地貌，减少土方工程量；

9.0.2.2　各种场地的适用坡度，应符合表9.0.1规定；

表9.0.1　各种场地的适用坡度（％）

场地名称	适用坡度
密实性地面和广场	0.3~3.0
广场兼停车场	0.2~0.5
室外场地　1. 儿童游戏场　2. 运动场　3. 杂用场地	0.3~2.5　0.2~0.5　0.3~2.9
绿　地	0.5~1.0
湿陷性黄土地面	0.5~7.0

9.0.2.3　满足排水管线的埋设要求；

9.0.2.4　避免土壤受冲刷；

9.0.2.5 有利于建筑布置与空间环境的设计；

9.0.2.6 对外联系道路的高程应与城市道路标高相衔接。

9.0.3 当自然地形坡度大于8%，居住区地面连接形式宜选用台地式，台地之间应用挡土墙或护坡连接。

见《民用建筑设计通则》(GB 50352—2005)。

4.1.3 基地地面高程应符合下列规定：

1 基地地面高程应按城市规划确定的控制标高设计；

2 基地地面高程应与相邻基地标高协调，不妨碍相邻各方的排水；

3 基地地面最低处高程宜高于相邻城市道路最低高程，否则应有排除地面水的措施。

5.3.1 建筑基地地面和道路坡度应符合下列规定：

1 基地地面坡度不应小于0.2%，地面坡度大于8%时宜分成台地，台地连接处应设挡墙或护坡；

2 基地机动车道的纵坡不应小于0.2%，亦不应大于8%，其坡长不应大于200m，在个别路段可不大于11%，其坡长不应大于80m；在多雪严寒地区不应大于5%，其坡长不应大于600m；横坡应为1%～2%；

3 基地非机动车道的纵坡不应小于0.2%。亦不应大于3%，其坡长不应大于50m；在多雪严寒地区不应大于2%，其坡长不应大于100m；横坡应为1%～2%；

4 基地步行道的纵坡不应小于0.2%，亦不应大于8%，多雪严寒地区不应大于4%，横坡应为1%～2%；

5 基地内人流活动的主要地段，应设置无障碍人行道。

注：山地和丘陵地区竖向设计尚应符合有关规范的规定。

5.3.2 建筑基地地面排水应符合下列规定：

1 基地内应有排除地面及路面雨水至城市排水系统的措施，排水方式应根据城市规划的要求确定，有条件的地区应采取雨水回收利用措施；

2 采用车行道排泄地面雨水时，雨水口形式及数量应根据汇水面积、流量、道路纵坡等确定；

3 单侧排水的道路及低洼易积水的地段，应采取排雨水时不影响交通和路面清洁的措施。

第三节 道 路

一、宽度

见《民用建筑设计通则》(GB 50352—2005)。

5.2.2 建筑基地道路宽度应符合下列规定：

1 单车道路宽度不应小于4m，双车道路不应小于7m；

2 人行道路宽度不应小于1.50m；

3 利用道路边设停车位时，不应影响有效通行宽度；

4 车行道路改变方向时，应满足车辆最小转弯半径要求；

消防车道路应按消防车最小转弯半径要求设置。

见《城市居住区规划设计规范（2002年版）》(GB 50180—93)。

8.0.2 居住区内道路可分为：居住区道路、小区路、组团路和宅间小路四级。其道路宽度，应符合下列规定：

8.0.2.1 居住区道路：红线宽度不宜小于20m；

8.0.2.2 小区路：路面宽6～9m，建筑控制线之间的宽度，需敷设供热管线的不宜小于14m；无供热管线的不宜小于10m；

8.0.2.3 组团路：路面宽3～5m；建筑控制线之间的宽度，需敷设供热管线的不宜小于10m；无供热管线的不宜小于8m；

8.0.2.4 宅间小路：路面宽不宜小于2.5m；

8.0.2.5 在多雪地区，应考虑堆积清扫道路积雪的面积，道路宽度可酌情放宽，但应符合当地城市规划行政主管部门的有关规定。

见《住宅建筑规范》(GB 50368—2005)。

4.3.1 每个住宅单元至少应有一个出入口可以通达机动车。

4.3.2 道路设置应符合下列规定：

1 双车道道路的路面宽度不应小于6m；宅前路的路面宽度不应小于2.5m；

2 当尽端式道路的长度大于120m时，应在尽端设置不小于12m×12m的回车场地；

3 当主要道路坡度较大时，应设缓冲段与城市道路相接；

4 在抗震设防地区，道路交通应考虑减灾、救灾的要求。

二、与建筑物间距

见《民用建筑设计通则》(GB 50352—2005)。

5.2.3 道路与建筑物间距应符合下列规定：

1 基地内设有室外消火栓时，车行道路与建筑物的间距应符合防火规范的有关规定；

2 基地内道路边缘至建筑物、构筑物的最小距离应符合现行国家标准《城市居住区规划设计规范》GB 50180 的有关规定；

3 基地内不宜设高架车行道路，当设置高架人行道路与建筑平行时应有保护私密性的视距和防噪声的要求。

见《城市居住区规划设计规范（2002年版）》(GB 50180—93)。

8.0.5.8 居住区内道路边缘至建筑物、构筑物的最小距离，应符合表8.0.5规定；

表 8.0.5 道路边缘至建、构筑物最小距离 (m)

与建、构筑物关系		道路级别	居住区道路	小区路	组团路及宅间小路
建筑物面向道路	无出入口	高层	5.0	3.0	2.0
		多层	3.0	3.0	2.0
	有出入口		—	5.0	2.5
建筑物山墙面向道路		高层	4.0	2.0	1.5
		多层	2.0	2.0	1.5
围墙面向道路			1.5	1.5	1.5

注：居住区道路的边缘指红线；小区路、组团路及宅间小路的边缘指路面边线。当小区路设有人行便道时，其道路边缘指便道边线。

见《建筑设计防火规范》(GB 50016—2006)。

6.0.3 有封闭内院或天井的建筑物沿街时，应设置连通街道和内院的人行通道（可利用楼梯间），其间距不宜大于80.0m。

三、消防车道

见《建筑设计防火规范》(GB 50016—2006)。

6.0.1 街区内的道路应考虑消防车的通行，其道路中心线间的距离不宜大于160.0m。当建筑物沿街道部分的长度大于150.0m或总长度大于220.0m时，应设置穿过建筑物的消防车道。当确有困难时，应设置环形消防车道。

6.0.2 有封闭内院或天井的建筑物，当其短边长度大于24.0m时，宜设置进入内院或天井的消防车道。

6.0.3 有封闭内院或天井的建筑物沿街时，应设置连通街道和内院的人行通道（可利用楼梯间），其间距不宜大于80.0m。

6.0.4 在穿过建筑物或进入建筑物内院的消防车道两侧，不应设置影响消防车通行或人员安全疏散的设施。

6.0.5 超过3000个座位的体育馆、超过2000个座位的会堂和占地面积大于3000m²的展览馆等公共建筑，宜设置环形消防车道。

6.0.6 工厂、仓库区内应设置消防车道。

占地面积大于3000m²的甲、乙、丙类厂房或占地面积大于1500m²的乙、丙类仓库，应设置环形消防车道，确有困难时，应沿建筑物的两个长边设置消防车道。

6.0.7 可燃材料露天堆场区，液化石油气储罐区，甲、乙、丙类液体储罐区和可燃气体储罐区，应设置消防车道。消防车道的设置应符合下列规定：

1 储量大于表6.0.7规定的堆场、储罐区，宜设置环形消防车道。

2 占地面积大于30000m²的可燃材料堆场，应设置与环形消防车道相连的中间消防车道，消防车道的间距不宜大于150.0m。液化石油气储罐区，甲、乙、丙类液体储罐区，可燃气体储罐区，区内的环形消防车道之间宜设置连通的消防车道。

3 消防车道与材料堆场堆垛的最小距离不应小于5.0m。

4 中间消防车道与环形消防车道交接处应满足消防车转弯半径的要求。

表6.0.7 堆场、储罐区的储量

名称	棉、麻、毛、化纤(t)	稻草、麦秸、芦苇(t)	木材(m³)	甲、乙、丙类液体储罐(m³)	液化石油气储罐(m³)	可燃气体储罐(m³)
储量	1000	5000	5000	1500	500	30000

6.0.8 供消防车取水的天然水源和消防水池应设置消防车道。

6.0.9 消防车道的净宽度和净空高度均不应小于4.0m。供消防车停留的空地，其坡度不宜大于3%。

消防车道与厂房（仓库）、民用建筑之间不应设置妨碍消防车作业的障碍物。

6.0.10 环形消防车道至少应有两处与其他车道连通。尽头式消防车道应设置回车道或回车场，回车场的面积不应小于12.0m×12.0m；供大型消防车使用时，不宜小于18.0m×18.0m。

消防车道路面、扑救作业场地及其下面的管道和暗沟等应能承受大型消防车的压力。

消防车道可利用交通道路，但应满足消防车通行与停靠的要求。

6.0.11 消防车道不宜与铁路正线平交。如必须平交，应设置备用车道，且两车道之间的间距不应小于一列火车的长度。

见《高层民用建筑设计防火规范（2005年版）》(GB 50045—95)。

4.3.1 高层建筑的周围，应设环形消防车道。当设环形车道有困难时，可沿高层建筑的两个长边设置消防车道，当建筑的沿街长度超过150m或总长度超过220m时，应在适中位置设置穿过建筑的消防车道。有封闭内院或天井的高层建筑沿街时，应设置连通街道和内院的人行通道（可利用楼梯间），其距离不宜超过80m。

4.3.2 高层建筑的内院或天井，当其短边长度超过24m时，宜设有进入内院或天井的消防车道。

4.3.3 供消防车取水的天然水源和消防水池，应设消防车道。

4.3.4 消防车道的宽度不应小于4.00m。消防车道距高层建筑外墙宜大于5.00m，消防车道上空4.00m以下范围内不应有障碍物。

4.3.5 尽头式消防车道应设有回车道或回车场，回车场不宜小于15m×15m。大型消防车的回车场不宜小于18m×18m。消防车道下的管道和暗沟等，应能承受消防车辆的压力。

4.3.6 穿过高层建筑的消防车道，其净宽和净空高度均不应小于4.00m。

4.3.7 消防车道与高层建筑之间，不应设置妨碍登高消防车操作的树木、架空管线等。

第四节　停车场和车库

一、基本要求

见《民用建筑设计通则》(GB 50352—2005)。

3.6.1 新建、扩建的居住区应就近设置停车场（库）或将停车库附建在住宅建筑内。机动车和非机动车停车位数量应符合有关规范或当地城市规划行政主管部门的规定。

3.6.2 新建、扩建的公共建筑应按建筑面积或使用人数，并根据当地城市规划行政主管部门的规定，在建筑物内或在同一基地内，或统筹建设的停车场（库）内设置机动车和非机动车停车位。

3.6.3 机动车停车场（库）产生的噪声和废气应进行处理，不得影响周围环境，其设计应符合有关规范的规定。

二、出入口位置

见《城市道路工程设计规范》(CJJ 37—2012)。

11.2.4 按停放车辆类型，公共停车场可分为机动车停车场与非机动车停车场。

11.2.5 机动车停车场的设计应符合下列规定：

1 机动车停车场设计应根据使用要求分区、分车型设计。如有特殊车型，应按实际车辆外廓尺寸进行设计。

2 机动车停车场内车位布置可按纵向或横向排列分组安排，每组停车不应超过50veh。当各组之间无通道时，应留出大于或等于6m的防火通道。

3 机动车停车场的出入口不宜设在主干路上，可设在次干路或支路上，并应远离交叉口；

不得设在人行横道、公共交通停靠站及桥隧引道处。出入口的缘石转弯曲线切点距铁路道口的最外侧钢轨外缘不应小于30m。距人行天桥和人行地道的梯道口不应小于50m。

4 停车场出入口位置及数量应根据停车容量及交通组织确定，且不应少于2个，其净距宜大于30m；条件困难或停车容量小于50veh时，可设一个出入口，但其进出口应满足双向行驶的要求。

5 停车场进出口净宽，单向通行的不应小于5m，双向通行的不应小于7m。

6 停车场出入口应有良好的通视条件，视距三角形范围内的障碍物应清除。

7 停车场的竖向设计应与排水相结合，坡度宜为0.3％～3.0％。

8 机动车停车场出入口及停车场内应设置指明通道和停车位的交通标志、标线。

11.2.6 非机动车停车场的设计应符合下列规定：

1 非机动车停车场出入口不宜少于2个。出入口宽度宜为2.5m～3.5m。场内停车区应分组安排，每组场地长度宜为15m～20m。

2 非机动车停车场坡度宜为0.3％～4.0％。停车区宜有车棚、存车支架等设施。

见《城市道路交通规划设计规范》（GB 50220—95）。

第8.1.8条 机动车公共停车场出入口的设置应符合下列规定：

第8.1.8.1条 出入口应符合行车视距的要求，并应右转出入车道；

第8.1.8.2条 出入口应距离交叉口、桥隧坡道起止线50m以远。

见《城市居住区规划设计规范（2002年版）》（GB 50180—93）。

第8.0.6条 居住区内必须配套设置居民汽车（含通勤车）停车场、停车库，并应符合下列规定：

第8.0.6.1条 居民汽车停车率不应小于10％；

第8.0.6.2条 居住区内地面停车率（居住区内居民汽车的停车位数量与居住户数的比率）不宜超过10％；

第8.0.6.3条 居民停车场、库的布置应方便居民使用，服务半径不宜大于150m；

第8.0.6.4条 居民停车场、库的布置应留有必要的发展余地。

见《停车场规划设计规则（试行）》（公安部和建设部制定，1989年1月1日执行）规定。

第4条 机动车停车场的出入口应有良好的视野。出入口距离人行过街天桥、地道和桥梁、隧道引道须大于50m；距离交叉路口须大于80m。

见《民用建筑设计通则》（GB 50352—2005）规定。

4.1.5 基地机动车出入口位置应符合下列规定：

1. 与大中城市主干道交叉口的距离，自道路红线交叉点量起不应小于70m；

2. 与人行横道线、人行过街天桥、人行地道（包括引道、引桥）的最边缘线不应小于5m；

3. 距地铁出入口、公共交通站台边缘不应小于15m；

4. 距公园、学校、儿童及残疾人使用建筑的出入口不应小于20m；

5. 当基地道路坡度大于8％时，应设缓冲段与城市道路连接；

6. 与立体交叉口的距离或其他特殊情况，应符合当地城市规划行政主管部门的规定。

条文说明规定：

4.1.5 本条各款是维护城市交通安全的基本规定。第 1 款是按大中城市的交通条件考虑的。70m 距离的起量点是采用交叉口道路红线的交点而不是交叉口道路平曲线（拐弯）半径的切点，这是因为已定的平曲线半径本身就常常不符合标准。70m 距离是由下列因素确定的：道路拐弯半径占 18～21m；交叉口人行横道宽占 4～10m；人行横道边离停车线宽约 2m；停车、候驶的车辆（或车队）的长度；交叉口设城市公共汽车站规定的距离（一般离交叉口红线交点不小于 50m）。综合以上各因素，基地道路的出入口位置离城市道路交叉口的距离不小于 70m 是合理的。当然上述情况是指交叉口前车行道上行方向一侧。在车行道下行方向的一侧则无停车、候驶的要求，但仍需受其他因素的制约。距离地铁出入口、公共交通站台原规定偏小，参照有关城市的规定适当加大了距离（图 4.1.5）。

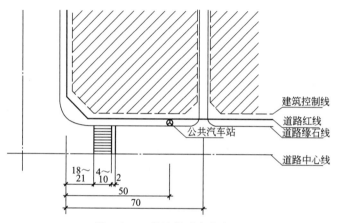

图 4.1.5 基地机动车出入口

见《城市道路公共交通站、场、厂工程设计规范》(CJJ/T 15—2011)。

3.3.1 停车场的进出口宜设在停车坪一侧，其方向应朝向场外交通路线。

3.6.2 出租汽车停车场的规模宜为 100 辆，且最多不应超过 200 辆。大城市可根据所拥有的出租汽车数量，分别设立若干停车场。

三、出入口数量

见《城市道路交通规划设计规范》(GB 50220—95)。

第 8.1.8.3 条 少于 50 个停车位的停车场，可设一个出入口，其宽度宜采用双车道；50～300 个停车位的停车场，应设两个出入口；大于 300 个停车位的停车场，出口和入口应分开设置，两个出入口之间的距离应大于 20m。

见《城市道路工程设计规范》(CJJ 37—2012)。

11.2.5.4 停车场出入口位置及数量应根据停车容量及交通组织确定，且不应少于 2 个，其净距宜大于 30m；条件困难或停车容量小于 50 辆时，可设一个出入口，但其进出口应满足双向行驶的要求。

见《城市道路公共交通站、场、厂工程设计规范》(CJJ/T 15—2011)。

3.3.3 停车场的车辆进出口和人员进出口应分开设置。

3.3.4 车辆的进出口应分开设置，停车场停放容量大于50辆时应另外设置一个备用进出口。

3.3.5 车辆进出口的宽度应符合本规范第2.1.10条的要求。

3.3.6 人员进出口可设置在车辆进出口的一侧或两侧，其使用宽度应大于1.6m。

2.1.10 首末站的入口和出口应分隔开，且必须设置明显的标志。出入口宽度应为7.5～10m。当站外道路的车行道宽度小于14m时，进出口宽度应增加20%～25%。在出入口后退2m的通道中心线两侧各60°范围内，应能目测到站内或站外的车辆和行人。

见《停车场规划设计规则（试行）》（公安部和建设部制定，1989年1月1日执行）。

第5条 机动车停车场车位指标大于50个时，出入口不得少于2个；大于500个时，出入口不得少于3个。出入口之间的净距须大于10m，出入口宽度不得小于7m。

见《全国民用建筑工程设计技术措施规划/规划·建筑·景观（2009年版）》。

4.5.1.7 机动车停车场，少于等于50辆的停车场可设一个出入口，其宽度采用双车道；51～300辆的停车场应设两个出入口；大于300辆的停车场出入口应分开设置，其宽度不小于7m；停车数大于500辆时，应设置不少于3个双车道的出入口。

见《汽车库、修车库、停车场设计防火规范》（GB 50067—1997）。

6.0.10 两个汽车疏散出口之间的间距不应小于10m；两个汽车坡道毗邻设置时应采用防火隔墙隔开。

6.0.11 停车场的汽车疏散出口不应少于两个。停车数量不超过50辆的停车场可设一个疏散出口。

四、出入口通道

见《停车场规划设计规则（试行）》（公安部和建设部制定，1989年1月1日执行）。

第11条 机动车停车场通道的最小平曲线半径应不小于表4规定。

表4 停车场通道的最小平曲线半径

车辆类型	最小平曲线半径(m)	车辆类型	最小平曲线半径(m)
微型汽车	7.00	大型汽车	13.00
小型汽车	7.00	铰接车	13.00
中型汽车	10.50		

第12条 机动车停车场通道的最大纵坡度应不大于表5规定。

表5 停车场通道最大纵坡度（%）

通道形式 坡度(%) 车辆类型	直线	曲线	通道形式 坡度(%) 车辆类型	直线	曲线
微型汽车	15	12	大型汽车	10	8
小型汽车	15	12	铰接车	8	6
中型汽车	12	10			

见《城市道路工程设计规范》（CJJ 37—2012）。

11.3.4 广场竖向设计应符合下列规定：

3 与广场相连接的道路纵坡宜为 0.5%～2.0%。困难时纵坡不应大于 7.0%，积雪及寒冷地区不应大于 5.0%。

4 出入口处应设置纵坡小于或等于 2.0% 的缓坡段。

五、停车数量

见《城市道路工程设计规范》(CJJ 37—2012)。

3.3.1 机动车设计车辆应包括小客车、大型车、铰接车，其外廓尺寸应符合表 3.3.1 的规定。

表 3.3.1 机动车设计车辆及其外廓尺寸

车辆类型	总长(m)	总宽(m)	总高(m)	前悬(m)	轴距（m)	后悬(m)
小客车	6	1.8	2.0	0.8	3.8	1.4
大型车	12	2.5	4.0	1.5	6.5	4.0
铰接车	18	2.5	4.0	1.7	5.8+6.7	3.8

注：1 总长：车辆前保险杠至后保险杠的距离。

2 总宽：车厢宽度（不包括后视镜）。

3 总高：车厢顶或装载顶至地面的高度。

4 前悬：车辆前保险杠至前轴轴中线的距离。

5 轴距：双轴车时，为从前轴轴中线到后轴轴中线的距离；铰接车时分别为前轴轴中线至中轴轴中线、中轴轴中线至后轴轴中线的距离。

6 后悬：车辆后保险杠至后轴轴中线的距离。

3.3.2 非机动车设计车辆的外廓尺寸应符合表 3.3.2 的规定。

表 3.3.2 非机动车设计车辆及其外廓尺寸

车辆类型	总长(m)	总宽(m)	总高(m)
自行车	1.93	0.60	2.25
三轮车	3.40	1.25	2.25

注：1 总长：自行车为前轮前缘至后轮后缘的距离；三轮车为前轮前缘至车厢后缘的距离；

2 总宽：自行车为车把宽度；三轮车为车厢宽度；

3 总高：自行车为骑车人骑在车上时，头顶至地面的高度；三轮车为载物顶至地面的高度。

见《城市居住区规划设计规范（2002 年版)》(GB 50180—93)。

6.0.5 居住区内公共活动中心、集贸市场和人流较多的公共建筑，必须相应配建公共停车场（库），并应符合下列规定：

6.0.5.1 配建公共停车场（库）的停车位控制指标，应符合表 6.0.5 规定；

6.0.5.2 配建公共停车场（库）应就近设置，并宜采用地下或多层车库。

表 6.0.5 配建公共停车场（库）停车位控制指标

名 称	单 位	自行车	机动车
公共中心	车位/100m² 建筑面积	≥7.5	≥0.45
商业中心	车位/100m² 营业面积	≥7.5	≥0.45

名　　称	单　　位	自行车	机动车
集贸市场	车位/100m² 营业场地	≥7.5	≥0.30
饮食店	车位/100m² 营业面积	≥3.6	≥0.30
医院、门诊所	车位/100m² 建筑面积	≥1.5	≥0.30

注：① 本表机动车停车车位以小型汽车为标准当量表示；
② 其他各型车辆停车位的换算办法，应符合本规范第 11 章中有关规定。

见《汽车库、修车库、停车场设计防火规范》(GB 50067—1997)。

第 4.2.12 条　停车场的汽车宜分组停放，每组停车的数量不宜超过 50 辆，组与组之间的防火间距不应小于 6m。

见《全国民用建筑工程设计技术措施规划/规划·建筑·景观（2009 年版）》。

4.5.1　机动车停车场

3　机动车停车场用地面积按当量小汽车位数计算。停车场用地面积每个停车位为 25～30m²，停车位尺寸以 2.5m ×5.0m 划分（地面划分尺寸），摩托车每个车位为 2.5～2.7m²。

4　当量小汽车换算系数见表 4.5.1-1。

表 4.5.1-1　当量小汽车换算系数

车辆类型	各类型车辆外廓尺寸(m)			车辆换算系数
	总长	总宽	总高	
微型汽车	3.5	1.6	1.8	0.7
小型汽车	4.8	1.8	2.0	1.0
轻型汽车	7.0	2.1	2.6	1.2
中型汽车	9.0	2.5	3.2	2.0
大型汽车(客)	12.0	2.5	3.2	3.0

注：本表摘自《汽车库建筑设计规范》JGJ 100—98。

6　汽车与汽车、墙、柱、护栏之间最小净距，见本措施第二部分表 3.4.13。

表 3.4.13　汽车与汽车、墙、柱之间最小净距

类　　　型		小型汽车(m)	轻型汽车(m)	大、中型汽车(m)
平行式停车时汽车间纵向净距		1.20	1.20	2.40
垂直、斜列式停车时汽车间纵向净距		0.50	0.70	0.80
汽车间横向净距		0.60	0.80	1.00
汽车与柱之间净距		0.30	0.30	0.40
汽车与墙、护栏及其他构筑物之间净距	纵向	0.50	0.50	0.50
	横向	0.60	0.80	1.00

注：1　本表摘自《汽车库建筑设计规范》JGJ 100—98；
2　当墙、柱外有突出物时，应从其凸出部分外缘算起。

13　大中型公共建筑及住宅停车位标准参数以小型车为计算标准，见表 4.5.1-2。

表 4.5.1-2 大城市大中型公共建筑及住宅停车位标准（参考）

序号	建筑类别		计算单位	机动车停车位	非机动车停车位		备 注
					内	外	
1	宾馆	一类	每套客房	0.6	0.75	—	一级
		二类	每套客房	0.4	0.75	—	二、三级
		三类	每套客房	0.3	0.75	0.25	四级（一般招待所）
2	餐饮	建筑面积≤1000m²	每 1000m²	7.5	0.5	—	
		建筑面积>1000m²		1.2	0.5	0.25	
3	办公		每 1000m²	6.5	1.0	0.75	证券、银行、营业场所
4	商业	一类（建筑面积>1 万 m²）	每 1000m²	6.5	7.5	12	
		二类（建筑面积<1 万 m²）		4.5	7.5	12	
5	购物中心（超市）		每 1000m²	10	7.5	12	
6	医院	市级	每 1000m²	6.5	—	—	
		区级		4.5	—	—	
7	展览馆		每 1000m²	7	7.5	1.0	图书馆、博物馆参照执行
8	电影院		100 座	3.5	3.5	7.5	
9	剧院		100 座	10	3.5	7.5	
10	体育场馆	大型 场>15000 座 馆>4000 座	100 座	4.2	45		—
		小型 场<15000 座 馆<4000 座	100 座	2.0	45		—
11	娱乐性体育设施		100 座	10	—		—
12	住宅	中高档商品住宅	每户	1.0	—		包括公寓
		高档别墅	每户	1.3	—		
		普通住宅	每户	0.5	—		包括经济适用房等
13	学校	小学	100 学生	0.5	—		有校车停车位
		中学	100 学生	0.5	80～100		有校车停车位
		幼儿园	100 学生	0.7	—		—

注：如当地规划部门有规定时，按当地规定执行。

4.5.2 自行车、摩托车停放

1 自行车停放每个车位按 1.5～1.8m² ，摩托车每个车位按 2.5～2.7m² 计算。

六、停车坪布置

见《汽车库建筑设计规范》(JGJ 100—1998)。

4.1.3 汽车库内停车方式可采用平行式、斜列式（有倾角 30°、45°、60°）和垂直式（图 4.1.3），或混合采用此三种停车方式。

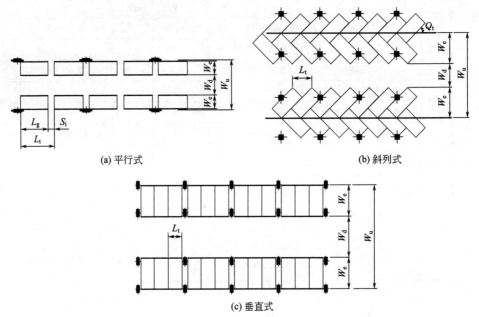

(a) 平行式 　　　　　　　　　　　　　　　　(b) 斜列式

(c) 垂直式

图 4.1.3　汽车停车方式

注：图中　W_u——停车带宽度；L_g——汽车长度；W_e——垂直于通车道的停车位尺寸；

　　　　S_i——汽车间净距；W_d——通车道宽度；Q_t——汽车倾斜角度；

　　　　L_t——平行于通车道的停车位尺寸

4.1.5.3　各车型的建筑设计中最小停车带、停车位、通车道宽度宜按表 4.1.5 采用。

表 4.1.5　各车型建筑设计最小停车带、停车位、通车道宽度

参数值　　　车型分类　　项目 停车方式		垂直通车道方向的最小停车带宽度 W_e(m)					平行通车道方向的最小停车位宽度 L_t(m)					通车道最小宽度 W_d(m)				
		微型车	小型车	轻型车	中型车	大货车	大客车	微型车	小型车	轻型车	中型车	大货车	大客车	微型车	小型车	轻型车	中型车	大货车	大客车
平行式	前进停车	2.2	2.4	3.0	3.5	3.5	3.5	0.7	6.0	8.2	11.4	12.4	14.4	3.0	3.80	4.1	4.5	5.0	5.0
斜列式	30° 前进停车	3.0	3.6	5.0	6.2	6.7	7.7	4.4	4.8	5.8	7.0	7.0	7.0	3.0	3.8	4.1	4.5	5.0	5.0
	45° 前进停车	3.8	4.4	6.2	7.8	8.5	9.9	3.1	3.4	4.1	5.0	5.0	5.0	3.0	3.8	4.6	5.6	6.6	8.0
	60° 前进停车	4.3	5.0	7.1	9.1	9.9	12	2.6	2.8	3.4	4.0	4.0	4.0	4.0	4.5	7.0	8.5	10	12
	60° 后退停车	4.3	5.0	7.1	9.1	9.9	12	2.6	2.8	3.4	4.0	4.0	4.0	3.6	4.2	5.5	6.3	7.3	8.2
垂直式	前进停车	4.0	5.3	7.7	9.4	10.4	12.4	2.2	2.4	2.9	3.5	3.5	3.5	7.0	9.0	13.5	15	17	19
	后退停车	4.0	5.3	7.7	9.4	10.4	12.4	2.2	2.4	2.9	3.5	3.5	3.5	5.5	8.0	9.0	10	11

4.1.9　汽车的最小转弯半径可采用表 4.1.9 的规定。

表 4.1.9　汽车库内汽车的最小转弯半径

车型	最小转弯半径(m)	车型	最小转弯半径(m)
微型车	4.50	中型车	8.00～10.00
小型车	6.00	大型车	10.50～12.00
轻型车	6.50～8.00	铰接车	10.50～12.50

见《城市道路工程设计规范》(CJJ 37—2012)。

11.2.5.2　机动车停车场内车位布置可按纵向或横向排列分组安排，每组停车不应超过50veh。当各组之间无通道时，应留出大于或等于6m的防火通道。

11.2.5.6　停车场出入口应有良好的通视条件，视距三角形范围内的障碍物应清除。

11.2.5.7　停车场的竖向设计应与排水相结合，坡度宜为0.3%～3.0%。

见《停车场规划设计规则（试行）》(公安部和建设部制定，1989年1月1日执行)。

第10条　机动车停车场内的主要通道宽度不得小于6m。

见《城市道路公共交通站、场、厂工程设计规范》(CJJ/T 15—2011)。

3.2.4.3　停车坪应有良好的雨水、污水排放系统，并应符合现行国家标准《室外排水设计规范》GB 50014的规定。排水明沟与污水管线不得连通，停车坪的排水坡度（纵、横坡）不应大于0.5%。

七、残疾人车位布置

见《城市道路和建筑物无障碍设计规范》(JGJ 50—2001)。

第5.1.1条～第5.1.6条规定，办公、科研、文化、纪念、观演、体育、交通、医疗、学校和园林建筑的停车车位应进行无障碍设计。

第7.11条　停车车位

第7.11.1条　距建筑入口及车库最近的停车位置，应划为残疾人专用停车车位。

第7.11.2条　残疾人停车车位的地面应平整、坚固和不积水，地面坡度不应大于1∶50。

第7.11.3条　停车车位的一侧，应设宽度不小于1.20m的轮椅通道，应使乘轮椅者从轮椅通道直接进入人行通道到达建筑入口。

第7.11.4条　停车车位一侧的轮椅通道与人行通道地面有高差时，应设宽1.00m轮椅坡道。

第7.11.5条　停车车位的地面，应涂有停车线、轮椅通道线和无障碍标志，在停车位的尽端宜设无障碍标志牌。

第五节　管线综合

见《民用建筑设计通则》(GB 50352—2005)。

5.5.5　地下工程管线的走向宜与道路或建筑主体相平行或垂直。工程管线应从建筑物向道路方向由浅至深敷设。工程管线布置应短捷，减少转弯。管线与管线、管线与道路应减少交叉。

5.5.6 与道路平行的工程管线不宜设于车行道下，当确有需要时，可将埋深较大、翻修较少的工程管线布置在车行道下。

5.5.7 工程管线之间的水平、垂直净距及埋深，工程管线与建筑物、构筑物、绿化树种之间的水平净距应符合有关规范的规定。

见《城市居住区规划设计规范（2002 年版）》(GB 50180—93)。

10.0.2 居住区内各类管线的设置，应编制管线综合规划确定，并应符合下列规定：

10.0.2.1 必须与城市管线衔接；

10.0.2.2 应根据各类管线的不同特性和设置要求综合布置。各类管线相互间的水平与垂直净距，宜符合表 10.0.2-1 和表 10.0.2-2 的规定；

表 10.0.2-1 各种地下管线之间最小水平净距（m）

管线名称		给水管	排水管	燃气管③			热力管	电力电缆	电信电缆	电信管道
				低压	中压	高压				
排水管		1.5	1.5	—	—	—	—	—	—	—
燃气管③	低压	0.5	1.0	—	—	—	—	—	—	—
	中压	1.0	1.5	—	—	—	—	—	—	—
	高压	1.5	2.0	—	—	—	—	—	—	—
热力管		1.5	1.5	1.0	1.5	2.0	—	—	—	—
电力电缆		0.5	0.5	0.5	1.0	1.5	2.0	—	—	—
电信电缆		1.0	1.0	0.5	1.0	1.5	1.0	0.5	—	—
电信管道		1.0	1.0	1.0	1.0	2.0	1.0	1.2	0.2	—

注：① 表中给水管与排水管之间的净距适用于管径小于或等于 200mm，当管径大于 200mm 时应大于或等于 3.0m；

② 大于或等于 10kV 的电力电缆与其他任何电力电缆之间应大于或等于 0.25m，如加套管，净距可减至 0.1m；小于 10kV 电力电缆之间应大于或等于 0.1m；

③ 低压燃气管的压力为小于或等于 0.005MPa，中压为 0.005～0.3MPa，高压为 0.3～0.8MPa。

表 10.0.2-2 各种地下管线之间最小垂直净距（m）

管线名称	给水管	排水管	燃气管	热力管	电力电缆	电信电缆	电信管道
给水管	0.15	—	—	—	—	—	—
排水管	0.40	0.15	—	—	—	—	—
燃气管	0.15	0.15	0.15	—	—	—	—
热力管	0.15	0.15	0.15	0.15	—	—	—
电力电缆	0.15	0.50	0.50	0.50	0.50	—	—
电信电缆	0.20	0.50	0.50	0.15	0.50	0.25	0.25
电信管道	0.15	0.15	0.15	0.15	0.50	0.25	0.25
明沟沟底	0.50	0.50	0.50	0.50	0.50	0.50	0.50
涵洞基底	0.15	0.15	0.15	0.15	0.50	0.20	0.25
铁路轨底	1.00	1.20	1.00	1.20	1.00	1.00	1.00

10.0.2.3 宜采用地下敷设的方式。地下管线的走向，宜沿道路或与主体建筑平行布置，并力求线型顺直、短捷和适当集中，尽量减少转弯，并应使管线之间及管线与道路之间尽量减少交叉；

10.0.2.4 应考虑不影响建筑物安全和防止管线受腐蚀、沉陷、震动及重压。各种管线与建筑物和构筑物之间的最小水平间距，应符合表 10.0.2-3 规定；

表 10.0.2-3 各种管线与建、构筑物之间的最小水平间距 （m）

管线名称		建筑物基础	地上杆柱（中心）			铁路（中心）	城市道路侧石边缘	公路边缘
			通信、照明及<10kV	≤35kV	>35kV			
给水管		3.00	0.50	3.00		5.00	1.50	1.00
排水管		2.50	0.50	1.50		5.00	1.50	1.00
燃气管	低压	1.50	1.00	1.00	5.00	3.75	1.50	1.00
	中压	2.00				3.75	1.50	1.00
	高压	4.00				5.00	2.50	1.00
热力管	直埋 2.5		1.00	2.00	3.00	3.75	1.50	1.00
	地沟 0.5							
电力电缆		0.60	0.60	0.60	0.60	3.75	1.50	1.00
电信电缆		0.60	0.60	0.60	0.60	3.75	1.50	1.00
电信管道		1.50	1.00	1.00	1.00	3.75	1.50	1.00

注：① 表中给水管与城市道路侧石边缘的水平间距 1.00m 适用于管径小于或等于 200mm，当管径大于 200mm 时应大于或等于 1.50m；

② 表中给水管与围墙或篱笆的水平间距 1.50m 是适用于管径小于或等于 200mm，当管径大于 200mm 时应大于或等于 2.50m；

③ 排水管与建筑物基础的水平间距，当埋深浅于建筑物基础时应大于或等于 2.50m；

④ 表中热力管与建筑物基础的最小水平间距对于管沟敷设的热力管道为 0.50m，对于直埋闭式热力管道管径小于或等于 250mm 时为 2.50m，管径大于或等于 300mm 时为 3.00m 对于直埋开式热力管道为 5.00m。

10.0.2.5 各种管线的埋设顺序应符合下列规定：

(1) 离建筑物的水平排序，由近及远宜为：电力管线或电信管线、燃气管、热力管、给水管、雨水管、污水管；

(2) 各类管线的垂直排序，由浅入深宜为：电信管线、热力管、小于 10kV 电力电缆、大于 10kV 电力电缆、燃气管、给水管、雨水管、污水管。

10.0.2.6 电力电缆与电信管、缆宜远离，并按照电力电缆在道路东侧或南侧、电信电缆在道路西侧或北侧的原则布置；

10.0.2.7 管线之间遇到矛盾时，应按下列原则处理：

(1) 临时管线避让永久管线；

(2) 小管线避让大管线；

(3) 压力管线避让重力自流管线；

(4) 可弯曲管线避让不可弯曲管线。

10.0.2.8 地下管线不宜横穿公共绿地和庭院绿地。与绿化树种间的最小水平净距，宜符合表 10.0.2-4 中的规定。

表 10.0.2-4　管线、其他设施与绿化树种间的最小水平净距（m）

管线名称	最小水平净距	
	至乔木中心	至灌木中心
给水管、闸井	1.5	1.5
污水管、雨水管、探井	1.5	1.5
燃气管、探井	1.2	1.2
电力电缆、电信电缆	1.0	1.0
电信管道	1.5	1.0
热力管	1.5	1.5
地上杆柱（中心）	2.0	2.0
消防龙头	1.5	1.2
道路侧石边缘	0.5	0.5

第三章
建筑防火

第一节　防火分类

一、民用建筑防火分类

见《高层民用建筑设计防火规范（2005 年版）》(GB 50045—95)。

3.0.1　高层建筑应根据其使用性质、火灾危险性、疏散和补救难度等进行分类。并应符合 3.0.1 的规定。

表 3.0.1　建筑分类

名称	一　类	二　类
居住建筑	高级住宅 十九层及十九层以上的普通住宅	十层至十八层的普通住宅
公共建筑	1. 医院 2. 高级旅馆 3. 建筑高度超过 50m 或 24m 以上部分的任一楼层的建筑面积超过 1000m² 的商业楼、展览楼、综合楼、电信楼、财贸金融楼 4. 建筑高度超过 50m 或 24m 以上部分的任一楼层的建筑面积超过 1500m² 的商住楼 5. 中央级和省级（含计划单列市）广播电视楼 6. 网局级和省级（含计划单列市）电力调度楼 7. 省级（含计划单列市）邮政楼、防灾指挥调度楼 8. 藏书超过 100 万册的图书馆、书库 9. 重要的办公楼、科研楼、档案楼 10. 建筑高度超过 50m 的教学楼和普通的旅馆、办公楼、科研楼、档案楼等	1. 除一类建筑以外商业楼、展览楼、综合楼、电信楼、财贸金融楼、商住楼、图书馆、书库 2. 省级以下的邮政楼、防灾指挥调度楼、广播电视楼、电力调度楼 3. 建筑高度不超过 50m 的教学楼和普通的旅馆、办公楼、科研楼、档案楼等

二、汽车库防火分类

见《汽车库、修车库、停车场设计防火规范》(GB 50067—1997)。

3.0.1　车库的防火分类应分为四类，并应符合表 3.0.1 的规定。

表 3.0.1　车库的防火分类

名称 ＼ 类别 数量	I	II	III	IV
汽车库	>300 辆	151~300 辆	51~150 辆	≤50 辆
修车库	>15 车位	6~15 车位	3~5 车位	≤2 车位
停车场	>400 辆	251~400 辆	101~250 辆	≤100 辆

注：汽车库的屋面亦停放汽车时，其停车数量应计算在汽车库的总车辆数内。

三、厂房防火分类

见《建筑设计防火规范》(GB 50016—2006)。

3.1.1 生产的火灾危险性应根据生产中使用或产生的物质性质及其数量等因素,分为甲、乙、丙、丁、戊类,并应符合表 3.1.1 的规定。

表 3.1.1 生产的火灾危险性分类

生产类别	火灾危险性特征	
	项别	使用或产生下列物质的生产
甲	1	闪点小于 28℃ 的液体
	2	爆炸下限小于 10% 的气体
	3	常温下能自行分解或在空气中氧化能导致迅速自燃或爆炸的物质
	4	常温下受到水或空气中水蒸气的作用,能产生可燃气体并引起燃烧或爆炸的物质
	5	遇酸、受热、撞击、摩擦、催化以及遇有机物或硫黄等易燃的无机物,极易引起燃烧或爆炸的强氧化剂
	6	受撞击、摩擦或与氧化剂、有机物接触时能引起燃烧或爆炸的物质
	7	在密闭设备内操作温度大于等于物质本身自燃点的生产
乙	1	闪点大于等于 28℃,但小于 60℃ 的液体
	2	爆炸下限大于等于 10% 的气体
	3	不属于甲类的氧化剂
	4	不属于甲类的化学易燃危险固体
	5	助燃气体
	6	能与空气形成爆炸性混合物的浮游状态的粉尘、纤维、闪点大于等于 60℃ 的液体雾滴
丙	1	闪点大于等于 60℃ 的液体
	2	可燃固体
丁	1	对不燃烧物质进行加工,并在高温或熔化状态下经常产生强辐射热、火花或火焰的生产
	2	利用气体、液体、固体作为燃料或将气体、液体进行燃烧作其他用的各种生产
	3	常温下使用或加工难燃烧物质的生产
戊		常温下使用或加工不燃烧物质的生产

3.1.2 同一座厂房或厂房的任一防火分区内有不同火灾危险性生产时,该厂房或防火分区内的生产火灾危险性分类应按火灾危险性较大的部分确定。当符合下述条件之一时,可按火灾危险性较小的部分确定:

1 火灾危险性较大的生产部分占本层或本防火分区面积的比例小于 5% 或丁、戊类厂房内的油漆工段小于 10%,且发生火灾事故时不足以蔓延到其他部位或火灾危险性较大的生产部分采取了有效的防火措施;

2 丁、戊类厂房内的油漆工段,当采用封闭喷漆工艺,封闭喷漆空间内保持负压、油漆工段设置可燃气体自动报警系统或自动抑爆系统,且油漆工段占其所在防火分区面积的比例小于等于 20%。

四、仓库防火分类

见《建筑设计防火规范》(GB 50016—2006)。

3.1.3 储存物品的火灾危险性应根据储存物品的性质和储存物品中的可燃物数量等因素,分为甲、乙、丙、丁、戊类,并应符合表 3.1.3 的规定。

表 3.1.3 储存物品的火灾危险性分类

仓库类别	项别	储存物品的火灾危险性特征
甲	1	闪点小于 28℃ 的液体
	2	爆炸下限小于 10% 的气体,以及受到水或空气中水蒸气的作用,能产生爆炸下限小于 10% 气体的固体物质
	3	常温下能自行分解或在空气中氧化能导致迅速自燃或爆炸的物质
	4	常温下受到水或空气中水蒸气的作用,能产生可燃气体并引起燃烧或爆炸的物质
	5	遇酸、受热、撞击、摩擦以及遇有机物或硫黄等易燃的无机物,极易引起燃烧或爆炸的强氧化剂
	6	受撞击、摩擦或与氧化剂、有机物接触时能引起燃烧或爆炸的物质
乙	1	闪点大于等于 28℃,但小于 60℃ 的液体
	2	爆炸下限大于等于 10% 的气体
	3	不属于甲类的氧化剂
	4	不属于甲类的化学易燃危险固体
	5	助燃气体
	6	常温下与空气接触能缓慢氧化,积热不散引起自然的物品
丙	1	闪点大于等于 60℃ 的液体
	2	可燃固体
丁		难燃烧物品·
戊		不燃烧物品

3.1.4 同一座仓库或仓库的任一防火分区内储存不同火灾危险性物品时,该仓库或防火分区的火灾危险性应按其中火灾危险性最大的类别确定。

3.1.5 丁、戊类储存物品的可燃包装重量大于物品本身重量 1/4 的仓库,其火灾危险性应按丙类确定。

五、锅炉房防火分类

见《锅炉房设计规范》(GB 50041—2008)。

第 13.1.1 条 锅炉房的火灾危险性分类和耐火等级应符合下列要求:

一、锅炉间属于丁类生产厂房、蒸汽锅炉额定蒸发量大于 4t/h、热水锅炉超定出力大于 2.8MW 时、锅炉间建筑不应低于二级耐火等级;蒸汽锅炉额定蒸发量小于或等于 4t/h、热水锅炉额定出力小于或等于 2.8MW 时,锅炉间建筑不应低于三级耐火等级;

二、油箱间、油泵间和油加热间均属于丙类生产厂房。其建筑不应低于二级耐火等级,上述房间布置在锅炉房辅助间内时,应设置防火墙与其他房间隔开;

三、燃气调压属于甲类生产厂房,其建筑不应低于二级耐火等级,与锅炉房贴邻的调压间应设置防火墙与锅炉房隔开,其门窗应向外开启并不应直接通向锅炉房,地面应采不发火花地坪。

第二节 耐火等级

一、各类建筑的耐火等级

(一)地下、半地下建筑(室)和重要的公共建筑 见《建筑设计防火规范》(GB 50016—2006)。

5.1.8 地下、半地下建筑（室）的耐火等级应为一级；重要公共建筑的耐火等级不应低于二级。

（二）特殊重要的机器仪表室 见《建筑设计防火规范》(GB 50016—2006)。

3.3.4 使用或储存特殊贵重的机器、仪表、仪器等设备或物品的建筑，其耐火等级应为一级。

（三）办公建筑 见《办公建筑设计规范》(JGJ 67—2006)。

1.0.3 办公建筑设计应依据使用要求分类，并应符合表1.0.3的规定：

表1.0.3 办公建筑分类

类别	示例	设计使用年限	耐火等级
一类	特别重要的办公建筑	100年或50年	一级
二类	重要办公建筑	50年	不低于二级
三类	普通办公建筑	25年或50年	不低于二级

（四）住宅建筑 见《住宅建筑规范》(GB 50368—2005)。

9.2.2 四级耐火等级的住宅建筑最多允许建造层数为3层，三级耐火等级的住宅建筑最多允许建造层数为9层，二级耐火等级的住宅建筑最多允许建造层数为18层。

（五）高层民用建筑 见《高层民用建筑设计防火规范（2005年版)》(GB 50045—95)。

3.0.4 一类高层建筑的耐火等级应为一级，二类高层建筑的耐火等级不应低于二级。裙房的耐火等级不应低于二级。高层建筑地下室的耐火等级应为一级。

（六）体育建筑 见《体育建筑设计规范》(JGJ 31—2003)。

1.0.7 体育建筑等级应根据其使用要求分级。且应符合表1.0.7规定。

表1.0.7 体育建筑等级

等级	主要使用要求	等级	主要使用要求
特级	举办亚运会、奥运会及世界级比赛主场	乙级	举办地区性和全国单项比赛
甲级	举办全国性和单项国际比赛	丙级	举办地方性、群众性运动会

1.0.8 不同等级体育建筑结构设计使用年限和耐火等级应符合表1.0.8的规定。

表1.0.8 体育建筑的结构设计使用年限和耐火等级

建筑等级	主体结构设计使用年限	耐火等级
特级	>100年	不低于一级
甲级、乙级	50～100年	不低于二级
丙级	25～50年	不低于二级

（七）医院 见《综合医院建筑设计规范》(JGJ 49—1988)。

第4.0.2条 医院建筑耐火等级一般不应低于二级，当为三级时，不应超过三层。

（八）托儿所、幼儿园 见《托儿所、幼儿园建筑设计规范》(JGJ 39—1987)。

第3.6.2条 托儿所、幼儿园的儿童用房在一、二级耐火等级的建筑中，不应设在四层及四层以上；三级耐火等级的建筑不应设在三层及三层以上；四级耐火等级的建筑不应超过一层。平屋顶可作为安全避难和室外游戏场地，但应有防护设施。

（九）电影院 见《电影院建筑设计规范》(JGJ 58—2008)。

4.1.2 电影院建筑的等级可分为特、甲、乙、丙四个等级，其中特级、甲级和乙级电影院建筑的设计使用年限不应小于50年，丙级电影院建筑的设计使用年限不应小于25年。各等级电影院建筑的耐火等级不宜低于二级。

（十）剧场 见《剧场建筑设计规范》(JGJ 57—2000)。

1.0.5 剧场建筑的等级可分为特、甲、乙、丙四个等级。特等剧场的技术要求根据具体情况确定；甲、乙、丙等剧场应符合下列规定：
1 主体结构耐久年限：甲等100年以上，乙等51～100年，丙等25～50年；
2 耐火等级：甲、乙、丙等剧场均不应低于二级；

（十一）港口客运站 见《港口客运站建筑设计规范》(JGJ 86—1992)。

第1.0.4条 港口客运站的建筑规模应根据设计旅客聚集量按表1.0.4的规定划分为四级。设计旅客聚集量的计算，见附录一。

国际航线港口客运站的建筑规模，可根据客运站的实际需要确定。

表1.0.4 港口客运站建筑规模分级

分级	设计旅客聚集量（人）	分级	设计旅客聚集量（人）
一级	≥2500	三级	500～1499
二级	1500～2499	四级	100～499

注：政治、经济地位重要的港口客运站，其建筑规模等级可按实际需要确定，报主管部门批准。

第6.0.2条 各级客运站的站房耐火等级均不应低于二级。

（十二）火车站 见《铁路旅客车站建筑设计规范》(GB 50226—2007)。

7.1.1 旅客车站的站房及地道、天桥的耐火等级均不应低于二级。站台雨篷的防火等级应符合国家现行标准《铁路工程设计防火规范》TB 10063的有关规定。

见《铁路工程设计防火规范》(TB 10063—2007)。

2.0.4 车站站台雨篷的耐火等级不应低于二级。有站台柱雨篷采用钢结构时可采用无防火保护的金属构件。无站台柱雨篷采用钢结构时，距轨面12m以上可采用无防火保护的金属构件。

（十三）殡仪馆 见《殡仪馆建筑设计规范》(JGJ 124—1999)。

7.1.1 殡仪馆建筑的耐火等级不应低于二级。

（十四）汽车客运站 见《汽车客运站建筑设计规范》(JGJ 60—1999)。

1.0.3 汽车客运站的建筑等级应根据车站的年平均日旅客发送量划分为四级，并应符合表1.0.3的规定。

表 1.0.3 建筑等级划分

等级	发车位	年平均日旅客发送量（人次）
一级	20～24	10000～25000
二级	13～19	5000～9999
三级	7～12	1000～4999
四级	6 以下	1000 以下

7.1.2 汽车客运站的耐火等级，一、二、三级站不应低于二级，四级站不应低于三级。

（十五）图书馆 见《图书馆建筑设计规范》(JGJ 38—1999)。

6.1.2 藏书量超过100万册的图书馆、书库，耐火等级应为一级。

6.1.3 图书馆特藏库、珍善本书库的耐火等级均应为一级。

6.1.4 建筑高度超过24.00m，藏书量不超过100万册的图书馆、书库，耐火等级不应低于二级。

6.1.5 建筑高度不超过24.00m，藏书量超过10万册但不超过100万册的图书馆、书库，耐火等级不应低于二级。

6.1.6 建筑高度不超过24.00m，建筑层数不超过三层，藏书量不超过10万册的图书馆，耐火等级不应低于三级，但其书库和开架阅览室部分的耐火等级不得低于二级。

（十六）疗养院 见《疗养院建筑设计规范》(JGJ 40—1987)。

第3.6.2条 疗养院建筑物耐火等级一般不应低于二级，若耐火等级为三级者，其层数不应超过三层。

（十七）文化馆 见《文化馆建筑设计规范》(JGJ 41—1987)。

第4.0.2条 文化馆的建筑耐火等级对于高层建筑不应低于二级，对于多层建筑不应低于三级。

（十八）汽车库、修车库 见《汽车库、修车库、停车场设计防火规范》(GB 50067—1997)。

3.0.3 地下汽车库的耐火等级应为一级。

甲、乙类物品运输车的汽车库、修车库和Ⅰ、Ⅱ、Ⅲ类的汽车库、修车库的耐火等级不应低于二级，Ⅳ类汽车库、修车库的耐火等级不应低于三级。

注：甲、乙类物品的火灾危险性分类应按现行的国家标准《建筑设计防火规范》的规定执行。

（十九）厂房、仓库、设备用房　见《建筑设计防火规范》（GB 50016—2006）。

3.3.4　使用或储存特殊贵重的机器、仪表、仪器等设备或物品的建筑，其耐火等级应为一级。

3.3.5　建筑面积小于等于300m²的独立甲、乙类单层厂房，可采用三级耐火等级的建筑。

3.3.6　使用或产生丙类液体的厂房和有火花、赤热表面、明火的丁类厂房，均应采用一、二级耐火等级建筑，当上述丙类厂房的建筑面积小于等于500m²，丁类厂房的建筑面积小于等于1000m²时，也可采用三级耐火等级的单层建筑。

3.3.12　除锅炉的总蒸发量小于等于4t/h的燃煤锅炉房可采用三级耐火等级的建筑外，其他锅炉房均应采用一、二级耐火等级的建筑。

3.3.13　油浸变压器室、高压配电装置室的耐火等级不应低于二级，其他防火设计应按现行国家标准《火力发电厂和变电所设计防火规范》GB 50229等规范的有关规定执行。

3.3.16　高架仓库的耐火等级不应低于二级。

3.3.17　粮食筒仓的耐火等级不应低于二级；二级耐火等级的粮食筒仓可采用钢板仓。粮食平房仓的耐火等级不应低于三级；二级耐火等级的散装粮食平房仓可采用无防火保护的金属承重构件。

见《民用建筑电气设计规范》（JGJ/T 16—2008）。

4.9.1　可燃油油浸电力变压器室的耐火等级应为一级。非燃（或难燃）介质的电力变压器室、电压为35kV、10kV配电装置室和电压为10kV电容器室的耐火等级不应低于二级。电压为0.4kV配电装置和电压为0.4kV电容器室的耐火等级不应低于三级。

见《锅炉房设计规范》（GB 50041—2008）。

第13.1.1条　锅炉房的火灾危险性分类和耐火等级应符合下列要求：

一、锅炉间属于丁类生产厂房、蒸汽锅炉额定蒸发量大于4t/h、热水锅炉超定出力大于2.8MW时、锅炉间建筑不应低于二级耐火等级；蒸汽锅炉额定蒸发量小于或等于4t/h、热水锅炉额定出力小于或等于2.8MW时，锅炉间建筑不应低于三级耐火等级；

二、油箱间、油泵间和油加热间均属于丙类生产厂房。其建筑不应低于二级耐火等级，上述房间布置在锅炉房辅助间内时，应设置防火墙与其他房间隔开；

三、燃气调压属于甲类生产厂房，其建筑不应低于二级耐火等级，与锅炉房贴邻的调压间应设置防火墙与锅炉房隔开，其门窗应向外开启并不应直接通向锅炉房，地面应采不发火花地坪。

（二十）人防工程　见《人民防空工程设计防火规范》（GB 50098—2009）。

4.3.2　人防工程的耐火等级应为一级，其出入口地面建筑物的耐火等级不应低于二级。

二、建筑物构件的燃烧性能和耐火极限
（一）民用建筑　见《建筑设计防火规范》（GB 50016—2006）。

5.1.1　民用建筑的耐火等级应分为一、二、三、四级。除本规范另有规定者外，不同耐火等级建筑物相应构件的燃烧性能和耐火极限不应低于表5.1.1的规定。

表 5.1.1 建筑物构件的燃烧性能和耐火极限（h）

名　　称		耐火等级			
构件		一级	二级	三级	四级
墙	防火墙	不燃烧体 3.00	不燃烧体 3.00	不燃烧体 3.00	不燃烧体 3.00
	承重墙	不燃烧体 3.00	不燃烧体 2.50	不燃烧体 2.00	难燃烧体 0.50
	非承重外墙	不燃烧体 1.00	不燃烧体 1.00	不燃烧体 0.50	燃烧体
	楼梯间的墙 电梯井的墙 住宅单元之间的墙 住宅分户墙	不燃烧体 2.00	不燃烧体 2.00	不燃烧体 1.50	难燃烧体 0.50
	疏散走道两侧的隔墙	不燃烧体 1.00	不燃烧体 1.00	不燃烧体 0.50	难燃烧体 0.25
	房间隔墙	不燃烧体 0.75	不燃烧体 0.50	难燃烧体 0.50	难燃烧体 0.25
柱		不燃烧体 3.00	不燃烧体 2.50	不燃烧体 2.00	难燃烧体 0.50
梁		不燃烧体 2.00	不燃烧体 1.50	不燃烧体 1.00	难燃烧体 0.50
楼板		不燃烧体 1.50	不燃烧体 1.00	不燃烧体 0.50	燃烧体
屋顶承重构件		不燃烧体 1.50	不燃烧体 1.00	燃烧体	燃烧体
疏散楼梯		不燃烧体 1.50	不燃烧体 1.00	不燃烧体 0.50	燃烧体
吊顶（包括吊顶搁栅）		不燃烧体 0.25	难燃烧体 0.25	难燃烧体 0.15	燃烧体

注：1　除本规范另有规定者外，以木柱承重且以不燃烧材料作为墙体的建筑物，其耐火等级应按四级确定；

2　二级耐火等级建筑的吊顶采用不燃烧体时，其耐火极限不限；

3　在二级耐火等级的建筑中，面积不超过 $100m^2$ 的房间隔墙，如执行本表的规定确有困难时，可采用耐火极限不低于 0.3h 的不燃烧体；

4　一、二级耐火等级建筑疏散走道两侧的隔墙，按本表规定执行确有困难时，可采用 0.75h 不燃烧体。

5.1.2　二级耐火等级的建筑，当房间隔墙采用难燃烧体时，其耐火极限应提高 0.25h。

5.1.3　一、二级耐火等级建筑的上人平屋顶，其屋面板的耐火极限分别不应低于 1.50h 和 1.00h。

5.1.4　一、二级耐火等级建筑的屋面板应采用不燃烧材料，但其屋面防水层和绝热层可采用可燃材料。

5.1.5　二级耐火等级住宅的楼板采用预应力钢筋混凝土楼板时，该楼板的耐火极限不应低于 0.75h。

5.1.6　三级耐火等级的下列建筑或部位的吊顶，应采用不燃烧体或耐火极限不低于 0.25h 的难燃烧体：

　　1　医院、疗养院、中小学校、老年人建筑及托儿所、幼儿园的儿童用房和儿童游乐厅等儿童活动场所；

　　2　3层及3层以上建筑中的门厅、走道。

（二）办公建筑　见《办公建筑设计规范》(JGJ 67—2006)。

　　5.0.5　机要室、档案室和重要库房等隔墙的耐火极限不应小于2h，楼板不应小于1.5h，并应采用甲级防火门。

（三）住宅建筑　见《住宅建筑规范》(GB 50368—2005)。

　　9.2.1　住宅建筑的耐火等级应划分为一、二、三、四级，其构件的燃烧性能和耐火极限不应低于表9.2.1的规定。

表 9.2.1　住宅建筑构件的燃烧性能和耐火极限 (h)

构件名称		耐火等级			
		一级	二级	三级	四级
墙	防火墙	不燃性 3.00	不燃性 3.00	不燃性 3.00	不燃性 3.00
	非承重外墙、疏散走道两侧的隔墙	不燃性 1.00	不燃性 1.00	不燃性 0.75	难燃性 0.75
	楼梯间的墙、电梯井的墙、住宅单元之间的墙、住宅分户墙、承重墙	不燃性 2.00	不燃性 2.00	不燃性 1.50	难燃性 1.00
	房间隔墙	不燃性 0.75	不燃性 0.50	难燃性 0.50	难燃性 0.25
柱		不燃性 3.00	不燃性 2.50	不燃性 2.00	难燃性 1.00
梁		不燃性 2.00	不燃性 1.50	不燃性 1.00	难燃性 1.00
楼板		不燃性 1.50	不燃性 1.00	不燃性 0.75	难燃性 0.50
屋顶承重构件		不燃性 1.50	不燃性 1.00	难燃性 0.50	难燃性 0.25
疏散楼梯		不燃性 1.50	不燃性 1.00	不燃性 0.75	难燃性 0.50

注：表中的外墙指除外保温层外的主体构件。

（四）高层民用建筑　见《高层民用建筑设计防火规范（2005年版)》(GB 50045—95)。

　　3.0.2　高层建筑的耐火等级应分为一、二两级，其建筑构件的燃烧性能和耐火极限不应低于表3.0.2的规定。

　　各类建筑构件的燃烧性能和耐火极限可按附录A确定。

　　3.0.3　预制钢筋混凝土构件的节点缝隙或金属承重构件节点的外露部位，必须加设防火保护层，其耐火极限不应低于本规范表3.0.2相应建筑构件的耐火极限。

　　3.0.5　二级耐火等级的高层建筑中，面积不超过100m²的房间隔墙，可采用耐火极限不低于0.50h的难燃烧体或耐火极限不低于0.30h的不燃烧体。

表3.0.2 建筑构件的燃烧性能和耐火极限

构件名称	燃烧性能和耐火极限(h)	耐火等级	
		一级	二级
墙	防火墙	不燃烧体 3.00	不燃烧体 3.00
	承重墙、楼梯间的墙、电梯井的墙和住宅单元之间的墙、住宅分户墙	不燃烧体 2.00	不燃烧体 2.00
	非承重外墙、疏散走道两侧的隔墙	不燃烧体 1.00	不燃烧体 1.00
	房间隔墙	不燃烧体 0.75	不燃烧体 0.50
柱		不燃烧体 3.00	不燃烧体 2.50
梁		不燃烧体 2.00	不燃烧体 1.50
楼板、疏散楼梯、屋顶承重构件		不燃烧体 1.50	不燃烧体 1.00
吊顶		不燃烧体 0.25	难燃烧体 0.25

3.0.6 二级耐火等级高层建筑的裙房，当屋顶不上人时，屋顶的承重构件可采用耐火极限不低于0.50h的不燃烧体。

3.0.7 高层建筑内存放可燃物的平均重量超过$200kg/m^2$的房间，当不设自动灭火系统时，其柱、梁、楼板和墙的耐火极限应按本规范第3.0.2条的规定提高0.50h。

3.0.8 玻璃幕墙的设置应符合下列规定：

3.0.8.1 窗间墙、窗槛墙的填充材料应采用不燃烧材料。当外墙面采用耐火极限不低于1.00h的不燃烧体时，其墙内填充材料可采用难燃烧材料。

3.0.8.2 无窗间墙和窗槛墙高度小于0.80m的建筑幕墙，应在每层楼板外沿设置耐火极限不低于1.00h、高度不低于0.80m的不燃烧实体裙墙或防火玻璃裙墙。

3.0.8.3 玻璃幕墙与每层楼板、隔墙处的缝隙，应采用防火封堵材料封堵。

(五) 体育建筑 见《体育建筑设计规范》(JGJ 31—2003)。

8.1.4 室内、外观众看台结构的耐火等级，应与本规范第1.0.8条规定的建筑等级和耐久年限相一致。室外观众看台上面的罩棚结构的金属构件可无防火保护，其屋面板可采用经阻燃处理的燃烧体材料。

8.1.5 用于比赛、训练部位的室内墙面装修和顶棚（包括吸声、隔热和保温处理），应采用不燃烧体材料。当此场所内设有火灾自动灭火系统和火灾自动报警系统时，室内墙面和顶棚装修可采用难燃烧体材料。

固定座位应采用烟密度指数50以下的难燃材料制作，地面可采用不低于难燃等级的材料制作。

8.1.6 比赛或训练部位的屋盖承重钢结构在下列情况中的一种时，承重钢结构可不做防火保护：

1 比赛或训练部位的墙面（含装修）用不燃烧体材料；

2 比赛或训练部位设有耐火极限不低于0.5h的不燃烧体材料的吊顶；

3 游泳馆的比赛或训练部位。

8.1.7 比赛训练大厅的顶棚内可根据顶棚结构、检修要求、顶棚高度等因素设置马道，其宽度不应小于0.65m，马道应采用不燃烧体材料，其垂直交通可采用钢质梯。

8.1.8 比赛和训练建筑的灯控室、声控室、配电室、发电机房、空调机房、重要库房、消防控制室等部位，应采取下列措施中的一种作为防火保护：

1 采用耐火极限不低于2.0h的墙体和耐火极限不小于1.5h的楼板同其他部位分隔，门、窗的耐火极限不应低于1.2h。

2 设自动水喷淋灭火系统。当不宜设水系统时，可设气体自动灭火系统，但不得采用卤代烷1211或1301灭火系统。

（六）医院 见《综合医院建筑设计规范》(JGJ 49—1988)。

第4.0.3条 三、防火分区内的病房、产房、手术部、精密贵重医疗装备用房等，均应采用耐火极限不低于1小时的非燃烧体与其他部分隔开。

（七）电影院 见《电影院建筑设计规范》(JGJ 58—2008)。

6.1.3 观众厅内座席台阶结构应采用不燃材料。

6.1.4 观众厅、声闸和疏散通道内的顶棚材料应采用A级装修材料，墙面、地面材料不应低于B1级。各种材料均应符合现行国家标准《建筑内部装修设计防火规范》GB 50222中的有关规定。

6.1.5 观众厅吊顶内吸声、隔热、保温材料与检修马道应采用A级材料。

6.1.6 银幕架、扬声器支架应采用不燃材料制作，银幕和所有幕帘材料不应低于B1级。

6.1.7 放映机房应采用耐火极限不低于2.0h的隔墙和不低于1.5h的楼板与其他部位隔开。顶棚装修材料不应低于A级，墙面、地面材料不应低于B1级。

6.1.8 电影院顶棚、墙面装饰采用的龙骨材料均应为A级材料。

6.1.11 电影院内吸烟室的室内装装顶棚应采用A级材料，地面和墙面应采用不低于B1级材料，并应设有火灾自动报警装置和机械排风设施。

（八）剧场 见《剧场建筑设计规范》(JGJ 57—2000)。

8.1.3 舞台与后台部分的隔墙及舞台下部台仓的周围墙体均应采用耐火极限不低于2.5h的不燃烧体。

8.1.4 舞台（包括主台、侧台、后舞台）内的天桥、渡桥码头、平台板、栅顶应采用不燃烧体，耐火极限不应小于0.5h。

8.1.5 变电间之高、低压配电室与舞台、侧台、后台相连时，必须设置面积不小于$6m^2$的前室，并应设甲级防火门。

8.1.6 甲等及乙等的大型、特大型剧场应设消防控制室，位置宜靠近舞台，并有对外的单独出入口，面积不应小于$12m^2$。

8.1.7 观众厅吊顶内的吸声、隔热、保温材料应采用不燃材料。观众厅（包括乐池）的天棚、墙面、地面装修材料不应低于A_1级，当采用B_1级装修材料时应设置相应的消防设施，并应符合本规范第8.4.1条规定。

8.1.8 剧场检修马道应采用不燃材料。

8.1.9 观众厅及舞台内的灯光控制室、面光桥及耳光室各界面构造均采用不燃材料。

8.1.11 舞台内严禁设置燃气加热装置，后台使用上述装置时，应用耐火极限不低于2.5h的隔墙和甲级防火门分隔，并不应靠近服装室、道具间。

8.1.12 当剧场建筑与其他建筑合建或毗连时，应形成独立的防火分区，以防火墙隔开，并不得开门窗洞；当设门时，应设甲级防火门，上下楼板耐火极限不应低于 1.5h。

8.1.13 机械舞台台板采用的材料不得低于 B_1 级。

8.1.14 舞台所有布幕均应为 B_1 级材料。

（九）殡仪馆 见《殡仪馆建筑设计规范》(JGJ 124—1999)。

7.2.9 骨灰寄存室内的寄存架应采用阻燃材料。

7.2.10 骨灰寄存室内的装修材料应采用燃烧性能等级为 A 级的阻燃材料。

（十）汽车客运站 见《汽车客运站建筑设计规范》(JGJ 60—1999)。

7.1.3 站房的吊顶及闷顶内的吸声、隔热、保温等构造不应采用易燃及受高温散发有毒烟雾的材料。

（十一）图书馆 见《图书馆建筑设计规范》(JGJ 38—1999)。

6.2.1 基本书库、非书资料库应用防火墙与其毗邻的建筑完全隔离，防火墙的耐火极限不应低于 3.00h。

（十二）汽车库、修车库 见《汽车库、修车库、停车场设计防火规范》(GB 50067—1997)。

3.0.2 汽车库、修车库的耐火等级应分为三级。各级耐火等级建筑物构件的燃烧性能和耐火极限均不应低于表 3.0.2 的规定。

表 3.0.2 各级耐火等级建筑物构件的燃烧性能和耐火极限

构件名称		燃烧性能和耐火极限(h) 耐火等级		
		一级	二级	三级
墙	防火墙	不燃烧体 3.00	不燃烧体 3.00	不燃烧体 3.00
	承重墙、楼梯间的墙、防火隔墙	不燃烧体 2.00	不燃烧体 2.00	不燃烧体 2.00
	隔墙、框架填充墙	不燃烧体 0.75	不燃烧体 0.50	不燃烧体 0.50
柱	支承多层的柱	不燃烧体 3.00	不燃烧体 2.50	不燃烧体 2.50
	支承单层的柱	不燃烧体 2.50	不燃烧体 2.00	不燃烧体 2.00
梁		不燃烧体 2.00	不燃烧体 1.50	不燃烧体 1.00
楼板		不燃烧体 1.50	不燃烧体 1.00	不燃烧体 0.50
疏散楼梯、坡道		不燃烧体 1.50	不燃烧体 1.00	不燃烧体 1.00
屋顶承重构件		不燃烧体 1.50	不燃烧体 0.50	燃烧体
吊顶(包括吊顶搁栅)		不燃烧体 0.25	不燃烧体 0.25	难燃烧体 0.15

注：预制钢筋混凝土构件的节点缝隙或金属承重构件的外露部位应加设防火保护层，其耐火极限不应低于本表相应构件的规定。

（十三）厂房、仓库、设备用房 见《建筑设计防火规范》(GB 50016—2006)。

3.2.1 厂房（仓库）的耐火等级可分为一、二、三、四级。其构件的燃烧性能和耐火极限除本规范另有规定者外，不应低于表3.2.1的规定。

表 3.2.1 厂房（仓库）建筑构件的燃烧性能和耐火极限（h）

名称		耐火等级			
构件		一级	二级	三级	四级
墙	防火墙	不燃烧体 3.00	不燃烧体 3.00	不燃烧体 3.00	不燃烧体 3.00
	承重墙	不燃烧体 3.00	不燃烧体 2.50	不燃烧体 2.00	难燃烧体 0.50
	楼梯间和电梯井的墙	不燃烧体 2.00	不燃烧体 2.00	不燃烧体 1.50	难燃烧体 0.50
	疏散走道两侧的隔墙	不燃烧体 1.00	不燃烧体 1.00	不燃烧体 0.50	难燃烧体 0.25
	非承重外墙	不燃烧体 0.75	不燃烧体 0.50	难燃烧体 0.50	难燃烧体 0.25
	房间隔墙	不燃烧体 0.75	不燃烧体 0.50	难燃烧体 0.50	难燃烧体 0.25
柱		不燃烧体 3.00	不燃烧体 2.50	不燃烧体 2.00	难燃烧体 0.50
梁		不燃烧体 2.00	不燃烧体 1.50	不燃烧体 1.00	难燃烧体 0.50
楼板		不燃烧体 1.50	不燃烧体 1.00	不燃烧体 0.75	难燃烧体 0.50
屋顶承重构件		不燃烧体 1.50	不燃烧体 1.00	难燃烧体 0.50	燃烧体
疏散楼梯		不燃烧体 1.50	不燃烧体 1.00	不燃烧体 0.75	燃烧体
吊顶（包括吊顶搁栅）		不燃烧体 0.25	难燃烧体 0.25	难燃烧体 0.15	燃烧体

注：二级耐火等级建筑的吊顶采用不燃烧体时，其耐火极限不限。

3.2.2 下列建筑中的防火墙，其耐火极限应按本规范表3.2.1的规定提高1.00h：

1 甲、乙类厂房；

2 甲、乙、丙类仓库。

3.2.3 一、二级耐火等级的单层厂房（仓库）的柱，其耐火极限可按本规范表3.2.1的规定降低0.50h。

3.2.4 下列二级耐火等级建筑的梁、柱可采用无防火保护的金属结构，其中能受到甲、乙、丙类液体或可燃气体火焰影响的部位，应采取外包敷不燃材料或其他防火隔热保护措施：

1 设置自动灭火系统的单层丙类厂房；

2 丁、戊类厂房（仓库）。

3.2.5 一、二级耐火等级建筑的非承重外墙应符合下列规定：

1 除甲、乙类仓库和高层仓库外，当非承重外墙采用不燃烧体时，其耐火极限不应低于0.25h；当采用难燃烧体时，不应低于0.50h；

2 4层及4层以下的丁、戊类地上厂房（仓库），当非承重外墙采用不燃烧体时，其耐火极限不限；当非承重外墙采用难燃烧体的轻质复合墙体时，其表面材料应为不燃材料、内填充材料的燃烧性能不应低于B2级。B1、B2级材料应符合现行国家标准《建筑材料燃烧性能分级方法》GB8624的有关要求。

3.2.6 二级耐火等级厂房（仓库）中的房间隔墙，当采用难燃烧体时，其耐火极限应提高0.25h。

3.2.7 二级耐火等级的多层厂房或多层仓库中的楼板，当采用预应力和预制钢筋混凝土楼板时，其耐火极限不应低于0.75h。

3.2.8 一、二级耐火等级厂房（仓库）的上人平屋顶，其屋面板的耐火极限分别不应低于1.50h和1.00h。

一级耐火等级的单层、多层厂房（仓库）中采用自动喷水灭火系统进行全保护时，其屋顶承重构件的耐火极限不应低于1.00h。

二级耐火等级厂房的屋顶承重构件可采用无保护层的金属构件，其中能受到甲、乙、丙类液体火焰影响的部位应采取防火隔热保护措施。

3.2.9 一、二级耐火等级厂房（仓库）的屋面板应采用不燃烧材料，但其屋面防水层和绝热层可采用可燃材料；当丁、戊类厂房（仓库）不超过4层时，其屋面可采用难燃烧体的轻质复合屋面板，但该板材的表面材料应为不燃烧材料，内填充材料的燃烧性能不应低于B2级。

3.2.10 除本规范另有规定者外，以木柱承重且以不燃烧材料作为墙体的厂房（仓库），其耐火等级应按四级确定。

3.2.11 预制钢筋混凝土构件的节点外露部位，应采取防火保护措施，且该节点的耐火极限不应低于相应构件的规定。

（十四）人防工程　见《人民防空工程设计防火规范》（GB 50098—2009）。

4.2.1 防火墙应直接设置在基础上或耐火极限不低于3h的承重构件上。

4.2.3 电影院、礼堂的观众厅与舞台之间的墙，耐火极限不应低于2.5h，观众厅与舞台之间的舞台口应符合本规范第7.2.3条的规定；电影院放映室（卷片室）应采用耐火极限不低于1h的隔墙与其他部位隔开，观察窗和放映孔应设置阻火闸门。

4.2.4 下列场所应采用耐火极限不低于2h的隔墙和1.5h的楼板与其他场所隔开，并应符合下列规定：

1 消防控制室、消防水泵房、排烟机房、灭火剂储瓶室、变配电室、通信机房、通风和空调机房、可燃物存放量平均值超过30kg/m²火灾荷载密度的房间等，墙上应设置常闭的甲级防火门；

2 柴油发电机房的储油间，墙上应设置常闭的甲级防火门，并应设置高150mm的不燃烧、不渗漏的门槛，地面不得设置地漏；

3 同一防火分区内厨房、食品加工等用火用电用气场所，墙上应设置不低于乙级的防火门，人员频繁出入的防火门应设置火灾时能自动关闭的常开式防火门；

4 歌舞娱乐放映游艺场所，且一个厅、室的建筑面积不应大于200m²，隔墙上应设置不低于乙级的防火门。

4.4.3.2 防火卷帘的耐火极限不应低于3h。

第三节　防火分区

一、民用建筑

见《建筑设计防火规范》(GB 50016—2006)。

5.1.7　民用建筑的耐火等级、最多允许层数和防火分区最大允许建筑面积应符合表5.1.7的规定。

表5.1.7　民用建筑的耐火等级、最多允许层数和防火分区最大允许建筑面积

耐火等级	最多允许层数	防火分区的最大允许建筑面积(m²)	备　注
一、二级	按本规范第1.0.2条规定	2500	1. 体育馆、剧院的观众厅,展览建筑的展厅,其防火分区最大允许建筑面积可适当放宽。 2. 托儿所、幼儿园的儿童用房和儿童游乐厅等儿童活动场所不应超过3层或设置在四层及四层以上楼层或地下、半地下建筑(室)内。
三级	5层	1200	1. 托儿所、幼儿园的儿童用房和儿童游乐厅等儿童活动场所、老年人建筑和医院、疗养院的住院部分不应超过2层或设置在三层及三层以上楼层或地下、半地下建筑(室)内。 2. 商店、学校、电影院、剧院、礼堂、食堂、菜市场不应超过2层或设置在三层及三层以上楼层。
四级	2层	600	学校、食堂、菜市场、托儿所、幼儿园、老年人建筑、医院等不应设置在二层。
地下、半地下建筑(室)		500	—

注：1　建筑内设置自动灭火系统时,该防火分区的最大允许建筑面积可按本表的规定增加1.0倍。局部设置时,增加面积可按该局部面积的1.0倍计算。

2　当住宅建筑构件的耐火极限和燃烧性能符合现行国家标准《住宅建筑规范》GB 50368的规定时,其最多允许层数执行该标准的规定。

5.1.9　当多层建筑物内设置自动扶梯、敞开楼梯等上下层相连通的开口时,其防火分区面积应按上下层相连通的面积叠加计算;当其建筑面积之和大于本规范第5.1.7条的规定时,应划分防火分区。

5.1.10　建筑物内设置中庭时,其防火分区面积应按上下层相连通的面积叠加计算;当超过一个防火分区最大允许建筑面积时,应符合下列规定：

1　房间与中庭相通的开口部位应设置能自行关闭的甲级防火门窗;

2　与中庭相通的过厅、通道等处应设置甲级防火门或防火卷帘;防火门或防火卷帘应能在火灾时自动关闭或降落。防火卷帘的设置应符合本规范第7.5.3条的规定;

3　中庭应按本规范第9章的规定设置排烟设施。

二、高层民用建筑

见《高层民用建筑设计防火规范 (2005年版)》(GB 50045—95)。

5.1.1 高层建筑内应采用防火墙等划分防火分区，每个防火分区允许最大建筑面积，不应超过表5.1.1的规定。

表5.1.1 每个防火分区的允许最大建筑面积

建筑类别	每个防火分区建筑面积（m²）	建筑类别	每个防火分区建筑面积（m²）
一类建筑	1000	地下室	500
二类建筑	1500		

注：① 设有自动灭火系统的防火分区，其允许最大建筑面积可按本表增加1.00倍；当局部设置自动灭火系统时，增加面积可按该局部面积的1.00倍计算。

② 一类建筑的电信楼，其防火分区允许最大建筑面积可按本表增加50%。

5.1.3 当高层建筑与其裙房之间设有防火墙等防火分隔设施时，其裙房的防火分区允许最大建筑面积不应大于2500m²。当设有自动喷水灭火系统时，防火分区允许最大建筑面积可增加1.00倍。

5.1.4 高层建筑内设有上下层相连通的走廊、敞开楼梯、自动扶梯、传送带等开口部位时，应按上下连通层作为一个防火分区，其允许最大建筑面积之和不应超过本规范第5.1.1条的规定。当上下开口部位设有耐火极限大于3.00h的防火卷帘或水幕等分隔设施时，其面积可不叠加计算。

5.1.5 高层建筑中庭防火分区面积应按上、下层连通的面积叠加计算，当超过一个防火分区面积时，应符合下列规定：

5.1.5.1 房间与中庭回廊相通的门、窗，应设自行关闭的乙级防火门、窗。

5.1.5.2 与中庭相通的过厅、通道等，应设乙级防火门或耐火极限大于3.00h的防火卷帘分隔。

5.1.5.3 中庭每层回廊应设有自动喷水灭火系统。

5.1.5.4 中庭每层回廊应设火灾自动报警系统。

4.1.5 高层建筑内的观众厅、会议厅、多功能厅等人员密集场所，应设在首层或二、三层；当必须设在其他楼层时，除本规范另有规定外。尚应符合下列规定：

4.1.5.1 一个厅、室的建筑面积不宜超过400m²。

4.1.5.2 一个厅、室的安全出口不应少于两个。

4.1.5.3 必须设置火灾自动报警系统和自动喷水灭火系统。

4.1.5.4 幕布和窗帘应采用经阻燃处理的织物。

4.1.6 托儿所、幼儿园、游乐厅等儿童活动场所不应设置在高层建筑内，当必须设在高层建筑内时，应设置在建筑物的首层或二、三层，并应设置单独出入口。

三、住宅

见《住宅建筑规范》(GB 50368—2005)。

9.1.2 住宅建筑中相邻套房之间应采取防火分隔措施。

9.1.3 当住宅与其他功能空间处于同一建筑内时，住宅部分与非住宅部分之间应采取防火分隔措施，且住宅部分的安全出口和疏散楼梯应独立设置。

经营、存放和使用火灾危险性为甲、乙类物品的商店、作坊和储藏间，严禁附设在住宅建筑中。

见《高层民用建筑设计防火规范（2005年版）》(GB 50045—95)。

6.1.1 高层建筑每个防火分区的安全出口不应少于两个。但符合下列条件之一的，可设一个安全出口：

6.1.1.1 十八层及十八层以下，每层不超过8户、建筑面积不超过650m²，且设有一座防烟楼梯间和消防电梯的塔式住宅。

四、商店

见《建筑设计防火规范》(GB 50016—2006)。

5.1.12 地上商店营业厅、展览建筑的展览厅符合下列条件时，其每个防火分区的最大允许建筑面积不应大于10000m²：

1 设置在一、二级耐火等级的单层建筑内或多层建筑的首层；

2 按本规范第8、9、11章的规定设置有自动喷水灭火系统、排烟设施和火灾自动报警系统；

3 内部装修设计符合现行国家标准《建筑内部装修设计防火规范》GB 50222 的有关规定。

5.1.13 地下商店应符合下列规定：

3 当设有火灾自动报警系统和自动灭火系统，且建筑内部装修符合现行国家标准《建筑内部装修设计防火规范》GB 50222 的有关规定时，其营业厅每个防火分区的最大允许建筑面积可增加到2000m²；

见《高层民用建筑设计防火规范（2005年版)》(GB 50045—95)。

4.1.5B 地下商店应符合下列规定：

4.1.5B.4 当商店总建筑面积大于20000m²时，应采用防火墙进行分隔，且防火墙上不得开设门窗洞口。

5.1.2 高层建筑内的商业营业厅、展览厅等，当设有火灾自动报警系统和自动灭火系统，且采用不燃烧或难燃烧材料装修时，地上部分防火分区的允许最大建筑面积为4000m²；地下部分防火分区的允许最大建筑面积为2000m²。

见《商店建筑设计规范》(JGJ 48—1988)。

第4.1.4条 综合性建筑的商店部分应采用耐火极限不低于3h的隔墙和耐火极限不低于1.50h的非燃烧体楼板与其他建筑部分隔开；商店部分的安全出口必须与其他建筑部分隔开。

注：多层住宅底层商店的顶楼板耐火极限可不低于1h。

第4.1.6条 大中型商业建筑中有屋盖的通廊或中庭（共享空间）及其两边建筑，各成防火分区时，应符合下列规定：

一、当两边建筑高度小于24m则通廊或中庭的最狭处宽度不应小于6m，当建筑高度大于24m则该处宽度不应小于13m；

二、通廊或中庭的屋盖应采用非燃烧体和防碎的透光材料，在两边建筑物支承处应为防火构造；

三、通廊或中庭的自然通风要求应符合第3.1.10条的规定。当为封闭中庭时应设自动排烟装置；

四、通廊或中庭的消防设施应符合防火规范的规定。

五、体育建筑

见《体育建筑设计规范》(JGJ 31—2003)。

8.1.3 防火分区应符合下列要求：

1 体育建筑的防火分区尤其是比赛大厅，训练厅和观众休息厅等大间处应结合建筑布局、功能分区和使用要求加以划分，并应报当地公安消防部门认定；

2 观众厅、比赛厅或训练厅的安全出口应设置乙级防火门；

3 位于地下室的训练用房应按规定设置足够的安全出口。

六、医院

见《综合医院建筑设计规范》(JGJ 49—1988)。

第4.0.3条 防火分区

一、医院建筑的防火分区应结合建筑布局和功能分区划分。

二、防火分区的面积除按建筑耐火等级和建筑物高度确定外；病房部分每层防火分区内，尚应根据面积大小和疏散路线进行防火再分隔；同层有二个及二个以上护理单元时，通向公共走道的单元入口处，应设乙级防火门。

三、防火分区内的病房、产房、手术部、精密贵重医疗装备用房等，均应采用耐火极限不低于1小时的非燃烧体与其他部分隔开。

七、电影院

见《电影院建筑设计规范》(JGJ 58—2008)。

6.1.2 当电影院建在综合建筑内时，应形成独立的防火分区。

八、剧场

见《剧场建筑设计规范》(JGJ 57—2000)。

8.1.12 当剧场建筑与其他建筑合建或毗连时，应形成独立的防火分区，以防火墙隔开，并不得开门窗洞；当设门时，应设甲级防火门，上下楼板耐火极限不应低于1.5h。

九、火车站

见《铁路旅客车站建筑设计规范》(GB 50226—2007)。

7.1.2 其他建筑与旅客车站合建时必须划分防火分区。

7.1.3 旅客车站集散厅、候车区（室）防火分区的划分应符合国家现行标准《铁路工程设计防火规范》TB 10063 的有关规定。

见《铁路工程设计防火规范》(TB 10063—2007)。

6.1.1 铁路旅客车站的候车区及集散厅符合下列条件时．其每个防火分区最大允许建筑面积可扩大到10000m²：

1 设置在首层、单层高架层，或有一半直接对外疏散出口且采用室内封闭楼梯间的二层；

2 设有自动喷水灭火系统、排烟设施和火灾自动报警系统；

3 内部装修设计符合现行国家标准《建筑内部装修设计防火规范》(GB 50222) 的有关规定。

十、殡仪馆

见《殡仪馆建筑设计规范》(JGJ 124—1999)。

7.1.2 殡仪馆建筑的防火分区应依据建筑功能合理划分。

7.2.3 骨灰寄存用房的防火分区隔间最大允许建筑面积，当为单层时不应大于 800m²；当建筑高度在 24.0m 以下时，每层不应大于 500m²；当建筑高度大于 24.0m 时，每层不应大于 300m²。

十一、图书馆

见《图书馆建筑设计规范》(JGJ 38—1999)。

6.2.1 基本书库、非书资料库应用防火墙与其毗邻的建筑完全隔离，防火墙的耐火极限不应低于 3.00h。

6.2.2 基本书库、非书资料库，藏阅合一的阅览空间防火分区最大允许建筑面积：当为单层时，不应大于 1500m²；当为多层，建筑高度不超过 24.00m 时，不应大于 1000m²；当高度超过 24.00m 时，不应大于 700m²；地下室或半地下室的书库，不应大于 300m²。

当防火分区设有自动灭火系统时，其允许最大建筑面积可按上述规定增加 1.00 倍，当局部设置自动灭火系统时，增加面积可按该局部面积的 1.00 倍计算。

6.2.3 珍善本书库、特藏库，应单独设置防火分区。

6.2.4 采用积层书架的书库，划分防火分区时，应将书架层的面积合并计算。

十二、汽车库、修车库

见《汽车库、修车库、停车场设计防火规范》(GB 50067—1997)。

5.1.1 汽车库应设防火墙划分防火分区。每个防火分区的最大允许建筑面积应符合表5.1.1 的规定。

表 5.1.1　汽车库防火分区最大允许建筑面积（m²）

耐火等级	单层汽车库	多层汽车库	地下汽车库或高层汽车库
一、二级	3000	2500	2000
三级	1000		

注：① 敞开式、错层式、斜楼板式的汽车库的上下连通层面积应叠加计算。其防火分区最大允许建筑面积可按本表规定值增加一倍。

② 室内地坪低于室外地坪面高度超过该层汽车库净高 1/3 且不超过净高 1/2 的汽车库，或设在建筑物首层的汽车库的防火分区最大允许建筑面积不应超过 2500m²。

③ 复式汽车库的防火分区最大允许建筑面积应按本表规定值减少 35%。

5.1.2 汽车库内设有自动灭火系统时，其防火分区的最大允许建筑面积可按本规范表5.1.1 的规定增加一倍。

5.1.3 机械式立体汽车库的停车数超过 50 辆时，应设防火墙或防火隔墙进行分隔。

5.1.4 甲、乙类物品运输车的汽车库、修车库，其防火分区最大允许建筑面积不应超过 500m²。

5.1.5 修车库防火分区最大允许建筑面积不应超过 2000m²，当修车部位与相邻的使用有机溶剂的清洗和喷漆工段采用防火墙分隔时，其防火分区最大允许建筑面积不应超过 4000m²。

设有自动灭火系统的修车库，其防火分区最大允许建筑面积可增加一倍。

5.1.6 汽车库，修车库贴邻其他建筑物时，必须采用防火墙隔开。设在其他建筑物内的汽车库（包括屋顶的汽车库）、修车库与其他部分应采用耐火极限不低于 3.00h 的不燃烧体隔墙和 2.00h 的不燃烧体楼板分隔，汽车库、修车库的外墙门、窗、洞口的上方应设置不燃烧体的防火挑檐。外墙的上、下窗间墙高度不应小于 1.2m。

防火挑檐的宽度不应小于1m，耐火极限不应低于1.00h。

5.1.7 汽车库内设置修理车位时，停车部位与修车部位之间应设耐火极限不低于3.00h的不燃烧体隔墙和2.00h的不燃烧体楼板分隔。

5.1.8 修车库内，其使用有机溶剂清洗和喷漆的工段，当超过3个车位时，均应采取防火分隔措施。

十三、厂房、仓库、设备用房

见《建筑设计防火规范》(GB 50016—2006)。

3.3.1 厂房的耐火等级、层数和每个防火分区的最大允许建筑面积除本规范另有规定者外，应符合表3.3.1的规定。

表3.3.1 厂房的耐火等级、层数和防火分区的最大允许建筑面积

生产类别	厂房的耐火等级	最多允许层数	每个防火分区的最大允许建筑面积(m²)			
			单层厂房	多层厂房	高层厂房	地下、半地下厂房，厂房的地下室、半地下室
甲	一级	除生产必须采用多层者外，宜采用单层	4000	3000	—	—
	二级		3000	2000	—	—
乙	一级	不限	5000	4000	2000	—
	二级	6	4000	3000	1500	—
丙	一级	不限	不限	6000	3000	500
	二级	不限	8000	4000	2000	500
	三级	2	3000	2000	—	—
丁	一、二级	不限	不限	不限	4000	1000
	三级	3	4000	2000	—	—
	四级	1	1000	—	—	—
戊	一、二级	不限	不限	不限	6000	1000
	三级	3	5000	3000	—	—
	四级	1	1500	—	—	—

注：1 防火分区之间应采用防火墙分隔。除甲类厂房外的一、二级耐火等级单层厂房，当其防火分区的建筑面积大于本表规定，且设置防火墙确有困难时，可采用防火卷帘或防火分隔水幕分隔。采用防火卷帘时应符合本规范第7.5.3条的规定；采用防火分隔水幕时，应符合现行国家标准《自动喷水灭火系统设计规范》GB 50084 的有关规定。

2 除麻纺厂房外，一级耐火等级的多层纺织厂房和二级耐火等级的单层、多层纺织厂房，其每个防火分区的最大允许建筑面积可按本表的规定增加0.5倍，但厂房内的原棉开包、清花车间均应采用防火墙分隔；

3 一、二级耐火等级的单层、多层造纸生产联合厂房，其每个防火分区的最大允许建筑面积可按本表的规定增加1.5倍。一、二级耐火等级的湿式造纸联合厂房，当纸机烘缸罩内设置自动灭火系统，完成工段设置有效灭火设施保护时，其每个防火分区的最大允许建筑面积可按工艺要求确定；

4 一、二级耐火等级的谷物筒仓工作塔，当每层工作人数不超过2人时，其层数不限；

5 一、二级耐火等级卷烟生产联合厂房内的原料、备料及成组配方、制丝、储丝和卷接包、辅料周转、成品暂存、二氧化碳膨胀烟丝等生产用房应划分独立的防火分隔单元，当工艺条件许可时，应采用防火墙进行分隔。其中制丝、储丝和卷接包车间可划分为一个防火分区，且每个防火分区的最大允许建筑面积可按工艺要求确定。但制丝、储丝及卷接包车间之间应采用耐火极限不低于2.00h的墙体和1.00h的楼板进行分隔。厂房内各水平和竖向分隔间的开口应采取防止火灾蔓延的措施；

6 本表中"—"表示不允许。

3.3.2 仓库的耐火等级、层数和面积除本规范另有规定者外，应符合表3.3.2的规定。

表 3.3.2　仓库的耐火等级、层数和面积

储存物品类别		仓库的耐火等级	最多允许层数	每座仓库的最大允许占地面积和每个防火分区的最大允许建筑面积（m²）						地下、半地下仓库或仓库的地下室、半地下室
				单层仓库		多层仓库		高层仓库		
				每座仓库	防火分区	每座仓库	防火分区	每座仓库	防火分区	防火分区
甲	3、4项	一级	1	180	60	—	—	—	—	—
	1、2、5、6项	一、二级	1	750	250	—	—	—	—	—
乙	1、3、4项	一、二级	3	2000	500	900	300	—	—	—
		三级	1	500	250	—	—	—	—	—
	2、5、6项	一、二级	5	2800	700	1500	500	—	—	—
		三级	1	900	300	—	—	—	—	—
丙	1项	一、二级	5	4000	1000	2800	700	—	—	150
		三级	1	1200	400	—	—	—	—	—
	2项	一、二级	不限	6000	1500	4800	1200	4000	1000	300
		三级	3	2100	700	1200	400	—	—	—
丁		一、二级	不限	不限	3000	不限	1500	4800	1200	500
		三级	3	3000	1000	1500	500	—	—	—
		四级	1	2100	700	—	—	—	—	—
戊		一、二级	不限	不限	不限	不限	2000	6000	1500	1000
		三级	3	3000	1000	2100	700	—	—	—
		四级	1	2100	700	—	—	—	—	—

注：1　仓库中的防火分区之间必须采用防火墙分隔；

2　石油库内桶装油品仓库应按现行国家标准《石油库设计规范》GB 50074 的有关规定执行；

3　一、二级耐火等级的煤均化库，每个防火分区的最大允许建筑面积不应大于12000m²；

4　独立建造的硝酸铵仓库、电石仓库、聚乙烯等高分子制品仓库、尿素仓库、配煤仓库、造纸厂的独立成品仓库以及车站、码头、机场内的中转仓库，当建筑的耐火等级不低于二级时，每座仓库的最大允许占地面积和每个防火分区的最大允许建筑面积可按本表的规定增加1.0倍；

5　一、二级耐火等级粮食平房仓的最大允许占地面积不应大于12000m²，每个防火分区的最大允许建筑面积不应大于3000m²；三级耐火等级粮食平房仓的最大允许占地面积不应大于3000m²，每个防火分区的最大允许建筑面积不应大于1000m²；

6　一、二级耐火等级冷库的最大允许占地面积和防火分区的最大允许建筑面积，应按现行国家标准《冷库设计规范》GB 50072 的有关规定执行；

7　酒精度为50%（v/v）以上的白酒仓库不宜超过3层；

8　本表中"—"表示不允许。

3.3.3　厂房内设置自动灭火系统时，每个防火分区的最大允许建筑面积可按本规范第3.3.1条的规定增加1.0倍。当丁、戊类的地上厂房内设置自动灭火系统时，每个防火分区的最大允许建筑面积不限。

仓库内设置自动灭火系统时，每座仓库最大允许占地面积和每个防火分区最大允许建筑面积可按本规范第3.3.2条的规定增加1.0倍。

厂房内局部设置自动灭火系统时，其防火分区增加面积可按该局部面积的1.0倍计算。

十四、人防工程

见《人民防空工程设计防火规范》(GB 50098—2009)。

4.1.1 人防工程内应采用防火墙划分防火分区,当采用防火墙确有困难时,可采用防火卷帘等防火分隔设施分隔,防火分区划分应符合下列要求:

1 防火分区应在各安全出口处的防火门范围内划分;

2 水泵房、污水泵房、水池、厕所、盥洗间等无可燃物的房间,其面积可不计入防火分区的面积之内;

3 与柴油发电机房或锅炉房配套的水泵间、风机房、储油间等,应与柴油发电机房或锅炉房一起划分为一个防火分区;

4 防火分区的划分宜与防护单元相结合;

5 工程内设置有旅店、病房、员工宿舍时,不得设置在地下二层及以下层,并应划分为独立的防火分区,且疏散楼梯不得与其他防火分区的疏散楼梯共用。

4.1.2 每个防火分区的允许最大建筑面积,除本规范另有规定者外,不应大于 500m²。当设置有自动灭火系统时,允许最大建筑面积可增加 1 倍;局部设置时,增加的面积可按该局部面积的 1 倍计算。

4.1.3 商业营业厅、展览厅、电影院和礼堂的观众厅、溜冰馆、游泳馆、射击馆、保龄球馆等防火分区划分应符合下列规定:

1 商业营业厅、展览厅等,当设置有火灾自动报警系统和自动灭火系统,且采用 A 级装修材料装修时.防火分区允许最大建筑面积不应大于 2000m²;

2 电影院、礼堂的观众厅,防火分区允许最大建筑面积不应大于 1000m²。当设置有火灾自动报警系统和自动灭火系统时,其允许最大建筑面积也不得增加;

3 溜冰馆的冰场、游泳馆的游泳池、射击馆的靶道区、保龄球馆的球道区等,其面积可不计入溜冰馆、游泳馆、射击馆、保龄球馆的防火分区面积内。溜冰馆的冰场、游泳馆的游泳池、射击馆的靶道区等,其装修材料应采用 A 级。

4.1.4 丙、丁、戊类物品库房的防火分区允许最大建筑面积应符合表 4.1.4 的规定。当设置有火灾自动报警系统和自动灭火系统时,允许最大建筑面积可增加 1 倍;局部设置时,增加的面积可按该局部面积的 1 倍计算。

表 4.1.4 丙、丁、戊类物品库房的防火分区允许最大建筑面积（m²）

储存物品类别		防火分区最大允许建筑面积
丙	闪点≥60℃的可燃液体	150
	可燃固体	300
丁		500
戊		1000

4.1.5 人防工程内设置有内挑台、走马廊、开敞楼梯和自动扶梯等上下连通层时,其防火分区面积应按上下层相连通的面积计算,其建筑面积之和应符合本规范的有关规定,且连通的层数不宜大于 2 层。

4.1.6 当人防工程地面建有建筑物,且与地下一、二层有中庭相通或地下一、二层有中庭相通时,防火分区面积应按上下多层相连通的面积叠加计算;当超过本规范规定的防火分区最大允许建筑面积时,应符合下列规定:

1　房间与中庭相通的开口部位应设置火灾时能自行关闭的甲级防火门窗；

2　与中庭相通的过厅、通道等处，应设置甲级防火门或耐火极限不低于3h的防火卷帘；防火门或防火卷帘应能在火灾时自动关闭或降落；

3　中庭应按本规范第6.3.1条的规定设置排烟设施。

第四节　防火间距

一、民用建筑

见《建筑设计防火规范》(GB 50016—2006)。

5.2.1　民用建筑之间的防火间距不应小于表5.2.1的规定，与其他建筑物之间的防火间距应按本规范第3章和第4章的有关规定执行。

表5.2.1　民用建筑之间的防火间距（m）

耐火等级	一、二级	三级	四级
一、二级	6.0	7.0	9.0
三级	7.0	8.0	10.0
四级	9.0	10.0	12.0

注：1　两座建筑物相邻较高一面外墙为防火墙或高出相邻较低一座一、二级耐火等级建筑物的屋面15m范围内的外墙为防火墙且不开设门窗洞口时，其防火间距可不限；

2　相邻的两座建筑物，当较低一座的耐火等级不低于二级、屋顶不设置天窗、屋顶承重构件及屋面板的耐火极限不低于1.00h，且相邻的较低一面外墙为防火墙时，其防火间距不应小于3.5m；

3　相邻的两座建筑物，当较低一座的耐火等级不低于二级，相邻较高一面外墙的开口部位设置甲级防火门窗，或设置符合现行国家标准《自动喷水灭火系统设计规范》GB 50084规定的防火分隔水幕或本规范第7.5.3条规定的防火卷帘时，其防火间距不应小于3.5m；

4　相邻两座建筑物，当相邻外墙为不燃烧体且无外露的燃烧体屋檐，每面外墙上未设置防火保护措施的门窗洞口不正对开设，且面积之和小于等于该外墙面积的5%时，其防火间距可按本表规定减少25%；

5　耐火等级低于四级的原有建筑物，其耐火等级可按四级确定；以木柱承重且以不燃烧材料作为墙体的建筑其耐火等级应按四级确定；

6　防火间距应按相邻建筑物外墙的最近距离计算，当外墙有凸出的燃烧构件时，应从其凸出部分外缘算起。

5.2.2　民用建筑与单独建造的终端变电所、单台蒸汽锅炉的蒸发量小于等于4t/h或单台热水锅炉的额定热功率小于等于2.8MW的燃煤锅炉房，其防火间距可按本规范第5.2.1条的规定执行。

民用建筑与单独建造的其他变电所、燃油或燃气锅炉房及蒸发量或额定热功率大于上述规定的燃煤锅炉房，其防火间距应按本规范第3.4.1条有关室外变、配电站和丁类厂房的规定执行。10kV以下的箱式变压器与建筑物的防火间距不应小于3.0m。

5.2.3　数座一、二级耐火等级的多层住宅或办公楼，当建筑物的占地面积的总和小于等于2500m² 时，可成组布置，但组内建筑物之间的间距不宜小于4.0m。组与组或组与相邻建筑物之间的防火间距不应小于本规范第5.2.1条的规定。

二、高层建筑

见《高层民用建筑设计防火规范（2005年版)》(GB 50045—95)。

4.2.1 高层建筑之间及高层建筑与其他民用建筑之间的防火间距，不应小于表4.2.1的规定。

表 4.2.1 高层建筑之间及高层建筑与其他民用建筑之间的防火间距（m）

建筑类别	高层建筑	裙房	其他民用建筑		
			耐火等级		
			一、二级	三级	四级
高层建筑	13	9	9	11	14
裙房	9	6	6	7	9

注：防火间距应按相邻建筑外墙的最近距离计算；当外墙有突出可燃构件时，应从其突出的部分外缘算起。

4.2.2 两座高层建筑或高层建筑与不低于二级耐火等级的单层、多层民用建筑相邻，当较高一面外墙为防火墙或比相邻较低一座建筑屋面高15.00m及以下范围内的墙为不开设门、窗洞口的防火墙时，其防火间距可不限。

4.2.3 两座高层建筑或高层建筑与不低于二级耐火等级的单层、多层民用建筑相邻，当较低一座的屋顶不设关窗、屋顶承重构件的耐火极限不低于1.00h，且相邻较低一面外墙为防火墙时，其防火间距可适当减小，但不宜小于4.00m。

4.2.4 两座高层建筑或高层建筑与不低于二级耐火等级的单层、多层民用建筑相邻，当相邻较高一面外墙耐火极限不低于2.00h。墙上开口部位设有甲级防火门、窗或防火卷帘时，其防火间距可适当减小，但不宜小于4.00m。

4.2.5 高层建筑与小型甲、乙、丙类液体储罐、可燃气体储罐和化学易燃物品库房的防火间距，不应小于表4.2.5的规定。

表 4.2.5 高层建筑与小型甲、乙、丙类液体储罐、可燃气体储罐和
化学易燃物品库房的防火间距

名称和储量		防火间距（m）	
		高层建筑	裙房
小型甲、乙类液体储罐	<30m³	35	30
	30~60m³	40	35
小型丙类液体储罐	<150m³	35	30
	150~200m³	40	35
可燃气体储罐	<100m³	30	25
	100~500m³	35	30
化学易燃物品库房	<1t	30	25
	1~5t	35	30

注：① 储罐的防火间距应从距建筑物最近的储罐外壁算起；
② 当甲、乙、丙类液体储罐直埋时，本表的防火间距可减少50%。

4.2.6 高层医院等的液氧储罐总容量不超过3.00m³时，储罐间可一面贴邻所属高层建筑外墙建造，但应采用防火墙隔开，并应设直通室外的出口。

4.2.7 高层建筑与厂（库）房的防火间距，不应小于表4.2.7的规定。

表 4.2.7 高层建筑与厂（库）房的防火间距（m）

厂（库）房			一类		二类	
			高层建筑	裙房	高层建筑	裙房
丙类	耐火等级	一、二级	20	15	15	13
		三、四级	25	20	20	15
丁、戊类	耐火等级	一、二级	15	10	13	10
		三、四级	18	12	15	10

4.2.8 高层民用建筑与燃气调压站、液化石油气汽化站、混气站和城市液化石油气供应站瓶库之间的防火间距应按《城镇燃气设计规范》GB 50028 中的有关规定执行。

4.1.9 高层建筑内使用可燃气体作燃料时，应采用管道供气。使用可燃气体的房间或部位宜靠外墙设置。

4.1.11 当高层建筑采用瓶装液化石油气作燃料时，应设集中瓶装液化石油气间，并应符合下列规定：

4.1.11.1 液化石油气总储量不超过 $1.00m^3$ 的瓶装液化石油气间，可与裙房贴邻建造。

4.1.11.2 总储量超过 $1.00m^3$ 时、而不超过 $3.00m^3$ 的瓶装液化石油气间，应独立建造，且与高层建筑和裙房的防火间距不应小于 10m。

4.1.11.3 在总进气管道、总出气管道上应设有紧急事故自动切断阀。

4.1.11.4 应设有可燃气体浓度报警装置。

4.1.11.5 电气设计应按现行的国家标准《爆炸和火灾危险环境电力装置设计规范》的有关规定执行。

4.1.11.6 其他要求应按现行的国家标准《建筑设计防火规范》的有关规定执行。

三、厂房

见《建筑设计防火规范》(GB 50016—2006)。

3.4.1 除本规范另有规定者外，厂房之间及其与乙、丙、丁、戊类仓库、民用建筑等之间的防火间距不应小于表 3.4.1 的规定。

3.4.2 甲类厂房与重要公共建筑之间的防火间距不应小于 50.0m，与明火或散发火花地点之间的防火间距不应小于 30.0m，与架空电力线的最小水平距离应符合本规范第 11.2.1 条的规定，与甲、乙、丙类液体储罐，可燃、助燃气体储罐，液化石油气储罐，可燃材料堆场的防火间距，应符合本规范第 4 章的有关规定。

3.4.3 散发可燃气体、可燃蒸气的甲类厂房与铁路、道路等的防火间距不应小于表 3.4.3 的规定，但甲类厂房所属厂内铁路装卸线当有安全措施时，其间距可不受表 3.4.3 规定的限制。

3.4.4 高层厂房与甲、乙、丙类液体储罐，可燃、助燃气体储罐，液化石油气储罐，可燃材料堆场（煤和焦炭场除外）的防火间距，应符合本规范第 4 章的有关规定，且不应小于 13.0m。

3.4.5 当丙、丁、戊类厂房与公共建筑的耐火等级均为一、二级时，其防火间距可按下列规定执行：

1 当较高一面外墙为不开设门窗洞口的防火墙，或比相邻较低一座建筑屋面高 15.0m 及以下范围内的外墙为不开设门窗洞口的防火墙时，其防火间距可不限；

表3.4.1　厂房之间及其与乙、丙、丁、戊类仓库、民用建筑等之间的防火间距（m）

名称		甲类厂房	单层、多层乙类厂房（仓库）	单层、多层丙、丁、戊类厂房（仓库）耐火等级			高层厂房（仓库）	民用建筑耐火等级		
				一、二级	三级	四级		一、二级	三级	四级
甲类厂房		12.0	12.0	12.0	14.0	16.0	13.0	25.0		
单层、多层乙类厂房		12.0	10.0	10.0	12.0	14.0	13.0	25.0		
单层、多层丙、丁类厂房 耐火等级	一、二级	12.0	10.0	10.0	12.0	14.0	13.0	10.0	12.0	14.0
	三级	14.0	12.0	12.0	14.0	16.0	15.0	12.0	14.0	16.0
	四级	16.0	14.0	14.0	16.0	18.0	17.0	14.0	16.0	18.0
单层、多层戊类厂房 耐火等级	一、二级	12.0	10.0	10.0	12.0	14.0	13.0	6.0	7.0	9.0
	三级	14.0	12.0	12.0	14.0	16.0	15.0	7.0	8.0	10.0
	四级	16.0	14.0	14.0	16.0	18.0	17.0	9.0	10.0	12.0
高层厂房		13.0	13.0	13.0	15.0	17.0	13.0	15.0	17.0	
室外变、配电站变压器总油量(t)	≥5,≤10	25.0	25.0	12.0	15.0	20.0	12.0	15.0	20.0	25.0
	>10,≤50			15.0	20.0	25.0	15.0	20.0	25.0	30.0
	>50			20.0	25.0	30.0	20.0	25.0	30.0	35.0

注：1　建筑之间的防火间距应按相邻建筑外墙的最近距离计算，如外墙有凸出的燃烧构件，应从其凸出部分外缘算起；

2　乙类厂房与重要公共建筑之间的防火间距不宜小于50.0m。单层、多层戊类厂房之间及其与戊类仓库之间的防火间距，可按本表的规定减少2.0m。为丙、丁、戊类厂房服务而单独设立的生活用房应按民用建筑确定，与所属厂房之间的防火间距不应小于6.0m。必须相邻建造时，应符合本表3、4的规定；

3　两座厂房相邻较高一面的外墙为防火墙时，其防火间距不限，但甲类厂房之间不应小于4.0m。两座丙、丁、戊类厂房相邻两面的外墙均为不燃烧体，当无外露的燃烧体屋檐，每面外墙上的门窗洞口面积之和各小于等于该外墙面积的5%，且门窗洞口不正对开设时，其防火间距可按本表的规定减少25%；

4　两座一、二级耐火等级的厂房，当相邻较低一面外墙为防火墙且较低一座厂房的屋顶耐火极限不低于1.00h，或相邻较高一面外墙的门窗等开口部位设置甲级防火窗或防火分隔水幕或按本规范第7.5.3条的规定设置防火卷帘时，甲、乙类厂房之间的防火间距不应小于6.0m；丙、丁、戊类厂房之间的防火间距不应小于4.0m；

5　变压器与建筑之间的防火间距应从距建筑最近的变压器外壁算起。发电厂内的主变压器，其油量可按单台确定；

6　耐火等级低于四级的原有厂房，其耐火等级应按四级确定。

表3.4.3　甲类厂房与铁路、道路等的防火间距（m）

名称	厂外铁路线中心线	厂内铁路线中心线	厂外道路路边	厂内道路路边	
				主要	次要
甲类厂房	30.0	20.0	15.0	10.0	5.0

注：厂房与道路路边的防火间距按建筑距道路最近一侧路边的最小距离计算。

2　相邻较低一面外墙为防火墙，且屋顶不设天窗、屋顶耐火极限不低于1.00h，或相邻较高一面外墙为防火墙，且墙上开口部位采取了防火保护措施，其防火间距可适当减小，但不应小于 4.0m。

3.4.6　厂房外附设有化学易燃物品的设备时，其室外设备外壁与相邻厂房室外附设设备外壁或相邻厂房外墙之间的距离，不应小于本规范第 3.4.1 条的规定。用不燃烧材料制作的室外设备，可按一、二级耐火等级建筑确定。

总储量小于等于 15m³ 的丙类液体储罐，当直埋于厂房外墙外，且面向储罐一面 4.0m 范围内的外墙为防火墙时，其防火间距可不限。

3.4.7　同一座 U 形或山形厂房中相邻两翼之间的防火间距，不宜小于本规范第 3.4.1 条的规定，但当该厂房的占地面积小于本规范第 3.3.1 条规定的每个防火分区的最大允许建筑面积时，其防火间距可为 6.0m。

3.4.8　除高层厂房和甲类厂房外，其他类别的数座厂房占地面积之和小于本规范第 3.3.1 条规定的防火分区最大允许建筑面积（按其中较小者确定，但防火分区的最大允许建筑面积不限者，不应超过 10000m²）时，可成组布置。当厂房建筑高度小于等于 7.0m 时，组内厂房之间的防火间距不应小于 4.0m；当厂房建筑高度大于 7.0m 时，组内厂房之间的防火间距不应小于 6.0m。

组与组或组与相邻建筑之间的防火间距，应根据相邻两座耐火等级较低的建筑，按本规范第 3.4.1 条的规定确定。

3.4.9　一级汽车加油站、一级汽车液化石油气加气站和一级汽车加油加气合建站不应建在城市建成区内。

3.4.10　汽车加油、加气站和加油加气合建站的分级，汽车加油、加气站和加油加气合建站及其加油（气）机、储油（气）罐与站外明火或散发火花地点、建筑、铁路、道路之间的防火间距，以及站内各建筑或设施之间的防火间距，应符合现行国家标准《汽车加油加气站设计与施工规范》GB50156 的有关规定。

3.4.11　电力系统电压为 35～500kV 且每台变压器容量在 10MVA 以上的室外变、配电站以及工业企业的变压器总油量大于 5t 的室外降压变电站，与建筑之间的防火间距不应小于本规范第 3.4.1 条和第 3.5.1 条的规定。

3.4.12　厂区围墙与厂内建筑之间的间距不宜小于 5.0m，且围墙两侧的建筑之间还应满足相应的防火间距要求。

四、仓库

见《建筑设计防火规范》(GB 50016—2006)。

3.5.1　甲类仓库之间及其与其他建筑、明火或散发火花地点、铁路、道路等的防火间距不应小于表 3.5.1 的规定，与架空电力线的最小水平距离应符合本规范第 11.2.1 条规定。厂内铁路装卸线与设置装卸台的甲类仓库的防火间距，可不受表 3.5.1 规定的限制。

表 3.5.1　甲类仓库之间及其与其他建筑、明火或散发火花地点、铁路等的防火间距（m）

名　　称	甲类仓库及其储量(t)			
	甲类储存物品第 3、4 项		甲类储存物品第 1、2、5、6 项	
	≤5	>5	≤10	>10
重要公共建筑	50.0			
甲类仓库	20.0			
民用建筑、明火或散发火花地点	30.0	40.0	25.0	30.0

续表

名　称		甲类仓库及其储量(t)			
		甲类储存物品第3、4项		甲类储存物品第1、2、5、6项	
		≤5	>5	≤10	>10
其他建筑	一、二级耐火等级	15.0	20.0	12.0	15.0
	三级耐火等级	20.0	25.0	15.0	20.0
	四级耐火等级	25.0	30.0	20.0	25.0
电力系统电压为35～500kV且每台变压器容量在10MVA以上的室外变、配电站工业企业的变压器总油量大于5t的室外降压变电站		30.0	40.0	25.0	30.0
厂外铁路线中心线		40.0			
厂内铁路线中心线		30.0			
厂外道路路边		20.0			
厂内道路路边	主要	10.0			
	次要	5.0			

注：甲类仓库之间的防火间距，当第3、4项物品储量小于等于2t，第1、2、5、6项物品储量小于等于5t时，不应小于12.0m。甲类仓库与高层仓库之间的防火间距不应小于13m。

3.5.2　除本规范另有规定者外，乙、丙、丁、戊类仓库之间及其与民用建筑之间的防火间距，不应小于表3.5.2的规定。

表3.5.2　乙、丙、丁、戊类仓库之间及其与民用建筑之间的防火间距（m）

建筑类型		单层、多层乙、丙、丁、戊类仓库						高层仓库	甲类厂房
		单层、多层乙、丙、丁类仓库			单层、多层戊类仓库			一、二级	一、二级
	耐火等级	一、二级	三级	四级	一、二级	三级	四级		
单层、多层乙、丙、丁、戊类仓库	一、二级	10.0	12.0	14.0	10.0	12.0	14.0	13.0	12.0
	三级	12.0	14.0	16.0	12.0	14.0	16.0	15.0	14.0
	四级	14.0	16.0	18.0	14.0	16.0	18.0	17.0	16.0
高层仓库	一、二级	13.0	15.0	17.0	13.0	15.0	17.0	13.0	13.0
民用建筑	一、二级	10.0	12.0	14.0	6.0	7.0	9.0	13.0	25.0
	三级	12.0	14.0	16.0	7.0	8.0	10.0	15.0	
	四级	14.0	16.0	18.0	9.0	10.0	12.0	17.0	

注：1　单层、多层戊类仓库之间的防火间距，可按本表减少2.0m；
2　两座仓库相邻较高一面外墙为防火墙，且总占地面积小于等于本规范第3.3.2条一座仓库的最大允许占地面积规定时，其防火间距不限；
3　除乙类第6项物品外的乙类仓库，与民用建筑之间的防火间距不宜小于25.0m，与重要公共建筑之间的防火间距不宜小于30.0m，与铁路、道路等的防火间距不宜小于表3.5.1中甲类仓库与铁路、道路等的防火间距。

3.5.3　当丁、戊类仓库与公共建筑的耐火等级均为一、二级时，其防火间距可按下列规定执行：

1 当较高一面外墙为不开设门窗洞口的防火墙，或比相邻较低一座建筑屋面高 15.0m 及以下范围内的外墙为不开设门窗洞口的防火墙时，其防火间距可不限；

2 相邻较低一面外墙为防火墙，且屋顶不设天窗、屋顶耐火极限不低于 1.00h，或相邻较高一面外墙为防火墙，且墙上开口部位采取了防火保护措施，其防火间距应适当减小，但不应小于 4.0m。

3.5.4 粮食简仓与其他建筑之间及粮食简仓组与组之间的防火间距，不应小于表 3.5.4 的规定。

表 3.5.4　粮食简仓与其他建筑之间及粮食简仓组与组之间的防火间距（m）

名称	粮食总储量 W（t）	粮食立筒仓			粮食浅圆仓		建筑的耐火等级		
		W≤40000	40000<W≤50000	W>50000	W≤50000	W>50000	一、二级	三级	四级
粮食立筒仓	500<W≤10000	15.0	20.0	25.0	20.0	25.0	10.0	15.0	20.0
	10000<W≤40000						15.0	20.0	25.0
	40000<W≤50000	20.0					20.0	25.0	30.0
	W>50000	25.0					25.0	30.0	—
粮食浅圆仓	W≤50000	20.0	20.0	25.0	20.0	25.0	20.0	25.0	
	W>50000	25.0					25.0	30.0	—

注：1 当粮食立筒仓、粮食浅圆仓与工作塔、接收塔、发放站为一个完整工艺单元的组群时，组内各建筑之间的防火间距不受本表限制；

2 粮食浅圆仓组内每个独立仓的储量不应大于 10000t。

3.5.5 库区围墙与库区内建筑之间的间距不宜小于 5.0m，且围墙两侧的建筑之间还应满足相应的防火间距要求。

五、变电所、锅炉房

见《建筑设计防火规范》(GB 50016—2006)。

5.2.2 民用建筑与单独建造的终端变电所、单台蒸汽锅炉的蒸发量小于等于 4t/h 或单台热水锅炉的额定热功率小于等于 2.8MW 的燃煤锅炉房，其防火间距可按本规范第 5.2.1 条的规定执行。

民用建筑与单独建造的其他变电所、燃油或燃气锅炉房及蒸发量或额定热功率大于上述规定的燃煤锅炉房，其防火间距应按本规范第 3.4.1 条有关室外变、配电站和丁类厂房的规定执行。10kV 以下的箱式变压器与建筑物的防火间距不应小于 3.0m。

5.2.3 数座一、二级耐火等级的多层住宅或办公楼，当建筑物的占地面积的总和小于等于 2500m² 时，可成组布置，但组内建筑物之间的间距不宜小于 4.0m。组与组或组与相邻建筑之间的防火间距不应小于本规范第 5.2.1 条的规定。

六、铁路线路与房屋建筑物

见《铁路工程设计防火规范》(TB 10063—2007)。

3.1.1 铁路线路与房屋建筑物的防火间距不应小于表 3.1.1 的规定。

表 3.1.1   铁路线路与房屋建筑的防火间距

序号	房屋名称	防火间距(m)	
		正线	其他线
1	散发可燃气体、可燃蒸气的甲类生产厂房	45	30
2	甲、乙类生产厂房(不包括序号1的厂房)	30	25
3	甲、乙类物品库房	50	40
4	其他生产性及非生产性房屋	20	10

注：1   防火间距起算点应符合本规范附录C的规定。
2   生产烟花、爆竹、爆破器材的工厂和仓库与铁路线路之间的防护距离应符合现行国家标准的有关规定。
3   本表序号4中的房屋，当面向铁路侧墙体为防火墙或设置耐火极限3.0h并高于轨面4.0m的防火隔墙时，防火间距可适当减少，但不应减少到50%。

　　见《建筑设计防火规范》(GB 50016—2006)。

　　3.4.3   散发可燃气体、可燃蒸气的甲类厂房与铁路、道路等的防火间距不应小于表3.4.3的规定，但甲类厂房所属厂内铁路装卸线当有安全措施时，其间距可不受表3.4.3规定的限制。

表 3.4.3   甲类厂房与铁路、道路等的防火间距（m）

名称	厂外铁路线中心线	厂内铁路线中心线	厂外道路路边	厂内道路路边	
				主要	次要
甲类厂房	30.0	20.0	15.0	10.0	5.0

注：厂房与道路路边的防火间距按建筑距道路最近一侧路边的最小距离计算。

七、燃气调压站、液化石油气汽化站、混气站和城市液化石油气供应站瓶库

　　见《城镇燃气设计规范》(GB 50028—2006)。

　　6.6.3   调压站（含调压柜）与其他建筑物、构筑物的水平净距应符合表6.6.3的规定。

表 6.6.3   调压站（含调压柜）与其他建筑物、构筑物水平净距（m）

设置形式	调压装置入口燃气压力级制	建筑物外墙面	重要公共建筑、一类高层民用建筑	铁路（中心线）	城镇道路	公共电力变配电柜
地上单独建筑	高压(A)	18.0	30.0	25.0	5.0	6.0
	高压(B)	13.0	25.0	20.0	4.0	6.0
	次高压(A)	9.0	18.0	15.0	3.0	4.0
	次高压(B)	6.0	12.0	10.0	3.0	4.0
	中压(A)	6.0	12.0	10.0	2.0	4.0
	中压(B)	6.0	12.0	10.0	2.0	4.0

续表

设置形式	调压装置入口燃气压力级制	建筑物外墙面	重要公共建筑、一类高层民用建筑	铁路（中心线）	城镇道路	公共电力变配电柜
调压柜	次高压(A)	7.0	14.0	12.0	2.0	4.0
	次高压(B)	4.0	8.0	8.0	2.0	4.0
	中压(A)	4.0	8.0	8.0	1.0	4.0
	中压(B)	4.0	8.0	8.0	1.0	4.0
地下单独建筑	中压(A)	3.0	6.0	6.0	—	3.0
	中压(B)	3.0	6.0	6.0	—	3.0
地下调压箱	中压(A)	3.0	6.0	6.0	—	3.0
	中压(B)	3.0	6.0	6.0	—	3.0

注：1　当调压装置露天设置时，则指距离装置的边缘；

2　当建筑物（含重要公共建筑）的某外墙为无门、窗洞口的实体墙，且建筑物耐火等级不低于二级时，燃气进口压力级别为中压A或中压B的调压柜一侧或两侧（非平行），可贴靠上述外墙设置；

3　当达不到上表净距要求时，采取有效措施，可适当缩小净距。

7.2.4　气瓶车固定车位与站外建、构筑物的防火间距不应小于表7.2.4的规定。

表 7.2.4　气瓶车固定车位与站外建、构筑物的防火间距 （m）

项目 / 气瓶车在固定车位最大储气总容积(m³)			>4500~≤10000	>10000~≤30000
明火、散发火花地点,室外变、配电站			25.0	30.0
重要公共建筑			50.0	60.0
民用建筑			25.0	30.0
甲、乙、丙类液体储罐,易燃材料堆场,甲类物品库房			25.0	30.0
其他建筑	耐火等级	一、二级	15.0	20.0
		三级	20.0	25.0
		四级	25.0	30.0
铁路(中心线)			40.0	
公路、道路(路边)		高速,Ⅰ、Ⅱ级,城市快速	20.0	
		其他	15.0	
架空电力线(中心线)			1.5倍杆高	
架空通信线(中心线)		Ⅰ、Ⅱ级	20.0	
		其他	1.5倍杆高	

注：1　气瓶车在固定车位最大储气总容积按本规范表7.2.2注2计算；

2　气瓶车在固定车位储气总几何容积不大于18m³，且最大储气总容积不大于4500m³时，应符合现行国家标准《汽车加油加气站设计与施工规范》GB 50156的规定。

7.3.4　压缩天然气储配站内天然气储罐与站外建、构筑物的防火间距应符合现行国家标准《建筑设计防火规范》GB 50016的规定。站内露天天然气工艺装置与站外建、构筑物的防火间距按甲类生产厂房与厂外建、构筑物的防火间距执行。

7.4.3　气瓶组应在站内固定地点设置。气瓶组及天然气放散管管口、调压装置至明火散发火花的地点和建、构筑物的防火间距不应小于表 7.4.3 的规定。

表 7.4.3　气瓶组及天然气放散管管口、调压装置至明火散发火花的
地点和建、构筑物的防火间距（m）

名　称 项　目	气瓶组	天然气放散管管口	调压装置
明火、散发火花地点	25	25	25
民用建筑、燃气热水炉间	18	18	12
重要公共建筑、一类高层民用建筑	30	30	24
道路(路边) 主要	10	10	10
道路(路边) 次要	5	5	5

注：本表以外的其他建、构筑物的防火间距应符合国家现行标准《汽车用燃气加气站技术规范》CJJ 84 中天然气加气站三级站的规定。

8.3.7　液化石油气供应基地的全压力式储罐与基地外建、构筑物、堆场的防火间距不应小于表 8.3.7 的规定。

半冷冻式储罐与基地外建、构筑物的防火间距可按表 8.3.7 的规定执行。

表 8.3.7　液化石油气供应基地的全压力式储罐与基地外建、构筑物、堆场的防火间距（m）

总容积(m³) 单罐容积(m³) 项目	≤50 ≤20	>50~ ≤200 ≤50	>200~ ≤500 ≤100	>500~ ≤1000 ≤200	>1000~ ≤2500 ≤400	>2500~ ≤5000 ≤1000	>5000 —
居住区、村镇和学校、影剧院、体育馆等重要公共建筑(最外侧建、构筑物外墙)	45	50	70	90	110	130	150
工业企业(最外侧建、构筑物外墙)	27	30	35	40	50	60	75
明火、散发火花地点和室外变、配电站	45	50	55	60	70	80	120
民用建筑，甲、乙类液体储罐，甲、乙类生产厂房，甲、乙类物品仓库，稻草等易燃材料堆场	40	45	50	55	65	75	100
丙类液体储罐，可燃气体储罐，丙、丁类生产厂房，丙、丁类物品仓库	32	35	40	45	55	65	80
助燃气体储罐、木材等可燃材料堆场	27	30	35	40	50	60	75
其他建筑 耐火等级 一、二级	18	20	22	25	30	40	50
其他建筑 耐火等级 三级	22	25	27	30	40	50	60
其他建筑 耐火等级 四级	27	30	35	40	50	60	75
铁路(中心线) 国家线	60	70		80		100	
铁路(中心线) 企业专用线	25	30		35		40	
公路、道路(路边) 高速、Ⅰ、Ⅱ级，城市快速	20	25				30	
公路、道路(路边) 其他	15	20				25	

续表

总容积（m³）	≤50	>50～≤200	>200～≤500	>500～≤1000	>1000～≤2500	>2500～≤5000	>5000
单罐容积（m³） 项目	≤20	≤50	≤100	≤200	≤400	≤1000	—
架空电力线（中心线）	1.5倍杆高					1.5倍杆高，但35kV以上架空电力线不应小于40	
架空通信线 （中心线）　Ⅰ、Ⅱ级	30			40			
其他	1.5倍杆高						

注：1　防火间距应按本表储罐总容积或单罐容积较大者确定，间距的计算应以储罐外壁为准；

2　居住区、村镇系指1000人或300户以上者，以下者按本表民用建筑执行；

3　当地下储罐单罐容积小于或等于50m³，且总容积小于或等于400m³时，其防火间距可按本表减少50%；

4　与本表规定以外的其他建、构筑物的防火间距，应按现行国家标准《建筑设计防火规范》GB 50016目执行。

8.3.8　液化石油气供应基地的全冷冻式储罐与基地外建、构筑物、堆场的防火间距不应小于表8.3.8的规定。

表8.3.8　液化石油气供应基地的全冷冻式储罐与基地外建、构筑物、堆场的防火间距（m）

项　　目			间距
明火、散发火花地点和室外变配电站			120
居住区、村镇和学校，影剧院、体育场等重要公共建筑（最外侧建、构筑物外墙）			150
工业企业（最外侧建、构筑物外墙）			75
甲、乙类液体储罐，甲、乙类生产厂房，甲、乙类物品仓库，稻草等易燃材料堆场			100
丙类液体储罐，可燃气体储罐，丙、丁类生产厂房，丙、丁类物品仓库			80
助燃气体储罐、可燃材料堆场			75
民用建筑			100
其他建筑	耐火等级	一级、二级	50
		三级	60
		四级	75
铁路（中心线）		国家线	100
		企业专用线	40
公路、道路（路边）		高速、Ⅰ、Ⅱ级、城市快速	30
		其他	25
架空电力线（中心线）			1.5倍杆高，但35kV以上架空电力线应大于40
架空通信线（中心线）		Ⅰ、Ⅱ级	40
		其他	1.5倍杆高

注：1　本表所指的储罐为单罐容积大于5000m³，且设有防液堤的全冷冻式液化石油气储罐。当单罐容积等于或小于5000m³时，其防火间距可按本规范表8.3.7条中总容积相对应的全压力式液化石油气储罐的规定执行；

2　居住区、村镇系指1000人或300户以上者，以下者按本表民用建筑执行；

3　与本表规定以外的其他建、构筑物的防火间距，应按现行国家标准《建筑设计防火规范》GB 50016执行；

4　间距的计算应以储罐外壁为准。

8.4.3 气化站和混气站的液化石油气储罐与站外建、构筑物的防火间距应符合下列要求：

1 总容积等于或小于 50m³ 且单罐容积等于或小于 20m³ 的储罐与站外建、构筑物的防火间距不应小于表 8.4.3 的规定。

2 总容积大于 50m³ 或单罐容积大于 20m³ 的储罐与站外建、构筑物的防火间距不应小于本规范第 8.3.7 条的规定。

表 8.4.3 气化站和混气站的液化石油气储罐与站外建、构筑物的防火间距（m）

项 目		总容积(m³) 单罐容积 (m³)	≤10 —	>10～≤30 —	>30～≤50 ≤20
居民区、村镇和学校、影剧院、体育馆等重要公共建筑，一类高层民用建筑(最外侧建、构筑物外墙)			30	35	45
工业企业(最外侧建、构筑物外墙)			22	25	27
明火、散发火花地点和室外变配电站			30	35	45
民用建筑，甲、乙类液体储罐，甲、乙类生产厂房，甲、乙类物品库房，稻草等易燃材料堆场			27	32	40
丙类液体储罐，可燃气体储罐，丙、丁类生产厂房，丙、丁类物品库房			25	27	32
助燃气体储罐、木材等可燃材料堆场			22	25	27
其他建筑	耐火等级	一级、二级	12	15	18
		三级	18	20	22
		四级	22	25	27
铁路(中心线)		国家线	40	50	60
		企业专用线	25		
公路、道路(路边)		高速、Ⅰ、Ⅱ级，城市快速	20		
		其他	15		
架空电力线(中心线)			1.5 倍杆高		
架空通信线(中心线)			1.5 倍杆高		

注：1 防火间距应按本表总容积或单罐容积较大者确定；间距的计算应以储罐外壁为准；

2 居住区、村镇系指 1000 人或 300 户以上者，以下者按本表民用建筑执行；

3 当采用地下储罐时，其防火间距可按本表减少 50%；

4 与本表规定以外的其他建、构筑物的防火间距应按现行国家标准《建筑设计防火规范》GB 50016 执行；

5 气化装置气化能力不大于 150kg/h 的瓶组气化混气站的瓶组间、气化混气间与建、构筑物的防火间距可按本规范第 8.5.3 条执行。

8.6.4 Ⅰ、Ⅱ级瓶装供应站的瓶库与站外建、构筑物的防火间距不应小于表 8.6.4 的规定。

表 8.6.4 Ⅰ、Ⅱ级瓶装供应站的瓶库与站外建、构筑物的防火间距（m）

名称 气瓶总容积（m³） 项 目	Ⅰ级站		Ⅱ级站	
	>10～≤20	>6～≤10	>3～≤6	>1～≤3
明火、散发火花地点	35	30	25	20
民用建筑	15	10	8	6
重要公共建筑、一类高层民用建筑	25	20	15	12
道路（路边） 主要	10		8	
道路（路边） 次要	5		5	

注：气瓶总容积按实瓶个数与单瓶几何容积的乘积计算。

9.2.4 液化天然气气化站的液化天然气储罐、集中放散装置的天然气放散总管与站外建、构筑物的防火间距不应小于表9.2.4的规定。

表 9.2.4 液化天然气气化站的液化天然气储罐、天然气放散总管与站外建、构筑物的防火间距（m）

名称 项目	储罐总容积（m³）							集中放散装置的天然气放散总管
	≤10	>10～≤30	>30～≤50	>50～≤200	>200～≤500	>500～≤1000	>1000～≤2000	
居住区、村镇和影剧院、体育馆、学校等重要公共建筑（最外侧建、构筑物外墙）	30	35	45	50	70	90	110	45
工业企业（最外侧建、构筑物外墙）	22	25	27	30	35	40	50	20
明火、散发火花地点和室外变、配电站	30	35	45	50	55	60	70	30
民用建筑，甲、乙类液体储罐，甲、乙类生产厂房，甲、乙类物品仓库，稻草等易燃材料堆场	27	32	40	45	50	55	65	25
丙类液体储罐，可燃气体储罐，丙、丁类生产厂房，丙、丁类物品仓库	25	27	32	35	40	45	55	20
铁路 （中心线） 国家线	40	50	60	70		80		40
铁路 （中心线） 企业专用线	25			30		35		30
公路、道路 （路边） 高速，Ⅰ、Ⅱ级，城市快速	20			25				15
公路、道路 （路边） 其他	15			20				10
架空电力线（中心线）	1.5倍杆高				1.5倍杆高，但35kV以上架空电力线不应小于40m			2.0倍杆高
架空通信线 （中心线） Ⅰ、Ⅱ级	1.5倍杆高		30		40			1.5倍杆高
架空通信线 （中心线） 其他	1.5倍杆高							

注：1 居住区、村镇系指1000人或300户以上者，以下者按本表民用建筑执行；
2 与本表规定以外的其他建、构筑物的防火间距应按现行国家标准《建筑设计防火规范》GB 50016执行；
3 间距的计算应以储罐的最外侧为准。

八、汽车库、修车库、停车场

见《汽车库、修车库、停车场设计防火规范》(GB 50067—1997)。

4.2.1 车库之间以及车库与除甲类物品库房外的其他建筑物之间的防火间距不应小于表4.2.1的规定。

表 4.2.1 车库之间以及车库与除甲类物品库房外的其他建筑物之间的防火间距

防火间距(m) 车库名称和耐火等级		汽车库、修车库、厂房、库房、民用建筑耐火等级		
		一、二级	三级	四级
汽车库 修车库	一、二级	10	12	14
	三级	12	14	16
停车场		6	8	10

注：① 防火间距应按相邻建筑物外墙的最近距离算起，如外墙有凸出的可燃物构件时，则应从其凸出部分外缘算起，停车场从靠近建筑物的最近停车位置边缘算起．
② 高层汽车库与其他建筑物之间，汽车库、修车库与高层工业、民用建筑之间的防火间距应按本表规定值增加3m。
③ 汽车库、修车库与甲类厂房之间的防火间距应按本表规定值增加2m。

4.2.2 两座建筑物相邻较高一面外墙为不开设门、窗、洞口的防火墙或当较高一面外墙比较低建筑高15m及以下范围内的墙为不开门、窗、洞口的防火墙时，其防火间距可不限。当较高一面外墙上，同较低建筑等高的以下范围内的墙为不开设门、窗、洞口的防火墙时，其防火间距可按本规范表4.2.1的规定值减小50％。

4.2.3 相邻的两座一、二级耐火等级建筑，当较高一面外墙耐火极限不低于2.00h，墙上开口部位设有甲级防火门、窗或防火卷帘、水幕等防火设施时，其防火间距可减小，但不宜小于4m。

4.2.4 相邻的两座一、二级耐火等级建筑，当较低一座的屋顶不设天窗，屋顶承重构件的耐火极限不低于1.00h，且较低一面外墙为防火墙时，其防火间距可减小，但不宜小于4m。

4.2.5 甲、乙类物品运输车的车库与民用建筑之间的防火间距不应小于25m，与重要公共建筑的防火间距不应小于50m。甲类物品运输车的车库与明火或散发火花地点的防火间距不应小于30m，与厂房、库房的防火间距应按本规范表4.2.1的规定值增加2m。

4.2.12 停车场的汽车宜分组停放，每组停车的数量不宜超过50辆，组与组之间的防火间距不应小于6m。

九、汽车加油站、加气站

见《汽车加油加气站设计与施工规范（2006年版）》(GB 50156—2002)。

4.0.4 加油站、加油加气合建站的油罐、加油机和通气管管口与站外建、构筑物的防火距离，不应小于表4.0.4的规定。

4.0.4A 按原国家标准《小型石油库及汽车加油站设计规范》GB 50156—92建设的加油站在改造时，若经增加油气回收系统，其油罐、加油机和通气管管口与站外建、构筑物的防火距离仍不能满足本规范第4.0.4条要求时，则加油站的汽油罐应加装防爆装置。防爆装置如采用阻隔防爆装置，阻隔防爆装置的选用和安装，应按国家现行标准《汽车加油（气）站、轻质燃油和液化石油气汽车罐车用阻隔防爆储罐技术要求》AQ3001执行。

表 4.0.4 油罐、加油机和通气管管口与站外建、构筑物的防火距离（m）

项目 \ 级别	埋地油罐			通气管管口	加油机
	一级站	二级站	三级站		
重要公共建筑物	50	50	50	50	50
明火或散发火花地点	30	25	18	18	18
民用建筑物保护类别　一类保护物	25	20	16	16	16
民用建筑物保护类别　二类保护物	20	16	12	12	12
民用建筑物保护类别　三类保护物	16	12	10	10	10
甲、乙类物品生产厂房、库房和甲、乙类液体储罐	25	22	18	18	18
其他类物品生产厂房、库房和丙类液体储罐以及容积不大于50m³的埋地甲、乙类液体储罐	18	16	15	15	15
室外变配电站	25	22	18	18	18
铁路	22	22	22	22	22
城市道路　快速路、主干路	10	8	8	8	6
城市道路　次干路、支路	8	6	6	6	5
架空通信线　国家一、二级	不应跨越加油站,且不应小于1倍杆高	不应小于1倍杆高	不应小于5m	不应小于5m	
架空通信线　一般	不应小于5m	不应小于5m	不应小于5m	不应小于5m	
架空电力线路	不应跨越加油站,且不应小于1.5倍杆高	不应跨越加油站,且不应小于1倍杆高	不应跨越加油站,且不应小于5m	不应跨越加油站,且不应小于5m	

注：1　明火或散发火花地点和甲、乙类物品及甲、乙类液体的定义应符合现行国家标准《建筑设计防火规范》的规定。

2　重要公共建筑物及其他民用建筑物保护类别划分应符合本规范附录C的规定。

3　对柴油罐及其通气管管口和柴油加油机，本表的距离可减少30%。

4　对汽油罐及其通气管管口，若设有卸油油气回收系统，本表的距离可减少20%；当同时设置卸油和加油油气回收系统时，本表的距离可减少30%，但均不得小于5m。

5　油罐、加油机与站外小于或等于1000kV·A箱式变压器、杆装变压器的防火距离，可按本表的室外变配电站防火距离减少20%。

6　油罐、加油机与郊区公路的防火距离按城市道路确定：高速公路、Ⅰ级和Ⅱ级公路按城市快速路、主干路确定；Ⅲ级和Ⅳ级公路按照城市次干路、支路确定。

7　与架空通信线和架空电力线路的距离不得按注3和注4折减。

4.0.5　液化石油气加气站、加油加气合建站的液化石油气罐与站外建、构筑物的防火距离，不应小于表4.0.5的规定。

表 4.0.5 液化石油气罐与站外建、构筑物的防火距离（m）

级别 项目		地上液化石油气罐			埋地液化石油气罐		
		一级站	二级站	三级站	一级站	二级站	三级站
重要公共建筑物		100	100	100	100	100	100
明火或散发火花地点		45	38	33	30	25	18
民用建筑物 保护类别	一类保护物						
	二类保护物	35	28	22	20	16	14
	三类保护物	25	22	18	15	13	11
甲、乙类物品生产厂房、库房和 甲、乙类液体储罐		45	45	40	25	22	18
其他类物品生产厂房、库房和丙 类液体储罐以及容积不大于 50m³ 的埋地甲、乙类液体储罐		32	32	28	18	16	15
室外变配电站		45	45	40	25	22	18
铁路		45	45	45	22	22	22
电缆沟、暖气管沟、下水道		10	8	8	6	5	5
城市道路	快速路、主干路	15	13	11	10	8	8
	次干路、支路	12	11	10	8	6	6
架空通信线	国家一、二级	1.5 倍杆高	1.5 倍杆高	1.5 倍杆高	1.5 倍杆高	1 倍杆高	1 倍杆高
	一般	1.5 倍杆高	1 倍杆高	1 倍杆高	1 倍杆高	0.75 倍杆高	0.75 倍杆高
架空 电力线路	电压>380V	1.5 倍杆高			1.5 倍杆高	1 倍杆高	
	电压≤380V		1 倍杆高			0.75 倍杆高	

注：1 液化石油气罐与站外一、二、三类保护物地下室的出入口、门窗的距离应按本表一、二、三类保护物的防火距离增加 50%。

2 采用小于或等于 10m³ 的地上液化石油气罐整体装配式的加气站,其罐与站外建、构筑物的防火距离,可按本表三级站的地上罐减少 20%。

3 液化石油气罐与站外建筑面积不超过 200m² 的独立民用建筑物,其防火距离可按本表的三类保护物减少 20%,但不应小于三级站的规定。

4 液化石油气罐与站外小于或等于 1000kV·A 箱式变压器、杆装变压器的防火距离,可按本表室外变配电站的防火距离减少 20%。

5 液化石油气罐与郊区公路的防火距离按城市道路确定:高速公路、Ⅰ级和Ⅱ级公路按城市快速路、主干路确定,Ⅲ级和Ⅳ级公路按照城市次干路、支路确定。

6 架空通信线和架空电力线路均不应跨越加气站。

十、人防工程出入口、采光井与相邻地面建筑

见《人民防空工程设计防火规范》(GB 50098—2009)。

3.2.1 人防工程的出入口地面建筑物与周围建筑物之间的防火间距,应按现行国家标准《建筑设计防火规范》GB 50016 的有关规定执行。

3.2.2 人防工程的采光窗井与相邻地面建筑的最小防火间距,应符合表 3.2.2 的规定。

表 3.2.2　采光窗井与相邻地面建筑的最小防火间距（m）

防火间距　　　　　地面建筑类别和耐火等级 人防工程类别	民用建筑			丙、丁、戊类 厂房、库房			高层民用 建筑		甲、乙类厂 房、库房
	一、二级	三级	四级	一、二级	三级	四级	主体	附属	—
丙、丁、戊类生产车间、物品库房	10	12	14	10	12	14	13	6	25
其他人防工程	6	7	9	10	12	14	13	6	25

注：1　防火间距按人防工程有窗外墙与相邻地面建筑外墙的最近距离计算；
2　当相邻的地面建筑物外墙为防火墙时，其防火间距不限。

　　见《人民防空地下室设计规范》(GB 50038—2005)。

　　3.1.3　防空地下室距生产、储存易燃易爆物品厂房、库房的距离不应小于 50m；距有害液体、重毒气体的贮罐不应小于 100m。

　　注："易燃易爆物品"系指国家标准《建筑设计防火规范》(GBJ 16) 中"生产、储存的火灾危险性分类举例"中的甲乙类物品。

第五节　安全疏散

一、安全出口设置

（一）地下、半地下建筑（室）　见《建筑设计防火规范》(GB 50016—2006)。

　　5.3.12　地下、半地下建筑（室）安全出口和房间疏散门的设置应符合下列规定：

　　1　每个防火分区的安全出口数量应经计算确定，且不应少于 2 个。当平面上有 2 个或 2 个以上防火分区相邻布置时，每个防火分区可利用防火墙上 1 个通向相邻分区的防火门作为第二安全出口，但必须有 1 个直通室外的安全出口；

　　2　使用人数不超过 30 人且建筑面积小于等于 500m² 的地下、半地下建筑（室），其直通室外的金属竖向梯可作为第二安全出口；

　　3　房间建筑面积小于等于 50m²，且经常停留人数不超过 15 人时，可设置 1 个疏散门；

　　4　歌舞娱乐放映游艺场所的安全出口不应少于 2 个，其中每个厅室或房间的疏散门不应少于 2 个。当其建筑面积小于等于 50m² 且经常停留人数不超过 15 人时，可设置 1 个疏散门；

　　5　地下商店和设置歌舞娱乐放映游艺场所的地下建筑（室），当地下层数为 3 层及 3 层以上或地下室内地面与室外出入口地坪高差大于 10m 时，应设置防烟楼梯间；其他地下商店和设置歌舞娱乐放映游艺场所的地下建筑，应设置封闭楼梯间；

　　6　地下、半地下建筑的疏散楼梯间应符合本规范第 7.4.4 条的规定。

　　见《高层民用建筑设计防火规范（2005 年版)》(GB 50045—95)。

　　6.1.12　高层建筑地下室、半地下室的安全疏散应符合下列规定：

　　6.1.12.1　每个防火分区的安全出口不应少于两个。当有两个或两个以上防火分区，且相邻防火分区之间的防火墙上设有防火门时，每个防火分区可分别设一个直通室外的安全出口。

　　6.1.12.2　房间面积不超过 50m²，且经常停留人数不超过 15 人的房间，可设一个门。

6.1.12.3 人员密集的厅、室疏散出口总宽度，应按其通过人数每100人不小于1.00m计算。

（二）民用建筑 见《建筑设计防火规范》（GB 50016—2006）。

5.3.1 民用建筑的安全出口应分散布置。每个防火分区、一个防火分区的每个楼层，其相邻2个安全出口最近边缘之间的水平距离不应小于5.0m。

5.3.2 公共建筑内的每个防火分区、一个防火分区内的每个楼层，其安全出口的数量应经计算确定，且不应少于2个。当符合下列条件之一时，可设一个安全出口或疏散楼梯：

1 除托儿所、幼儿园外，建筑面积小于等于200m^{2}且人数不超过50人的单层公共建筑；

2 除医院、疗养院、老年人建筑及托儿所、幼儿园的儿童用房和儿童游乐厅等儿童活动场所等外，符合表5.3.2规定的2、3层公共建筑。

表5.3.2 公共建筑可设置1个安全出口的条件

耐火等级	最多层数	每层最大建筑面积（m^2）	人　　数
一、二级	3层	500	第二层和第三层的人数之和不超过100人
三级	3层	200	第二层和第三层的人数之和不超过50人
四级	2层	200	第二层人数不超过30人

5.3.4 一、二级耐火等级的公共建筑，当设置不少于2部疏散楼梯且顶层局部升高部位的层数不超过2层、人数之和不超过50人、每层建筑面积小于等于200m^{2}时，该局部高出部位可设置1部与下部主体建筑楼梯间直接连通的疏散楼梯，但至少应另外设置1个直通主体建筑上人平屋面的安全出口，该上人屋面应符合人员安全疏散要求。

5.3.5 下列公共建筑的室内疏散楼梯应采用封闭楼梯间（包括首层扩大封闭楼梯间）或室外疏散楼梯：

1 医院、疗养院的病房楼；

2 旅馆；

3 超过2层的商店等人员密集的公共建筑；

4 设置有歌舞娱乐放映游艺场所且建筑层数超过2层的建筑；

5 超过5层的其他公共建筑。

5.3.6 自动扶梯和电梯不应作为安全疏散设施。

5.3.8 公共建筑和通廊式非住宅类居住建筑中各房间疏散门的数量应经计算确定，且不应少于2个，该房间相邻2个疏散门最近边缘之间的水平距离不应小于5.0m。当符合下列条件之一时，可设置1个：

1 房间位于2个安全出口之间，且建筑面积小于等于120m^2，疏散门的净宽度不小于0.9m；

2 除托儿所、幼儿园、老年人建筑外，房间位于走道尽端，且由房间内任一点到疏散门的直线距离小于等于15.0m、其疏散门的净宽度不小于1.4m；

3 歌舞娱乐放映游艺场所内建筑面积小于等于50m^{2}的房间。

5.3.11 居住建筑单元任一层建筑面积大于650m^2，或任一住户的户门至安全出口的距离大于15m时，该建筑单元每层安全出口不应少于2个。当通廊式非住宅类居住建筑超过表5.3.11规定时，安全出口不应少于2个。居住建筑的楼梯间设置形式应符合下列规定：

1 通廊式居住建筑当建筑层数超过2层时，户门应采用乙级防火门；

表 5.3.11　通廊式非住宅类居住建筑可设置一个安全出口的条件

耐火等级	最多层数	每层最大建筑面积(m²)	人　　数
一、二级	3 层	500	第二层和第三层的人数之和不超过 100 人
三级	3 层	200	第二层和第三层的人数之和不超过 50 人
四级	2 层	200	第二层人数不超过 30 人

2　其他形式的居住建筑当建筑层数超过 6 层或任一层建筑面积大于 500m² 时，应设置封闭楼梯间，当户门或通向疏散走道、楼梯间的门、窗为乙级防火门、窗时，可不设置封闭楼梯间。

居住建筑的楼梯间宜通至屋顶，通向平屋面的门或窗应向外开启。

当住宅中的电梯井与疏散楼梯相邻布置时，应设置封闭楼梯间，当户门采用乙级防火门时，可不设置封闭楼梯间。当电梯直通住宅楼层下部的汽车库时，应设置电梯候梯厅并采用防火分隔措施。

（三）办公建筑　见《办公建筑设计规范》(JGJ 67—2006)。

5.0.3　综合楼内的办公部分的疏散出入口不应与同一楼内对外的商场、营业厅、娱乐、餐饮等人员密集场所的疏散出入口共用。

5.0.4　超高层办公建筑的避难层（区）、屋顶直升机停机坪等设置应执行国家和专业部门的有关规定。

（四）住宅建筑　见《住宅建筑规范》(GB 50368—2005)。

9.5.1　住宅建筑应根据建筑的耐火等级、建筑层数、建筑面积、疏散距离等因素设置安全出口，并应符合下列要求：

1　10 层以下的住宅建筑，当住宅单元任一层的建筑面积大于 650m²，或任一套房的户门至安全出口的距离大于 15m 时，该住宅单元每层的安全出口不应少于 2 个。

2　10 层及 10 层以上但不超过 18 层的住宅建筑，当住宅单元任一层的建筑面积大于 650m²，或任一套房的户门至安全出口的距离大于 10m 时，该住宅单元每层的安全出口不应少于 2 个。

3　19 层及 19 层以上的住宅建筑，每个住宅单元每层的安全出口不应少于 2 个。

4　安全出口应分散布置，两个安全出口之间的距离不应小于 5m。

5　楼梯间及前室的门应向疏散方向开启；安装有门禁系统的住宅，应保证住宅直通室外的门在任何时候能从内部徒手开启。

（五）高层民用建筑　见《高层民用建筑设计防火规范（2005 年版）》(GB 50045—95)。

6.1.1　高层建筑每个防火分区的安全出口不应少于两个。但符合下列条件之一的，可设一个安全出口：

6.1.1.1　十八层及十八层以下，每层不超过 8 户、建筑面积不超过 650m²，且设有一座防烟楼梯间和消防电梯的塔式住宅。

6.1.1.2　每个单元设有一座通向屋顶的疏散楼梯，单元与单元之间设有防火墙，单元之间的楼梯能通过屋顶连通、且户门为甲级防火门，窗间墙宽度、窗槛墙高度为大于 1.2m 的实体墙的单元式住宅。

6.1.1.3 除地下室外，相邻两个防火分区之间的防火墙上有防火门连通时，且相邻两个防火分区的建筑面积之和不超过表6.1.1规定的公共建筑。

表 6.1.1 两个防火分区之和最大允许建筑面积

建筑类别	两个防火分区建筑面积之和(m²)
一类建筑	1400
二类建筑	2100

注：上述相邻两个防火分区设有自动喷水灭火系统时，其相邻两个防火分区的建筑面积之和仍应符合本表的规定。

6.1.2 塔式高层建筑，两座疏散楼梯宜独立设置，当确有困难时，可设置剪刀楼梯，并应符合下列规定：

6.1.2.1 剪刀楼梯间应为防烟楼梯间。

6.1.2.2 剪刀楼梯的梯段之间，应设置耐火极限不低于1.00h的不燃烧体墙分隔。

6.1.2.3 剪刀楼梯应分别设置前室。塔式住宅确有困难时可设置一个前室，但两座楼梯应分别设加压送风系统。

＊6.1.3A 商住楼中住宅的疏散楼梯应独立设置。

6.1.4 高层公共建筑的大空间设计，必须符合双向疏散或袋形走道的规定。

（六）体育建筑 见《体育建筑设计规范》(JGJ 31—2003)。

8.2.1 体育建筑应合理组织交通路线，并应均匀布置安全出口，内部和外部的通道，使分区明确。路线短捷合理。

4.3.8 看台安全出口和走道应符合下列要求：

1 安全出口应均匀布置，独立的看台至少应有二个安全出口，且体育馆每个安全出口的平均疏散人数不宜超过400～700人，体育场每个安全出口的平均疏散人数不宜超过1000～2000人。

注：设计时，规模较小的设施宜采用接近下限值；规模较大的设施宜采用接近上限值。

2 观众席走道的布局应与观众席各分区容量相适应，与安全出口联系顺畅。通向安全出口的纵走道设计总宽度应与安全出口的设计总宽度相等。经过纵横走道通向安全出口的设计人流股数应与安全出口的设计通行人流股数相等。

见《建筑设计防火规范》(GB 50016—2006)。

5.3.10 体育馆的观众厅，其疏散门的数量应经计算确定，且不应少于2个，每个疏散门的平均疏散人数不宜超过400～700人。

（七）医院 见《综合医院建筑设计规范》(JGJ 49—1988)。

第2.2.2条 医院出入口不应少于二处，人员出入口不应兼作尸体和废弃物出口。

第4.0.5条 安全出口

一、在一般情况下，每个护理单元应有二个不同方向的安全出口。

二、尽端式护理单元，或"自成一区"的治疗用房，其最远一个房间至外部安全出口的距离和房间内最远一点到房门的距离，如均未超过建筑设计防火规范规定时，可设一个安全出口。

(八) 老年人建筑及托儿所、幼儿园的儿童用房和儿童游乐厅 见《建筑设计防火规范》(GB 50016—2006)。

5.3.3 老年人建筑及托儿所、幼儿园的儿童用房和儿童游乐厅等儿童活动场所宜设置在独立的建筑内。当必须设置在其他民用建筑内时，宜设置独立的安全出口，并应符合本规范第5.1.7条的规定。

(九) 中小学校 见《中小学校设计规范》(GB 50099—2011)。

8.1.8 教学用房的门窗设置应符合下列规定：

1 疏散通道上的门不得使用弹簧门、旋转门、推拉门、大玻璃门等不利于疏散通畅、安全的门；

2 各教学用房的门均应向疏散方向开启，开启的门扇不得挤占走道的疏散通道；

3 靠外廊及单内廊一侧教室内隔墙的窗开启后，不得挤占走道的疏散通道，不得影响安全疏散；

4 二层及二层以上的临空外窗的开启扇不得外开。

8.3.1 中小学校的校园应设置2个出入口。出入口的位置应符合教学、安全、管理的需要，出入口的布置应避免人流、车流交叉。有条件的学校宜设置机动车专用出入口。

8.3.2 中小学校校园出入口应与市政交通衔接，但不应直接与城市主干道连接。校园主要出入口应设置缓冲场地。

8.5.1 校园内除建筑面积不大于200m²，人数不超过50人的单层建筑外，每栋建筑应设置2个出入口。非完全小学内，单栋建筑面积不超过500m²，且耐火等级为一、二级的低层建筑可只设1个出入口。

8.5.2 教学用房在建筑的主要出入口处宜设门厅。

8.8.1 每间教学用房的疏散门均不应少于2个，疏散门的宽度应通过计算；同时，每樘疏散门的通行净宽度不应小于0.90m。当教室处于袋形走道尽端时，若教室内任一处距教室门不超过15.00m，且门的通行净宽度不小于1.50m时，可设1个门。

(十) 电影院、剧场 见《建筑设计防火规范》(GB 50016—2006)。

5.3.9 剧院、电影院和礼堂的观众厅，其疏散门的数量应经计算确定，且不应少于2个。每个疏散门的平均疏散人数不应超过250人；当容纳人数超过2000人时，其超过2000人的部分，每个疏散门的平均疏散人数不应超过400人。

见《电影院建筑设计规范》(JGJ 58—2008)。

6.2.2 观众厅疏散门不应设置门槛，在紧靠门口1.40m范围内不应设置踏步。疏散门应为自动推门式外开门，严禁采用推拉门、卷帘门、折叠门、转门等。

6.2.3 观众厅疏散门的数量应经计算确定，且不应少于2个，门的净宽度应符合现行国家标准《建筑设计防火规范》GB 50016及《高层民用建筑设计防火规范》GB 50045的规定，且不应小于0.90m。应采用甲级防火门，并应向疏散方向开启。

6.2.4 观众厅外的疏散走道、出口等应符合下列规定：

1 电影院供观众疏散的所有内门、外门、楼梯和走道的各自总宽度均应符合现行国家标准《建筑设计防火规范》GB 50016及《高层民用建筑设计防火规范》GB 50045的规定；

2 穿越休息厅或门厅时，厅内存衣、小卖部等活动陈设物的布置不应影响疏散的通畅；2m

高度内应无突出物、悬挂物；

3 当疏散走道有高差变化时宜做成坡道；当设置台阶时应有明显标志、采光或照明；

4 疏散走道室内坡道不应大于1∶8，并应有防滑措施；为残疾人设置的坡道坡度不应大于1∶12；

6.2.5 疏散楼梯应符合下列规定：

1 对于有候场需要的门厅，门厅内供入场使用的主楼梯不应作为疏散楼梯；

见《剧场建筑设计规范》(JGJ 57—2000)。

8.2.1 观众厅出口应符合下列规定：

1 出口均匀布置，主要出口不宜靠近舞台；

2 楼座与池座应分别布置出口。楼座至少有两个独立的出口，不足50座时可设一个出口。楼座不应穿越池座疏散。当楼座与池座疏散无交叉并不影响池座安全疏散时，楼座可经池座疏散。

8.2.2 观众厅出口门、疏散外门及后台疏散门应符合下列规定：

1 应设双扇门，净宽不小于1.40m，向疏散方向开启；

2 紧靠门不应设门槛，设置踏步应在1.40m以外；

3 严禁用推拉门、卷帘门、转门、折叠门、铁栅门；

4 宜采用自动门闩，门洞上方应设疏散指示标志。

8.2.3 观众厅外疏散通道应符合下列规定：

1 坡度：室内部分不应大于1∶8，室外部分不应大于1∶10，并应加防滑措施，室内坡道采用地毯等不应低于B_1级材料。为残疾人设置的通道坡度不应大于1∶12；

2 地面以上2m内不得有任何突出物。不得设置落地镜子及装饰性假门；

3 疏散通道穿行前厅及休息厅时，设置在前厅、休息厅的小卖部及存衣处不得影响疏散的畅通；

4 疏散通道的隔墙耐火极限不应小于1.00h；

5 疏散通道内装修材料：天棚不低于A级，墙面和地面不低于B_1级，不得采用在燃烧时产生有毒气体的材料；

6 疏散通道宜有自然通风及采光；当没有自然通风及采光时应设人工照明，超过20m长时应采用机械通风排烟。

8.2.5 后台应有不少于两个直接通向室外的出口。

8.2.6 乐池和台仓出口不应少于两个。

8.2.7 舞台天桥、栅顶的垂直交通，舞台至面光桥、耳光室的垂直交通应采用金属梯或钢筋混凝土梯，坡度不应大于60°，宽度不应小于0.60m，并有坚固、连续的扶手。

（十一）港口客运站　见《港口客运站建筑设计规范》(JGJ 86—1992)。

第6.0.4条　候船厅和售票厅安全出口的数目均不应少于两个。

注：设有导向栏杆的门，其疏散宽度按实际宽度的60%计。

第6.0.6条　电梯不得计作安全出口。

（十二）殡仪馆　见《殡仪馆建筑设计规范》(JGJ 124—1999)。

7.1.5 殡仪区的防火分区安全出口数目应按每个防火分区不少于2个设置，且每个安全出口的平均疏散人数不应超过250人；室内任何一点至最近安全出口最大距离不宜超过20.0m。

7.2.5 （骨灰寄存区）每个防火分区的安全出口不应少于2个，其中1个出口应直通室外。

（十三）汽车客运站 见《汽车客运站建筑设计规范》(JGJ 60—1999)。

7.2.1 候车厅内安全出口不得少于两个，每个安全出口的平均疏散人数不应超过250人。

7.2.2 候车厅安全出口必须直接通向室外，室外通道净宽不得小于3m。

7.2.4 候车厅内带有导向栏杆的进站口均不得作为安全出口计算。

7.2.5 楼层设置候车厅时，疏散楼梯不得小于两个，疏散楼梯应直接通向室外，室外通道净宽不得小于3m。

（十四）图书馆 见《图书馆建筑设计规范》(JGJ 38—1999)。

6.4.1 图书馆的安全出口不应少于两个，并应分散设置。

6.4.2 书库、非书资料库、藏阅合一的藏书空间，每个防火分区的安全出口不应少于两个。但符合下列条件之一的，可设一个安全出口：

1 建筑面积不超过100.00m²的特藏库、胶片库和珍善本书库；

2 建筑面积不超过100.00m²的地下室或半地下室书库；

3 除建筑面积超过100.00m²的地下室外的相邻两个防火分区，当防火墙上有防火门连通，且两个防火分区的建筑面积之和不超过本规范第6.2.2条规定的一个防火分区面积的1.40倍时；

4 占地面积不超过300.00m²的多层书库。

6.4.3 书库、非书资料库的疏散楼梯，应设计为封闭楼梯间或防烟楼梯间，宜在库门外邻近设置。

6.4.4 超过300座位的报告厅，应独立设置安全出口，并不得少于两个。

（十五）疗养院 见《疗养院建筑设计规范》(JGJ 40—1987)。

第3.6.3条 疗养院主要建筑物安全出口或疏散楼梯不应少于两个，并应分散布置。室内疏散楼梯应设置楼梯间。

（十六）文化馆 见《文化馆建筑设计规范》(JGJ 41—1987)。

第4.0.3条 观演厅、展览厅、舞厅、大游艺室等人员密集的用房宜设在底层，并有直接对外安全出口。

（十七）汽车库、修车库 见《民用建筑设计通则》(GB 50352—2005)。

5.2.4 建筑基地内地下车库的出入口设置应符合下列要求：

1 地下车库出入口距基地道路的交叉路口或高架路的起坡点不应小于7.50m；

2 地下车库出入口与道路垂直时，出入口与道路红线应保持不小于7.50m安全距离；

3 地下车库出入口与道路平行时，应经不小于7.50m长的缓冲车道汇入基地道路。

见《汽车库建筑设计规范》(JGJ 100—1998)。

1.0.4 汽车库建筑规模宜按汽车类型和容量分为四类并应符合表1.0.4的规定。

3.2.4 大中型汽车库的库址，车辆出入口不应少于2个；特大型汽车库库址，车辆出入口不应少于3个，并应设置人流专用出入口。各汽车出入口之间的净距应大于15m。出入口的宽度，双向行驶时不应小于7m，单向行驶时不应小于5m。

表 1.0.4 汽车库建筑分类

规模	特大型	大型	中型	小型
停车数（辆）	>500	301～500	51～300	<50

注：此分类适用于中、小型车辆的坡道式汽车库及升降机式汽车库，并不适用其他机械式汽车库。

3.2.8 汽车库库址的车辆出入口，距离城市道路的规划红线不应小于7.5m，并在距出入口边线内2m处作视点的120°范围内至边线外7.5m以上不应有遮挡视线障碍物（图3.2.8）。

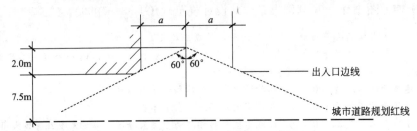

图 3.2.8 汽车库库址车辆出入口通视要求
a—为视点至出口两侧的距离

3.2.9 库址车辆出入口与城市人行过街天桥、地道、桥梁或隧道等引道口的距离应大于50m；距离道路交叉口应大于80m。

见《汽车库、修车库、停车场设计防火规范》(GB 50067—1997)。

6.0.1 汽车库、修车库的人员安全出口和汽车疏散出口应分开设置。设在工业与民用建筑内的汽车库，其车辆疏散出口应与其他部分的人员安全出口分开设置。

6.0.2 汽车库、修车库的每个防火分区内，其人员安全出口不应少于两个，但符合下列条件之一的可设一个：

6.0.2.1 同一时间的人数不超过25人；

6.0.2.2 Ⅳ类汽车库。

6.0.6 汽车库、修车库的汽车疏散出口不应少于两个，但符合下列条件之一的可设一个：

6.0.6.1 Ⅳ类汽车库

6.0.6.2 汽车疏散坡道为双车道的Ⅲ类地上汽车库和停车数少于100辆的地下汽车库；

6.0.6.3 Ⅱ、Ⅲ、Ⅳ类修车库。

6.0.7 Ⅰ、Ⅱ类地上汽车库和停车数大于100辆的地下汽车库，当采用错层或斜楼板式车道、坡道为双车道时，其首层或地下一层至室外的汽车疏散出口不应少于两个，汽车库内的其他楼层汽车疏散坡道可设一个。

6.0.8 除机械式立体汽车库外，Ⅳ类的汽车库在设置汽车坡道有困难时，可采用垂直升降梯作汽车疏散出口，其升降梯的数量不应少于两台，停车数少于10辆的可设一台。

6.0.10 两个汽车疏散出口之间的间距不应小于10m；两个汽车坡道毗邻设置时应采用防火隔墙隔开。

6.0.11 停车场的汽车疏散出口不应少于两个。停车数量不超过50辆的停车场可设一个疏散出口。

（十八）厂房、仓库、设备用房 见《建筑设计防火规范》(GB 50016—2006)。

3.7.1 厂房的安全出口应分散布置。每个防火分区、一个防火分区的每个楼层，其相邻 2 个安全出口最近边缘之间的水平距离不应小于 5.0m。

3.7.2 厂房的每个防火分区、一个防火分区内的每个楼层，其安全出口的数量应经计算确定，且不应少于 2 个；当符合下列条件时，可设置 1 个安全出口：

1 甲类厂房，每层建筑面积小于等于 100m²，且同一时间的生产人数不超过 5 人；

2 乙类厂房，每层建筑面积小于等于 150m²，且同一时间的生产人数不超过 10 人；

3 丙类厂房，每层建筑面积小于等于 250m²，且同一时间的生产人数不超过 20 人；

4 丁、戊类厂房，每层建筑面积小于等于 400m²，且同一时间的生产人数不超过 30 人；

5 地下、半地下厂房或厂房的地下室、半地下室，其建筑面积小于等于 50m²，经常停留人数不超过 15 人。

3.7.3 地下、半地下厂房或厂房的地下室、半地下室，当有多个防火分区相邻布置，并采用防火墙分隔时，每个防火分区可利用防火墙上通向相邻防火分区的甲级防火门作为第二安全出口，但每个防火分区必须至少有 1 个直通室外的安全出口。

3.8.1 仓库的安全出口应分散布置。每个防火分区、一个防火分区的每个楼层，其相邻 2 个安全出口最近边缘之间的水平距离不应小于 5.0m。

3.8.2 每座仓库的安全出口不应少于 2 个，当一座仓库的占地面积小于等于 300m² 时，可设置 1 个安全出口。仓库内每个防火分区通向疏散走道、楼梯或室外的出口不宜少于 2 个，当防火分区的建筑面积小于等于 100m² 时，可设置 1 个。通向疏散走道或楼梯的门应为乙级防火门。

3.8.3 地下、半地下仓库或仓库的地下室、半地下室的安全出口不应少于 2 个；当建筑面积小于等于 100m² 时，可设置 1 个安全出口。

地下、半地下仓库或仓库的地下室、半地下室当有多个防火分区相邻布置，并采用防火墙分隔时。每个防火分区可利用防火墙上通向相邻防火分区的甲级防火门作为第二安全出口，但每个防火分区必须至少有 1 个直通室外的安全出口。

3.8.5 粮食筒仓上层面积小于 1000m²，且该层作业人数不超过 2 人时，可设置 1 个安全出口。

3.8.6 仓库、筒仓的室外金属梯，当符合本规范第 7.4.5 条的规定时可作为疏散楼梯，但筒仓室外楼梯平台的耐火极限不应低于 0.25h。

3.8.7 高层仓库应设置封闭楼梯间。

（十九）人防工程 见《人民防空工程设计防火规范》(GB 50098—2009)。

5.1.1 每个防火分区安全出口设置的数量，应符合下列规定之一：

1 每个防火分区的安全出口数量不应少于 2 个；

2 当有 2 个或 2 个以上防火分区相邻，且将相邻防火分区之间防火墙上设置的防火门作为安全出口时，防火分区安全出口应符合下列规定：

1) 防火分区建筑面积大于 1000m² 的商业营业厅、展览厅等场所，设置通向室外、直通室外的疏散楼梯间或避难走道的安全出口个数不得少于 2 个；

2) 防火分区建筑面积不大于 1000m² 的商业营业厅、展览厅等场所，设置通向室外、直通室外的疏散楼梯间或避难走道的安全出口个数不得少于 1 个；

3）在一个防火分区内，设置通向室外、直通室外的疏散楼梯间或避难走道的安全出口宽度之和，不宜小于本规范第 5.1.6 条规定的安全出口总宽度的 70%；

3 建筑面积不大于 500m²，且室内地面与室外出入口地坪高差不大于 10m，容纳人数不大于 30 人的防火分区。当设置有仅用于采光或进风用的竖井，且竖井内有金属梯直通地面、防火分区通向竖井处设置有不低于乙级的常闭防火门时，可只设置一个通向室外、直通室外的疏散楼梯间或避难走道的安全出口；也可设置一个与相邻防火分区相通的防火门；

4 建筑面积不大于 200m²，且经常停留人数不超过 3 人的防火分区，可只设置一个通向相邻防火分区的防火门。

5.1.2 房间建筑面积不大于 50m²，且经常停留人数不超过 15 人时，可设置一个疏散出口。

5.1.3 歌舞娱乐放映游艺场所的疏散应符合下列规定：

1 不宜布置在袋形走道的两侧或尽端，当必须布置在袋形走道的两侧或尽端时，最远房间的疏散门到最近安全出口的距离不应大于 9m；一个厅、室的建筑面积不应大于 200m²；

2 建筑面积大于 50m² 的厅、室，疏散出口不应少于 2 个。

5.1.4 每个防火分区的安全出口，宜按不同方向分散设置；当受条件限制需要同方向设置时，两个安全出口最近边缘之间的水平距离不应小于 5m。

二、疏散距离

（一）民用建筑　见《建筑设计防火规范》(GB 50016—2006)。

5.3.13 民用建筑的安全疏散距离应符合下列规定：

1 直接通向疏散走道的房间疏散门至最近安全出口的距离应符合表 5.3.13 的规定；

2 直接通向疏散走道的房间疏散门至最近非封闭楼梯间的距离，当房间位于两个楼梯间之间时，应按表 5.3.13 的规定减少 5.0m；当房间位于袋形走道两侧或尽端时，应按表 5.3.13 的规定减少 2.0m；

3 楼梯间的首层应设置直通室外的安全出口或在首层采用扩大封闭楼梯间。当层数不超过 4 层时，可将直通室外的安全出口设置在离楼梯间小于等于 15.0m 处；

4 房间内任一点到该房间直接通向疏散走道的疏散门的距离，不应大于表 5.3.13 中规定的袋形走道两侧或尽端的疏散门至安全出口的最大距离。

表 5.3.13　直接通向疏散走道的房间疏散门至最近安全出口的最大距离（m）

名称	位于两个安全出口之间的疏散门			位于袋形走道两侧或尽端的疏散门		
	耐火等级			耐火等级		
	一、二级	三级	四级	一、二级	三级	四级
托儿所、幼儿园	25.0	20.0	—	20.0	15.0	—
医院、疗养院	35.0	30.0	—	20.0	15.0	—
学校	35.0	30.0	—	22.0	20.0	—
其他民用建筑	40.0	35.0	25.0	22.0	20.0	15.0
建筑内的观众厅、展览厅、多功能厅、餐厅、营业厅和阅览室等，其室内任何一点至最近安全出口的直线距离不宜大于 30.0m。						

注：1 敞开式外廊建筑的房间疏散门至安全出口的最大距离可按本表增加 5.0m；

2 建筑物内全部设置自动喷水灭火系统时，其安全疏散距离可按本表规定增加 25%；

3 房间内任一点到该房间直接通向疏散走道的疏散门的距离计算：住宅应为最远房间内任一点到户门的距离，跃层式住宅内的户内楼梯的距离可按其梯段总长度的水平投影尺寸计算。

（二）办公建筑 见《办公建筑设计规范》(JGJ 67—2006)。

5.0.2 办公建筑的开放式、半开放式办公室，其室内任何一点至最近的安全出口的直线距离不应超过30m。

（三）住宅建筑 见《住宅建筑规范》(GB 50368—2005)。

9.5.2 每层有2个及2个以上安全出口的住宅单元，套房户门至最近安全出口的距离应根据建筑的耐火等级、楼梯间的形式和疏散方式确定。

9.5.3 住宅建筑的楼梯间形式应根据建筑形式、建筑层数、建筑面积以及套房户门的耐火等级等因素确定。在楼梯间的首层应设置直接对外的出口，或将对外出口设置在距离楼梯间不超过15m处。

（四）高层民用建筑 见《高层民用建筑设计防火规范（2005年版)》(GB 50045—95)。

6.1.5 高层建筑的安全出口应分散布置，两个安全出口之间的距离不应小于5.00m。安全疏散距离应符合表6.1.5的规定。

表 6.1.5　安全疏散距离

高层建筑		房间门或住宅户门至最近的外部出口或楼梯间的最大距离(m)	
		位于两个安全出口之间的房间	位于袋形走道两侧或尽端的房间
医院	病房部分	24	12
	其他部分	30	15
旅馆、展览楼、教学楼		30	15
其他		40	20

6.1.6 跃廊式住宅的安全疏散距离，应从户门算起，小楼梯的一段距离按其1.50倍水平投影计算。

6.1.7 高层建筑内的观众厅、展览厅、多功能厅、餐厅、营业厅和阅览室等，其室内任何一点至最近的疏散出口的直线距离，不宜超过30m；其他房间内最远一点至房门的直线距离不宜超过15m。

（五）港口客运站 见《港口客运站建筑设计规范》(JGJ 86—1992)。

第6.0.3条 候船厅和售票厅，由厅内的最远一点至最近疏散口的直线距离不宜超过20m。

（六）殡仪馆 见《殡仪馆建筑设计规范》(JGJ 124—1999)。

7.1.5 殡仪区的防火分区安全出口数目应按每个防火分区不少于2个位置，且每个安全出口的平均疏散人数不应超过250人；室内任何一点至最近安全出口最大距离不宜超过20.0m。

（七）汽车库、修车库 见《汽车库、修车库、停车场设计防火规范》(GB 50067—1997)。

6.0.5 汽车库室内最远工作地点至楼梯间的距离不应超过45m，当设有自动灭火系统时，其距离不应超过60m。单层或设在建筑物首层的汽车库,室内最远工作地点至室外出口的距离不应超过60m。

(八) 厂房、仓库、设备用房　见《建筑设计防火规范》(GB 50016—2006)。

3.7.4　厂房内任一点到最近安全出口的距离不应大于表3.7.4的规定。

表3.7.4　厂房内任一点到最近安全出口的距离（m）

生产类别	耐火等级	单层厂房	多层厂房	高层厂房	地下、半地下厂房或厂房的地下室、半地下室
甲	一、二级	30.0	25.0	—	—
乙	一、二级	75.0	50.0	30.0	—
丙	一、二级	80.0	60.0	40.0	30.0
	三级	60.0	40.0	—	—
丁	一、二级	不限	不限	50.0	45.0
	三级	60.0	50.0	—	—
	四级	50.0	—	—	—
戊	一、二级	不限	不限	75.0	60.0
	三级	100.0	75.0	—	—
	四级	60.0	—	—	—

(九) 人防工程　见《人民防空工程设计防火规范》(GB 50098—2009)。

5.1.5　安全疏散距离应满足下列规定:

1　房间内最远点至该房间门的距离不应大于15m;

2　房间门至最近安全出口的最大距离:医院应为24m;旅馆应为30m;其他工程应为40m。位于袋形走道两侧或尽端的房间,其最大距离应为上述相应距离的一半;

3　观众厅、展览厅、多功能厅、餐厅、营业厅和阅览室等。其室内任意一点到最近安全出口的直线距离不宜大于30m;当该防火分区设置有自动喷水灭火系统时,疏散距离可增加25%。

5.2.5　避难走道的设置应符合下列规定:

1　避难走道直通地面的出口不应少于2个,并应设置在不同方向;当避难走道只与一个防火分区相通时.避难走道直通地面的出口可设置一个,但该防火分区至少应有一个不通向该避难走道的安全出口;

2　通向避难走道的各防火分区人数不等时,避难走道的净宽不应小于设计容纳人数最多一个防火分区通向避难走道各安全出口最小净宽之和;

3　避难走道的装修材料燃烧性能等级应为A级;

4　防火分区至避难走道入口处应设置前室,前室面积不应小于6m²,前室的门应为甲级防火门;其防烟应符合本规范第6.2节的规定;

5　避难走道的消火栓设置应符合本规范第7章的规定;

6　避难走道的火灾应急照明应符合本规范第8.2节的规定;

7　避难走道应设置应急广播和消防专线电话。

三、出口宽度

(一) 地下、半地下建筑(室)　见《高层民用建筑设计防火规范 (2005年

版)》(GB 50045—95)。

6.1.12.3　人员密集的厅、室疏散出口总宽度，应按其通过人数每100人不小于1.00m计算。

(二) 民用建筑　见《建筑设计防火规范》(GB 50016—2006)。

5.3.14　除本规范另有规定者外，建筑中的疏散走道、安全出口、疏散楼梯以及房间疏散门的各自总宽度应经计算确定。

安全出口、房间疏散门的净宽度不应小于0.9m，疏散走道和疏散楼梯的净宽度不应小于1.1m；不超过6层的单元式住宅，当疏散楼梯的一边设置栏杆时，最小净宽度不宜小于1.0m。

5.3.15　人员密集的公共场所、观众厅的疏散门不应设置门槛，其净宽度不应小于1.4m，且紧靠门口内外各1.4m范围内不应设置踏步。

剧院、电影院、礼堂的疏散门应符合本规范第7.4.12条的规定。

人员密集的公共场所的室外疏散小巷的净宽度不应小于3.0m，并应直接通向宽敞地带。

(三) 住宅建筑　见《住宅建筑规范》(GB 50368—2005)。

5.2.1　走廊和公共部位通道的净宽不应小于1.20m，局部净高不应低于2.00m。

5.2.3　楼梯梯段净宽不应小于1.10m。六层及六层以下住宅，一边设有栏杆的梯段净宽不应小于1.00m。楼梯踏步宽度不应小于0.26m，踏步高度不应大于0.175m。扶手高度不应小于0.90m。楼梯水平段栏杆长度大于0.50m时，其扶手高度不应小于1.05m。楼梯栏杆垂直杆件间净距不应大于0.11m。楼梯井净宽大于0.11m时，必须采取防止儿童攀滑的措施。

见《住宅设计规范》(GB 50096—2011)。

5.8.7　各部位门洞的最小尺寸应符合表5.8.7的规定。

表5.8.7　门洞最小尺寸

类别	洞口宽度(m)	洞口高度(m)
共用外门	1.20	2.00
户(套)门	1.00	2.00
起居室(厅)门	0.90	2.00
卧室门	0.90	2.00
厨房门	0.80	2.00
卫生间门	0.70	2.00
阳台门(单扇)	0.70	2.00

注：1　表中门洞口高度不包括门上亮子高度，宽度以平开门为准。
　　2　洞口两侧地面有高低差时，以高地面为起算高度。

(四) 高层民用建筑　见《高层民用建筑设计防火规范（2005年版）》(GB 50045—95)。

6.1.8　公共建筑中位于两个安全出口之间的房间，当其建筑面积不超过60m² 时，可设置一个门，门的净宽不应小于0.90m；公共建筑中位于走道尽端的房间，当其建筑面积不超过

$75m^2$ 时，可设置一个门，门的净宽不应小于1.40m。

6.1.9 高层建筑内走道的净宽，应按通过人数每100人不小于1.00m计算；高层建筑首层疏散外门的总宽度，应按人数最多的一层每100个不小于1.00m计算。首层疏散外门和走道的净宽不应小于表6.1.9的规定。

表6.1.9 首层疏散外门和走道的净宽 （m）

高层建筑	每个外门的净宽	走道净宽	
		单面布房	双面布房
医院	1.30	1.40	1.50
居住建筑	1.10	1.20	1.30
其他	1.20	1.30	1.40

6.1.10 疏散楼梯间及其前室的门的净宽应按通过人数每100人不小于1.00m计算，但最小净宽不应小于0.90m。单面布置房间的住宅，其走道出垛处的最小净宽不应小于0.90m。

6.1.11 高层建筑内设有固定座位的观众厅、会议厅等人员密集场所，其疏散走道、出口等应符合下列规定：

6.1.11.1 厅内的疏散走道的净宽应按通过人数每100人不小于0.80m计算，且不宜小于1.00m；边走道的最小净宽不宜小于0.80m。

6.1.11.2 厅的疏散出口和厅外疏散走道的总宽度，平坡地面应分别按通过人数每100人不小于0.65m计算，阶梯地面应分别按通过人数每100人不小于0.80m计算。疏散出口和疏散走道的最小净宽均不应小于1.40m。

6.1.11.3 疏散出口的门内、门外1.40m范围内不应设踏步，且门必须向外开，并不应设置门槛。

6.1.11.4 厅内座位的布置，横走道之间的排数不宜超过20排，纵走道之间每排座位不宜超过22个；当前后排座位的排距不小于0.90m时，每排座位可为44个；只一侧有纵走道时，其座位数应减半。

6.1.11.5 厅内每个疏散出口的平均疏散人数不应超过250人。

6.1.11.6 厅的疏散门，应采用推闩式外开门。

（五）医院 见《综合医院建筑设计规范》（JGJ 49—1988）。

第3.1.5条 楼梯
一、楼梯的位置，应同时符合防火疏散和功能分区的要求。
二、主楼梯宽度不得小于1.65m，踏步宽度不得小于0.28m，高度不应大于0.16m。
三、主楼梯和疏散楼梯的平台深度，不宜小于2m。

第3.1.7条 通行推床的室内走道，净宽不应小于2.10m；有高差者必须用坡道相接，其坡度不宜大于1/10。

（六）托儿所、幼儿园 见《托儿所、幼儿园建筑设计规范》（JGJ 39—1987）。

第3.6.3条 主体建筑走廊净宽度不应小于表3.6.3的规定。

第3.6.4条 在幼儿安全疏散和经常出入的通道上，不应设有台阶。必要时可设防滑坡道，其坡度不应大于1：12。

第3.6.6条 活动室、寝室、音体活动室应设双扇平开门，其宽度不应小于1.20m。疏散通道中不应使用转门、弹簧门和推拉门。

表 3.6.3　走廊最小净宽度（m）

房间名称＼房间布置	双面布房	单面布房或外廊
生活用房	1.8	1.5
服务供应用房	1.5	1.3

（七）中小学校　见《中小学校设计规范》(GB 50099—2011)。

8.2.1　中小学校内，每股人流的宽度应按0.60m计算。

8.2.2　中小学校建筑的疏散通道宽度最少应为2股人流，并应按0.60m的整数倍增加疏散通道宽度。

8.2.3　中小学校建筑的安全出口、疏散走道、疏散楼梯和房间疏散门等处每100人的净宽度应按表8.2.3计算。同时，教学用房的内走道净宽度不应小于2.40m，单侧走道及外廊的净宽度不应小于1.80m。

表 8.2.3　安全出口、疏散走道、疏散楼梯和房间疏散门每100人的净宽度（m）

所在楼层位置	耐火等级		
	一、二级	三级	四级
地上一、二层	0.70	0.80	1.05
地上三层	0.80	1.05	—
地上四、五层	1.05	1.30	—
地下一、二层	0.80	—	—

8.2.4　房间疏散门开启后，每樘门净通行宽度不应小于0.90m。

8.5.3　教学用建筑物出入口净通行宽度不得小于1.40m，门内与门外各1.50m范围内不宜设置台阶。

8.7.2　中小学校教学用房的楼梯梯段宽度应为人流股数的整数倍。梯段宽度不应小于1.20m，并应按0.60m的整数倍增加梯段宽度。每个梯段可增加不超过0.15m的摆幅宽度。

（八）电影院、剧场、体育建筑　见《建筑设计防火规范》(GB 50016—2006)。

5.3.16　剧院、电影院、礼堂、体育馆等人员密集场所的疏散走道、疏散楼梯、疏散门、安全出口的各自总宽度，应根据其通过人数和疏散净宽度指标计算确定，并应符合下列规定：

1　观众厅内疏散走道的净宽度应按每100人不小于0.6m的净宽度计算，且不应小于1.0m；边走道的净宽度不宜小于0.8m。

在布置疏散走道时，横走道之间的座位排数不宜超过20排；纵走道之间的座位数：剧院、电影院、礼堂等，每排不宜超过22个；体育馆，每排不宜超过26个；前后排座椅的排距不小于0.9m时，可增加1.0倍，但不得超过50个；仅一侧有纵走道时，座位数应减少一半；

2　剧院、电影院、礼堂等场所供观众疏散的所有内门、外门、楼梯和走道的各自总宽度，应按表5.3.16-1的规定计算确定；

3 体育馆供观众疏散的所有内门、外门、楼梯和走道的各自总宽度，应按表5.3.16-2的规定计算确定；

4 有等场需要的入场门不应作为观众厅的疏散门。

表 5.3.16-1 剧院、电影院、礼堂等场所每 100 个所需最小疏散净宽度（m）

观众厅座位数（座）			≤2500	≤1200
耐火等级			一、二级	三级
疏散部位	门和走道	平坡地面	0.65	0.85
		阶梯地面	0.75	1.00
	楼梯		0.75	1.00

表 5.3.16-2 体育馆每 100 个所需最小疏散净宽度（m）

观众厅座位数档次（座）		3000～5000	5001～10000	10001～20000
疏散部位	门和走道 平坡地面	0.43	0.37	0.32
	阶梯地面	0.50	0.43	0.37
	楼梯	0.50	0.43	0.37

注：表5.3.16-2中较大座位数档次按规定计算的疏散总宽度，不应小于相邻较小座位数档次按其最多座位数计算的疏散总宽度。

见《电影院建筑设计规范》(JGJ 58—2008)。

6.2.3 观众厅疏散门的数量应经计算确定，且不应少于2个，门的净宽度应符合现行国家标准《建筑设计防火规范》GB 50016及《高层民用建筑设计防火规范》GB 50045的规定，且不应小于0.90m。应采用甲级防火门，并应向疏散方向开启。

6.2.5 疏散楼梯应符合下列规定：

2 疏散楼梯踏步宽度不应小于0.28m，踏步高度不应大于0.16m，楼梯最小宽度不得小于1.20m，转折楼梯平台深度不应小于楼梯宽度；直跑楼梯的中间平台深度不应小于1.20m；

3 疏散楼梯不得采用螺旋楼梯和扇形踏步；当踏步上下两级形成的平面角度不超过10°，且每级离扶手0.25m处踏步宽度超过0.22m时，可不受此限；

4 室外疏散梯净宽不应小于1.10m；下行人流不应妨碍地面人流。

6.2.7 观众厅内疏散走道宽度除应符合计算外，还应符合下列规定：

1 中间纵向走道净宽不应小于1.0m；

2 边走道净宽不应小于0.8m；

3 横向走道除排距尺寸以外的通行净宽不应小于1.0m。

见《剧场建筑设计规范》(JGJ 57—2000)。

8.2.2 观众厅出口门、疏散外门及后台疏散门应符合下列规定：

1 应设双扇门，净宽不小于1.40m，向疏散方向开启；

8.2.4 主要疏散楼梯应符合下列规定：

1 踏步宽度不应小于0.28m，踏步高度不应大于0.16m，连续踏步不超过18级，超过18级时，应加设中间休息平台，楼梯平台宽度不应小于梯段宽度，并不得小于1.10m；

2 不得采用螺旋楼梯，采用扇形梯段时，离踏步窄端扶手水平距离0.25m处踏步宽度不应小于 0.22m，宽端扶手处不应大于 0.50m，休息平台窄端不小于 1.20m；

　　3　楼梯应设置坚固、连续的扶手，高度不应低于 0.85m。

　　见《体育建筑设计规范》（JGJ 31—2003）。

8.2.2　体育建筑中人员密集场所走道的设置应符合本规范第 4.3.8 条的规定，其总宽度应通过计算确定。

8.2.3　疏散内门及疏散外门应符合下列要求：

　　1　疏散门的净宽度不应小于 1.4m，并应向疏散方向开启；

　　2　疏散门不得做门槛，在紧靠门口 1.4m 范围内不应设置踏步；

　　3　疏散门应采用推闩外开门，不应采用推拉门，转门不得计入疏散门的总宽度。

8.2.5　疏散楼梯应符合下列要求：

　　1　踏步深度不应小于 0.28m。踏步高度不应大于 0.16m。楼梯最小宽度不得小于 1.2m，转折楼梯平台深度不应小于楼梯宽度。直跑楼梯的中间平台深度不应小于 1.2m；

　　2　不得采用螺旋楼梯和扇形踏步。踏步上下两级形成的平面角度不超过 10°，且每级离扶手 0.25m 处踏步宽度超过 0.22m 时，可不受此限。

4.3.8　看台安全出口和走道应符合下列要求：

　　3　安全出口和走道的有效总宽度均应按不小于表 4.3.8 的规定计算；

　　4　每一安全出口和走道的有效宽度除应符合计算外，还应符合下列规定：

　　1）安全出口宽度不应小于 1.1m，同时出口宽度应为人流股数的倍数，4 股和 4 股以下人流时每股宽按 0.55m 计，大于 4 股人流时每股宽按 0.5m 计；

　　2）主要纵横过道不应小于 1.1m（指走道两边有观众席）；

　　3）次要纵横过道不应小于 0.9m（指走道一边有观众席）；

　　4）活动看台的疏散设计应与固定看台同等对待。

表 4.3.8　疏散宽度指标

观众座位数（个） 宽度指标(m/百人) 耐火等级 疏散部位		室内看台			室外看台		
		3000～5000	5001～10000	10001～20000	20001～40000	40001～60000	60001以上
		一、二级	一、二级	一、二级	一、二级	一、二级	一、二级
门和走道	平坡地面	0.43	0.37	0.32	0.21	0.18	0.16
	阶梯地面	0.50	0.43	0.37	0.25	0.22	0.19
楼梯		0.50	0.43	0.37	0.25	0.22	0.19

注：表中较大座位数档次按规定指标计算出来的总宽度，不应小于相邻较小座位数档次按其最多座位数计算出来的疏散总宽度。

（九）学校、商店、办公楼、候车（船）室、民航候机厅、展览厅、歌舞娱乐放映游艺场所　见《建筑设计防火规范》（GB 50016—2006）。

5.3.17　学校、商店、办公楼、候车（船）室、民航候机厅、展览厅、歌舞娱乐放映游艺场所等民用建筑中的疏散走道、安全出口、疏散楼梯以及房间疏散门的各自总宽度，应按下列规定经计算确定：

　　1　每层疏散走道、安全出口、疏散楼梯以及房间疏散门的每 100 人净宽度不应小于表

5.3.17-1 的规定：当每层人数不等时，疏散楼梯的总宽度可分层计算，地上建筑中下层楼梯的总宽度应按其上层人数最多一层的人数计算；地下建筑中上层楼梯的总宽度应按其下层人数最多一层的人数计算；

2 当人员密集的厅、室以及歌舞娱乐放映游艺场所设置在地下或半地下时，其疏散走道、安全出口、疏散楼梯以及房间疏散门的各自总宽度，应按其通过人数每100人不小于1.0m计算确定；

3 首层外门的总宽度应按该层或该层以上人数最多的一层人数计算确定，不供楼上人员疏散的外门，可按本层人数计算确定；

4 录像厅、放映厅的疏散人数应按该场所的建筑面积 1.0 人/m² 计算确定；其他歌舞娱乐放映游艺场所的疏散人数应按该场所的建筑面积 0.5 人/m² 计算确定；

5 商店的疏散人数应按每层营业厅建筑面积乘以面积折算值和疏散人数换算系数计算。地上商店的面积折算值宜为50％～70％，地下商店的面积折算值不应小于70％。疏散人数的换算系数可按表5.3.17-2确定。

表 5.3.17-1 疏散走道、安全出口、疏散楼梯和房间疏散门每100人的净宽度（m）

楼层位置	耐 火 等 级		
	一、二级	三级	四级
地上一、二层	0.65	0.75	1.00
地上三层	0.75	1.00	—
地上四层及四层以上各层	1.00	1.25	—
与地面出入口地面的高差不超过10m的地下建筑	0.75	—	—
与地面出入口地面的高差超过10m的地下建筑	1.00	—	—

表 5.3.17-2 商店营业厅内的疏散人数换算系数（人/m²）

楼层位置	地下二层	地下一层、地上第一、二层	地上第三层	地上第四层及四层以上各层
换算系数	0.80	0.85	0.77	0.60

见《汽车客运站建筑设计规范》(JGJ 60—1999)。

7.2.3 候车厅安全出口净宽不得小于1.40m；太平门应向疏散方向开启，严禁设锁，不得设门槛。如设踏步应距门线1.40m处起步，如设坡道，坡度不得大于1/12，并应有防滑措施。

见《港口客运站建筑设计规范》(JGJ 86—1992)。

第6.0.5条 底层疏散外门和疏散楼梯的最小宽度不应小于1.40m。疏散外门不应设门槛、门锁，紧靠门口1.40m范围内不应设踏步。如设坡道，其坡度不应大于1/10。

（十）火车站 见《铁路旅客车站建筑设计规范》(GB 50226—2007)。

7.1.5 疏散安全出口、走道和楼梯的净宽度除应符合现行国家标准《建筑设计防火规范》GB 50016 的有关规定外。尚应符合下列要求：

1 站房楼梯净宽度不得小于1.6m；

2 安全出口和走道净宽度不得小于3m。

（十一）殡仪馆 见《殡仪馆建筑设计规范》(JGJ 124—1999)。

7.1.6 悼念厅楼梯和走道的疏散总宽度应分别按每百人不少于0.65m计算。但最小净宽不宜小于1.8m。

7.1.7 悼念厅的疏散内门和疏散外门净宽度不应小于1.4m，并不应设置门槛和踏步。

（十二）疗养院 见《疗养院建筑设计规范》(JGJ 40—1987)。

第3.6.4条 建筑物内人流使用集中的楼梯，其净宽不应小于1.65m。

（十三）文化馆 见《文化馆建筑设计规范》(JGJ 41—1987)。

第4.0.4条 文化馆内走道净宽不应小于表4.0.4的规定。

表4.0.4 走道最小净宽度（m）

部分	双面布房	单面布房
群众活动部分	2.10	1.80
学习辅导部分	1.80	1.50
专业工作部分	1.50	1.20

第4.0.7条 展览厅、舞厅、大游艺室的主要出入口宽度不应小于1.50m。

（十四）汽车库、修车库 见《汽车库、修车库、停车场设计防火规范》(GB 50067—1997)。

6.0.3 汽车库、修车库的室内疏散楼梯应设置封闭楼梯间。建筑高度超过32m的高层汽车库的室内疏散楼梯应设置防烟楼梯间，楼梯间和前室的门应向疏散方向开启。地下汽车库和高层汽车库以及设在高层建筑裙房内的汽车库。其楼梯间、前室的门应采用乙级防火门。

疏散楼梯的宽度不应小于1.1m。

6.0.9 汽车疏散坡道的宽度不应小于4m，双车道不宜小于7m。

（十五）厂房、仓库、设备用房 见《建筑设计防火规范》(GB 50016—2006)。

3.7.5 厂房内的疏散楼梯、走道、门的各自总净宽度应根据疏散人数，按表3.7.5的规定经计算确定。但疏散楼梯的最小净宽度不宜小于1.1m，疏散走道的最小净宽度不宜小于1.4m，门的最小净宽度不宜小于0.9m。当每层人数不相等时，疏散楼梯的总净宽度应分层计算，下层楼梯总净宽度应按该层或该层以上人数最多的一层计算。

首层外门的总宽度应按该层或该层以上人数最多的一层计算，且该门的最小净宽度不应小于1.2m。

表3.7.5 厂房疏散楼梯、走道和门的净宽度指标（m/百人）

厂房层数	一、二层	三层	≥四层
宽度指标	0.6	0.8	1.0

（十六）人防工程 见《人民防空工程设计防火规范》(GB 50098—2009)。

5.1.6 疏散宽度的计算和最小净宽应符合下列规定：

1 每个防火分区安全出口的总宽度，应按该防火分区设计容纳总人数乘以疏散宽度指标计算确定，疏散宽度指标应按下列规定确定：

1）室内地面与室外出入口地坪高差不大于10m的防火分区，疏散宽度指标应为每100人不小于0.75m；

2）室内地面与室外出入口地坪高差大于10m的防火分区，疏散宽度指标应为每100人不小于1.00m；

3）人员密集的厅、室以及歌舞娱乐放映游艺场所，疏散宽度指标应为每100人不小于1.00m；

2 安全出口、疏散楼梯和疏散走道的最小净宽应符合表5.1.6的规定。

表5.1.6 安全出口、疏散楼梯和疏散走道的最小净宽 （m）

工程名称	安全出口和疏散楼梯净宽	疏散走道净宽	
		单面布置房间	双面布置房间
商场、公共娱乐场所、健身体育场所	1.40	1.50	1.60
医院	1.30	1.40	1.50
旅馆、餐厅	1.10	1.20	1.30
车间	1.10	1.20	1.50
其他民用工程	1.10	1.20	—

5.1.7 设置有固定座位的电影院、礼堂等的观众厅，其疏散走道、疏散出口等应符合下列规定：

1 厅内的疏散走道净宽应按通过人数每100人不小于0.80m计算，且不宜小于1.00m；边走道的净宽不应小于0.80m；

2 厅的疏散出口和厅外疏散走道的总宽度，平坡地面应分别按通过人数每100人不小于0.65m计算，阶梯地面应分别按通过人数每100人不小于0.80m计算；疏散出口和疏散走道的净宽均不应小于1.40m；

3 观众厅座位的布置，横走道之间的排数不宜大于20排，纵走道之间每排座位不宜大于22个；当前后排座位的排距不小于0.90m时，每排座位可为44个；只一侧有纵走道时，其座位数应减半；

4 观众厅每个疏散出口的疏散人数平均不应大于250人；

5 观众厅的疏散门，宜采用推闩式外开门。

5.1.8 公共疏散出口处内、外1.40m范围内不应设置踏步．门必须向疏散方向开启，且不应设置门槛。

第四章 建筑防、排烟

第一节 防烟分区

见《建筑设计防火规范》(GB 50016—2006)。

9.4.2 需设置机械排烟设施且室内净高小于等于6.0m的场所应划分防烟分区；每个防烟分区的建筑面积不宜越过500m²，防烟分区不应跨越防火分区。

防烟分区宜采用隔墙、顶棚下凸出不小于500mm的结构梁以及顶棚或吊顶下凸出不小于500mm的不燃烧体等进行分隔。

见《高层民用建筑设计防火规范（2005年版）》(GB 50045—95)。

5.1.6 设置排烟设施的走道、净高不超过6.00m的房间，应采用挡烟垂壁、隔墙或从顶棚下突出不小于0.50m的梁划分防烟分区。

每个防烟分区的建筑面积不宜超过500m²，且防烟分区不应跨越防火分区。

第二节 防排烟设施

一、防排烟设施分类

见《建筑设计防火规范》(GB 50016—2006)。

9.1.1 建筑中的防烟可采用机械加压送风防烟方式或可开启外窗的自然排烟方式。建筑中的排烟可采用机械排烟方式或可开启外窗的自然排烟方式。

见《高层民用建筑设计防火规范（2005年版）》(GB 50045—95)。

8.1.2 高层建筑的排烟设施应分为机械排烟设施和可开启外窗的自然排烟设施。

二、防排烟设施设置

见《建筑设计防火规范》(GB 50016—2006)。

9.1.2 防烟楼梯间及其前室、消防电梯间前室或合用前室应设置防烟设施。

9.1.3 下列场所应设置排烟设施：

1 丙类厂房中建筑面积大于300m²的地上房间；人员、可燃物较多的丙类厂房或高度大于32.0m的高层厂房中长度大于20.0m的内走道；任一层建筑面积大于5000m²的丁类厂房；

2 占地面积大于1000m²的丙类仓库；

3 公共建筑中经常有人停留或可燃物较多，且建筑面积大于300m²的地上房间；长度大于20.0m的内走道；

4 中庭；

5 设置在一、二、三层且房间建筑面积大于200m²或设置在四层及四层以上或地下、半地下的歌舞娱乐放映游艺场所；

6 总建筑面积大于200m²或一个房间建筑面积大于50m²且经常有人停留或可燃物较多的地下、半地下建筑或地下室、半地下室；

7 其他建筑中长度大于40.0m的疏散走道。

9.2.1 下列场所宜设置自然排烟设施：

1 按本规范第9.1.3条规定应设置排烟设施且具备自然排烟条件的场所；

2 除建筑高度超过50m的厂房（仓库）外，按第9.1.2条规定应设置防烟设施且具备自然排烟条件的场所。

9.3.1 下列场所应设置机械加压送风防烟设施：

1 不具备自然排烟条件的防烟楼梯间；

2 不具备自然排烟条件的消防电梯间前室或合用前室；

3 设置自然排烟设施的防烟楼梯间，其不具备自然排烟条件的前室。

9.4.1 设置排烟设施的场所当不具备自然排烟条件时，应设置机械排烟设施。

见《高层民用建筑设计防火规范（2005年版）》(GB 50045—95)。

8.1.3 一类高层建筑和建筑高度超过32m的二类高层建筑的下列部位应设排烟设施：

8.1.3.1 长度超过20m的内走道。

8.1.3.2 面积超过100m²，且经常有人停留或可燃物较多的房间。

8.1.3.3 高层建筑的中庭和经常有人停留或可燃物较多的地下室。

8.2.1 除建筑高度超过50m的一类公共建筑和建筑高度超过100m的居住建筑外，靠外墙的防烟楼梯间及其前室、消防电梯间前室和合用前室，宜采用自然排烟方式。

8.3.1 下列部位应设置独立的机械加压送风的防烟设施：

8.3.1.1 不具备自然排烟条件的防烟楼梯间、消防电梯间前室或合用前室。

8.3.1.2 采用自然排烟措施的防烟楼梯间，其不具备自然排烟条件的前室。

8.3.1.3 封闭避难层（间）。

8.4.1 一类高层建筑和建筑高度超过32m的二类高层建筑的下列部位，应设置机械排烟设施。

8.4.1.1 无直接自然通风，且长度超过20m的内走道或虽有直接自然通风，但长度超过60m的内走道。

8.4.1.2 面积超过100m²，且经常有人停留或可燃物较多的地上无窗房间或设固定窗的房间。

8.4.1.3 不具备自然排烟条件或净空高度超过12m的中庭。

8.4.1.4 除利用窗井等开窗进行自然排烟的房间外，各房间总面积超过200m²或一个房间面积超过50m²，且经常有人停留或可燃物较多的地下室。

三、自然排烟设施

见《建筑设计防火规范》(GB 50016—2006)。

9.2.2 设置自然排烟设施的场所，其自然排烟口的净面积应符合下列规定：

1 防烟楼梯间前室、消防电梯间前室，不应小于2.0m²；合用前室，不应小于3.0m²；

2 靠外墙的防烟楼梯间，每5层内可开启排烟窗的总面积不应小于2.0m²；

3 中庭、剧场舞台，不应小于该中庭、剧场舞台楼地面面积的5％；

4 其他场所，宜取该场所建筑面积的2％～5％。

9.2.3 当防烟楼梯间前室、合用前室采用敞开的阳台、凹廊进行防烟，或前室、合用前室内有不同朝向且开口面积符合本规范第9.2.2条规定的可开启外窗时，该防烟楼梯间可不设置防烟设施。

9.2.4 作为自然排烟的窗口宜设置在房间的外墙上方或屋顶上，并应有方便开启的装置。自然排烟口距该防烟分区最远点的水平距离不应超过30.0m。

见《高层民用建筑设计防火规范（2005年版)》(GB 50045—95)。

8.2.2 采用自然排烟的开窗面积应符合下列规定：

8.2.2.1 防烟楼梯间前室、消防电梯间前室可开启外窗面积不应小于2.00m²，合用前室不应小于3.00m²。

8.2.2.2 靠外墙的防烟楼梯间每五层内可开启外窗总面积之和不应小于2.00m²。

8.2.2.3 长度不超过60m的内走道可开启外窗面积不应小于走道面积的2％。

8.2.2.4 需要排烟的房间可开启外窗面积不应小于该房间面积的2％。

8.2.2.5 净空高度小于12m的中庭可开启的天窗或高侧窗的面积不应小于该中庭地面积的5％。

8.2.3 防烟楼梯间前室或合用前室，利用敞开的阳台、凹廊或前室内有不同朝向的可开启外窗自然排烟时，该楼梯间可不设防烟设施。

8.2.4 排烟窗宜设置在上方，并应有方便开启的装置。

四、机械防烟设施

见《建筑设计防火规范》(GB 50016—2006)。

9.3.2 机械加压送风防烟系统的加压送风量应经计算确定。当计算结果与表9.3.2的规定不一致时，应采用较大值。

表9.3.2 最小机械加压送风量

条件和部位		加压送风量(m³/h)
前室不送风的防烟楼梯间		25000
防烟楼梯间及其合用前室分别加压送风	防烟楼梯间	16000
	合用前室	13000
消防电梯间前室		15000
防烟楼梯间采用自然排烟，前室或合用前室加压送风		22000

注：表内风量数值系按开启宽×高=1.5m×2.1m的双扇门为基础的计算值。当采用单扇门时，其风量宜按表列数值乘以0.75确定；当前室有2个或2个以上门时，其风量应按表列数值乘以1.50～1.75确定。开启门时，通过门的风速不应小于0.70m/s。

9.3.3 防烟楼梯间内机械加压送风防烟系统的余压值应为40～50Pa；前室、合用前室应为25～30Pa。

9.3.4 防烟楼梯间和合用前室的机械加压送风防烟系统宜分别独立设置。

9.3.5 防烟楼梯间的前室或合用前室的加压送风口应每层设置 1 个。防烟楼梯间的加压送风口宜每隔 2~3 层设置 1 个。

9.3.6 机械加压送风防烟系统中送风口的风速不宜大于 7.0m/s。

9.3.7 高层厂房（仓库）的机械防烟系统的其他设计要求应按现行国家标准《高层民用建筑设计防火规范》GB50045 的有关规定执行。

见《高层民用建筑设计防火规范（2005 年版）》(GB 50045—95)。

8.3.2 高层建筑防烟楼梯间及其前室、合用前室和消防电梯间前室的机械加压送风量应由计算确定，或按表 8.3.2-1 至表 8.3.2-4 的规定确定。当计算值和本表不一致时，应按两者中较大值确定。

表 8.3.2-1 防烟楼梯间（前室不送风）的加压送风量

系统负担层数	加压送风量（m³/h）
<20 层	25000~30000
20 层~32 层	35000~40000

表 8.3.2-2 防烟楼梯间及其合用前室的分别加压送风量

系统负担层数	送风部位	加压送风量(m³/h)
<20 层	防烟楼梯间	16000~20000
	合用前室	12000~16000
20 层~32 层	防烟楼梯间	20000~25000
	合用前室	18000~22000

表 8.3.2-3 消防电梯间前室的加压送风量

系统负担层数	加压送风量（m³/h）
<20 层	15000~20000
20 层~32 层	22000~27000

表 8.3.2-4 防烟楼梯间采用自然排烟，前室或合用前室不具备自然排烟条件时的送风量

系统负担层数	加压送风量（m³/h）
<20 层	22000~27000
20 层~32 层	28000~32000

注：① 表 8.3.2-1 至表 8.3.2-4 的风量按开启 2.00m×1.60m 的双扇门确定。当采用单扇门时，其风量可乘以 0.75 系数计算；当有两个或两个以上出入口时，其风量应乘以 1.50~1.75 系数计算。开启时，通过门的风速不宜小于 0.70m/s。

② 风量上下限选取应按层数、风道材料、防火门漏风量等因素综合比较确定。

8.3.3 层数超过三十二层的高层建筑，其送风系统及送风量应分段设计。

8.3.4 剪刀楼梯间可合用一个风道，其风量应按二个楼梯间风量计算，送风口应分别设置。

8.3.5 封闭避难层（间）的机械加压送风量应按避难层净面积每平方米不小于 30m³/h

计算。

8.3.6　机械加压送风的防烟楼梯间和合用前室，宜分别独立设置送风系统，当必须共用一个系统时，应在通向合用前室的支风管上设置压差自动调节装置。

8.3.7*　机械加压送风机的全压，除计算最不利环管道压头损失外，尚应有余压。其余压值应符合下列要求：

8.3.7.1　防烟楼梯间为 40Pa 至 50Pa。

8.3.7.2　前室、合用前室、消防电梯前室、封闭避难层（间）为 25Pa 至 30Pa。

8.3.8　楼梯间宜每隔二至三层设一个加压送风口；前室的加压送风口应每层设一个。

8.3.9　机械加压送风机可采用轴流风机或中、低压离心风机，风机位置应根据供电条件、风量分配均衡、新风入口不受火、烟威胁等因素确定。

五、机械排烟设施

见《建筑设计防火规范》（GB 50016—2006）。

9.4.3　机械排烟系统的设置应符合下列规定：

1　横向宜按防火分区设置；

2　竖向穿越防火分区时。垂直排烟管道宜设置在管井内；

3　穿越防火分区的排烟管道应在穿越处设置排烟防火阀。排烟防火阀应符合现行国家标准《排烟防火阀的试验方法》GB 15931 的有关规定。

9.4.4　在地下建筑和地上密闭场所中设置机械排烟系统时，应同时设置补风系统。当设置机械补风系统时，其补风量不宜小于排烟量的 50%。

9.4.5　机械排烟系统的排烟量不应小于表 9.4.5 的规定。

表 9.4.5　机械排烟系统的最小排烟量

条件和部位		单位排烟量（m³/h·m²）	换气次数（次/h）	备　注
担负 1 个防烟分区		60	—	单台风机排烟量不应小于 7200m³/h
室内净高大于 6.0m 且不划分防烟分区的空间				
担负 2 个及 2 个以上防烟分区		120	—	应按最大的防烟分区面积确定
中庭	体积小于等于 17000m³	—	6	体积大于 17000m³ 时，排烟量不应小于 102000m³/h
	体积大于 17000m³	—	4	

9.4.6　机械排烟系统中的排烟口、排烟阀和排烟防火阀的设置应符合下列规定：

1　排烟口或排烟阀应按防烟分区设置。排烟口或排烟阀应与排烟风机连锁，当任一排烟口或排烟阀开启时，排烟风机应能自行启动；

2　排烟口或排烟阀平时为关闭时，应设置手动和自动开启装置；

3　排烟口应设置在顶棚或靠近顶棚的墙面上，且与附近安全出口沿走道方向相邻边缘之间的最小水平距离不应小于 1.50m。设在顶棚上的排烟口，距可燃构件或可燃物的距离不应小于 1.00m。

4　设置机械排烟系统的地下、半地下场所，除歌舞娱乐放映游艺场所和建筑面积大于 50m² 的房间外，排烟口可设置在疏散走道；

5　防烟分区内的排烟口距最远点的水平距离不应超过 30.0m；排烟支管上应设置当烟气温

度超过 280℃ 时能自行关闭的排烟防火阀；

6　排烟口的风速不宜大于 10.0m/s。

9.4.7　机械加压送风防烟系统和排烟补风系统的室外进风口宜布置在室外排烟口的下方，且高差不宜小于 3.0m；当水平布置时，水平距离不宜小于 10.0m。

9.4.8　排烟风机的设置应符合下列规定：

1　排烟风机的全压应满足排烟系统最不利环路的要求，其排烟量应考虑 10%～20% 的漏风量；

2　排烟风机可采用离心风机或排烟专用的轴流风机；

3　排烟风机应能在 280℃ 的环境条件下连续工作不少于 30min；

4　在排烟风机入口处的总管上应设置当烟气温度超过 280℃ 时能自行关闭的排烟防火阀，该阀应与排烟风机连锁，当该阀关闭时，排烟风机应能停止运转。

9.4.9　当排烟风机及系统中设置有软接头时，该软接头应能在 280℃ 的环境条件下连续工作不少于 30min。排烟风机和用于排烟补风的送风风机宜设置在通风机房内。

见《高层民用建筑设计防火规范（2005 年版）》(GB 50045—95)。

8.4.2　设置机械排烟设施的部位，其排烟风机的风量应符合下列规定：

8.4.2.1　担负一个防烟分区排烟或净空高度大于 6.00m 的不划防烟分区的房间时，应按每平方米面积不小于 60m³/h 计算（单台风机最小排烟量不应小于 7200m³/h）。

8.4.2.2　担负两个或两个以上防烟分区排烟时，应按最大防烟分区面积每平方米不小于 120m³/h 计算。

8.4.2.3　中庭体积小于或等于 17000m³ 时，其排烟量按其体积的 6 次/h 换气计算；中庭体积大于 17000m³ 时，其排烟量按其体积的 4 次/h 换气计算，但最小排烟量不应小于 102000m³/h。

8.4.3*　带裙房的高层建筑防烟楼梯间及其前室，消防电梯间前室或合用前室，当裙房以上部分利用可开启外窗进行自然排烟，裙房部分不具备自然排烟条件时，其前室或合用前室应设置局部正压送风系统，正压值应符合 8.3.7 条的规定。

8.4.4*　排烟口应设在顶棚上或靠近顶棚的墙面上，且与附近安全出口沿走道方向相邻边缘之间的最小水平距离不应小于 1.50m。设在顶棚上的排烟口，距可燃构件或可燃物的距离不应小于 1.00m。排烟口平时应关闭，并应设有手动和自动开启装置。

8.4.5　防烟分区内的排烟口距最远点的水平距离不应超过 30m。在排烟支管上应设有当烟气温度超过 280℃ 时能自行关闭的排烟防火阀。

8.4.6　走道的机械排烟系统宜竖向设置；房间的机械排烟系统宜按防烟分区设置。

8.4.7　排烟风机可采用离心风机或采用排烟轴流风机，并应在其机房入口处设有当烟气温度超过 280℃ 时能自动关闭的排烟防火阀。排烟风机应保证在 280℃ 时连续工作 30min。

8.4.8　机械排烟系统中，当任一排烟口或排烟阀开启时，排烟风机应能自行启动。

8.4.9　排烟管道必须采用不燃材料制作。安装在吊顶内的排烟管道，其隔热层应采用不燃烧材料制作，并应与可燃物保持不小于 150mm 的距离。

8.4.10　机械排烟系统与通风、空气调节系统宜分开设置。若合用时，必须采取可靠的防火安全措施，并应符合排烟系统要求。

8.4.11　设置机械排烟的地下室，应同时设置送风系统，且送风量不宜小于排烟量的 50%。

8.4.12　排烟风机的全压应按排烟系统最不利环管道进行计算，其排烟量应增加漏风系数。

第五章 建筑防、排水

第一节 地下工程防水

一、防水设计要求及内容

见《地下工程防水技术规范》(GB 50108—2008)。

3.1.4 地下工程迎水面主体结构应采用防水混凝土。并应根据防水等级的要求采取其他防水措施。

3.1.5 地下工程的变形缝（诱导缝）、施工缝、后浇带、穿墙管（盒）、预埋件、预留通道接头、桩头等细部构造，应加强防水措施。

3.1.6 地下工程的排水管沟、地漏、出入口、窗井、风井等，应采取防倒灌措施；寒冷及严寒地区的排水沟应采取防冻措施。

3.1.8 地下工程防水设计，应包括下列内容：

1 防水等级和设防要求；

2 防水混凝土的抗渗等级和其他技术指标、质量保证措施；

3 其他防水层选用的材料及其技术指标、质量保证措施；

4 工程细部构造的防水措施，选用的材料及其技术指标、质量保证措施；

5 工程的防排水系统、地面挡水、截水系统及工程各种洞口的防倒灌措施。

二、防水等级和适用范围

见《地下工程防水技术规范》(GB 50108—2008)。

3.2.1 地下工程的防水等级应分为四级，各等级防水标准应符合表3.2.1的规定。

表 3.2.1 地下工程防水标准

防水等级	防水标准
一级	不允许渗水，结构表面无湿渍
二级	不允许漏水，结构表面可有少量湿渍； 工业与民用建筑：总湿渍面积不应大于总防水面积（包括顶板、墙面、地面）的1/1000；任意100m² 防水面积上的湿渍不超过2处.单个湿渍的最大面积不大于0.1m²； 其他地下工程：总湿渍面积不应大于总防水面积的2/1000；任意100m² 防水面积上的湿渍不超过3处.单个湿渍的最大面积不大于0.2m²；其中，隧道工程还要求平均渗水量不大于0.05L/(m²·d),任意100m² 防水面积上的渗水量不大于0.15L/(m²·d)

续表

防水等级	防水标准
三级	有少量漏水点,不得有线流和漏泥砂; 任意100m² 防水面积上的漏水或湿渍点数不超过 7 处,单个漏水点的最大漏水量不大于 2.5L/d,单个湿渍的最大面积不大于 0.3m²
四级	有漏水点,不得有线流和漏泥砂; 整个工程平均漏水量不大于 2L/(m²·d);任意100m² 防水面积上的平均漏水量不大于 4L/(m²·d)

3.2.2 地下工程不同防水等级的适用范围,应根据工程的重要性和使用中对防水的要求按表 3.2.2 选定。

表 3.2.2 不同防水等级的适用范围

防水等级	适 用 范 围
一级	人员长期停留的场所;因有少量湿渍会使物品变质、失效的贮物场所及严重影响设备正常运转和危及工程安全运营的部位;极重要的战备工程、地铁车站
二级	人员经常活动的场所;在有少量湿渍的情况下不会使物品变质、失效的贮物场所及基本不影响设备正常运转和工程安全运营的部位;重要的战备工程
三级	人员临时活动的场所;一般战备工程
四级	对渗漏水无严格要求的工程

三、防水设防要求

见《地下工程防水技术规范》(GB 50108—2008)。

3.3.1 地下工程的防水设防要求,应根据使用功能、使用年限、水文地质、结构形式、环境条件、施工方法及材料性能等因素确定。

1 明挖法地下工程的防水设防要求应按表 3.3.1-1 选用;

2 暗挖法地下工程的防水设防要求应按表 3.3.1-2 选用。

表 3.3.1-1 明挖法地下工程防水设防要求

工程部位		主体结构						施工缝							后浇带				变形缝(诱导缝)					
防水措施		防水混凝土	防水卷材	防水涂料	塑料防水板	膨润土防水材料	防水砂浆	金属防水板	遇水膨胀止水条(胶)	外贴式止水带	中埋式止水带	外抹防水砂浆	外涂防水涂料	水泥基渗透结晶型防水涂料	预埋注浆管	补偿收缩混凝土	外贴式止水带	预埋注浆管	遇水膨胀止水条(胶)	防水密封材料	中埋式止水带	外贴式止水带	可卸式止水带	防水密封材料	外贴防水卷材	外涂防水涂料
防水等级	一级	应选	应选一至二种						应选二种						应选	应选二种			应选	应选一至二种				
	二级	应选	应选一种						应选一至二种						应选	应选一至二种			应选	应选一至二种				
	三级	应选	宜选一种						宜选一至二种						应选	宜选一至二种			应选	宜选一至二种				
	四级	宜选	—						宜选一种						应选	宜选一种			应选	宜选一种				

表 3.3.1-2　暗挖法地下工程防水设防要求

工程部位		衬砌结构						内衬砌施工缝						内衬砌变形缝（诱导缝）				
防水措施		防水混凝土	塑料防水板	防水砂浆	防水涂料	防水卷材	金属防水层	外贴式止水带	预埋注浆管	遇水膨胀止水条（胶）	防水密封材料	中埋式止水带	水泥基渗透结晶型防水涂料	中埋式止水带	外贴式止水带	可卸式止水带	防水密封材料	遇水膨胀止水条（胶）
防水等级	一级	必选	应选一至二种					应选一至二种						应选	应选一至二种			
	二级	应选	应选一种					应选一种						应选	应选一种			
	三级	宜选	宜选一种					宜选一种						应选	宜选一种			
	四级	宜选	宜选一种					宜选一种						应选	宜选一种			

3.3.2　处于侵蚀性介质中的工程，应采用耐侵蚀的防水混凝土、防水砂浆、防水卷材或防水涂料等防水材料。

3.3.4　结构刚度较差或受振动作用的工程，宜采用延伸率较大的卷材、涂料等柔性防水材料。

第二节　地面排水

见《城市居住区规划设计规范（2002 年版）》(GB 50180—93)。

同本书第二章第二节相关内容。

见《民用建筑设计通则》(GB 50352—2005)。

同本书第二章第二节相关内容。

第三节　屋面防、排水

一、屋面防水

见《屋面工程技术规范》(GB 50345—2012)。

3.0.5　屋面防水工程应根据建筑物的类别、重要程度、使用功能要求确定防水等级，并应按相应等级进行防水设防；对防水有特殊要求的建筑屋面，应进行专项防水设计。屋面防水等级和设防要求应符合表 3.0.5 的规定。

4.1.2　屋面防水层设计应采取下列技术措施：

1　卷材防水层易拉裂部位，宜选用空铺、点粘、条粘或机械固定等施工方法；

2　结构易发生较大变形、易渗漏和损坏的部位，应设置卷材或涂膜附加层；

表 3.0.5　屋面防水等级和设防要求

防水等级	建筑类别	设防要求
Ⅰ级	重要建筑和高层建筑	两道防水设防
Ⅱ级	一般建筑	一道防水设防

　　3　在坡度较大和垂直面上粘贴防水卷材时，宜采用机械固定和对固定点进行密封的方法；

　　4　卷材或涂膜防水层上应设置保护层；

　　5　在刚性保护层与卷材、涂膜防水层之间应设置隔离层。

二、屋面排水

　　见《民用建筑设计通则》(GB 50352—2005)。

　　6.13.2　屋面排水坡度应根据屋顶结构形式，屋面基层类别，防水构造形式，材料性能及当地气候等条件确定，并应符合表 6.13.2 的规定。

表 6.13.2　屋面的排水坡度

屋面类别	屋面排水坡度（%）
卷材防水、刚性防水的平屋面	2～5
平瓦	20～50
波形瓦	10～50
油毡瓦	≥20
网架、悬索结构金属板	≥4
压型钢板	5～35
种植土屋面	1～3

　　注：1　平屋面采用结构找坡不应小于 3%，采用材料找坡宜为 2%；

　　2　卷材屋面的坡度不宜大于 25%，当坡度大于 25% 时应采取固定和防止滑落的措施；

　　3　卷材防水屋面天沟、檐沟纵向坡度不应小于 1%，沟底水落差不得超过 200mm。天沟、檐沟排水不得流经变形缝和防火墙；

　　4　平瓦必须铺置牢固，地震设防地区或坡度大于 50% 的屋面，应采取固定加强措施；

　　5　架空隔热屋面坡度不宜大于 5%，种植屋面坡度不宜大于 3%。

　　6.13.3　屋面构造应符合下列要求：

　　2　屋面排水宜优先采用外排水；高层建筑、多跨及集水面积较大的屋面宜采用内排水；屋面水落管的数量、管径应通过验（计）算确定；

　　见《屋面工程技术规范》(GB 50345—2012)。

　　4.2.2　屋面排水方式可分为有组织排水和无组织排水。有组织排水时，宜采用雨水收集系统。

　　4.2.3　高层建筑屋面宜采用内排水；多层建筑屋面宜采用有组织外排水；低层建筑及檐高小于 10m 的屋面，可采用无组织排水。多跨及汇水面积较大的屋面宜采用天沟排水，天沟找坡较长时，宜采用中间内排水和两端外排水。

4.2.5 屋面应适当划分排水区域，排水路线应简捷，排水应通畅。

4.2.6 采用重力式排水时，屋面每个汇水面积内，雨水排水立管不宜少于2根；水落口和水落管的位置，应根据建筑物的造型要求和屋面汇水情况等因素确定。

4.2.7 高跨屋面为无组织排水时，其低跨屋面受水冲刷的部位应加铺一层卷材，并应设40～50mm厚、300～500mm宽的C20细石混凝土保护层；高跨屋面为有组织排水时，水落管下应加设水簸箕。

4.2.8 暴雨强度较大地区的大型屋面，宜采用虹吸式屋面雨水排水系统。

4.2.9 严寒地区应采用内排水，寒冷地区宜采用内排水。

4.2.10 湿陷性黄土地区宜采用有组织排水，并应将雨雪水直接排至排水管网。

4.2.11 檐沟、天沟的过水断面，应根据屋面汇水面积的雨水流量经计算确定。钢筋混凝土檐沟、天沟净宽不应小于300mm，分水线处最小深度不应小于100mm；沟内纵向坡度不应小于1%，沟底水落差不得超过200mm；檐沟、天沟排水不得流经变形缝和防火墙。

4.2.12 金属檐沟、天沟的纵向坡度宜为0.5%。

4.2.13 坡屋面檐口宜采用有组织排水，檐沟和水落斗可采用金属或塑料成品。

第四节 外墙防水

见《建筑外墙防水工程技术规程》(JGJ/T 235—2011)。

5.1 一般规定

5.1.1 建筑外墙整体防水设计应包括下列内容：

1 外墙防水工程的构造；

2 防水层材料的选择；

3 节点的密封防水构造。

5.1.2 建筑外墙节点构造防水设计应包括门窗洞口、雨篷、阳台、变形缝、伸出外墙管道、女儿墙压顶、外墙预埋件、预制构件等交接部位的防水设防。

5.1.3 建筑外墙的防水层应设置在迎水面。

5.1.4 不同结构材料的交接处应采用每边不少于150mm的耐碱玻璃纤维网布或热镀锌电焊网作抗裂增强处理。

5.1.5 外墙相关构造层之间应粘结牢固，并宜进行界面处理。界面处理材料的种类和做法应根据构造层材料确定。

5.1.6 建筑外墙防水材料应根据工程所在地区的气候环境特点选用。

5.2 整体防水层设计

5.2.1 无外保温外墙的整体防水层设计应符合下列规定：

1 采用涂料饰面时，防水层应设在找平层和涂料饰面层之间（图5.2.1-1），防水层宜采用聚合物水泥防水砂浆或普通防水砂浆；

2 采用块材饰面时，防水层应设在找平层和块材粘结层之间（图5.2.1-2），防水层宜采用聚合物水泥防水砂浆或普通防水砂浆；

3 采用幕墙饰面时，防水层应设在找平层和幕墙饰面之间（图5.2.1-3），防水层宜采用聚合物水泥防水砂浆、普通防水砂浆、聚合物水泥防水涂料、聚合物乳液防水涂料或聚氨酯防水涂料。

5.2.2 外保温外墙的整体防水层设计应符合下列规定：

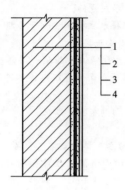

图 5.2.1-1　涂料饰面外墙整体防水构造
1—结构墙体；2—找平层；
3—防水层；4—涂料面层

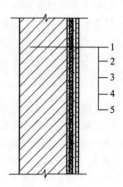

图 5.2.1-2　块材饰面外墙整体防水构造
1—结构墙体；2—找平层；3—防水层；
4—粘结层；5—块材饰面层

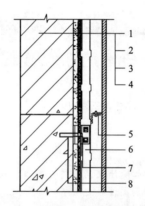

图 5.2.1-3　幕墙饰面外墙整体防水构造
1—结构墙体；2—找平层；3—防水层；4—面板；
5—挂件；6—竖向龙骨；7—连接件；8—锚栓

　　1　采用涂料或块材饰面时，防水层宜设在保温层和墙体基层之间，防水层可采用聚合物水泥防水砂浆或普通防水砂浆（图 5.2.2-1）；

　　2　采用幕墙饰面时，设在找平层上的防水层宜采用聚合物水泥防水砂浆、普通防水砂浆、聚合物水泥防水涂料、聚合物乳液防水涂料或聚氨酯防水涂料；当外墙保温层选用矿物棉保温材料时，防水层宜采用防水透气膜（图 5.2.2-2）。

　　5.2.3　砂浆防水层中可增设耐碱玻璃纤维网布或热镀锌电焊网增强，并宜用锚栓固定于结构墙体中。

　　5.2.4　防水层最小厚度应符合表 5.2.4 的规定。

　　5.2.5　砂浆防水层宜留分格缝，分格缝宜设置在墙体结构不同材料交接处。水平分格缝宜与窗口上沿或下沿平齐；垂直分格缝间距不宜大于 6m，且宜与门、窗框两边线对齐。分格缝宽宜为 8mm～10mm，缝内应采用密封材料作密封处理。

　　5.2.6　外墙防水层应与地下墙体防水层搭接。

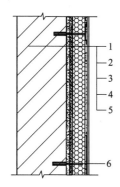

图 5.2.2-1 涂料或块材饰面外保温
外墙整体防水构造

1—结构墙体；2—找平层，3—防水层；
4—保温层；5—饰面层；6—锚栓

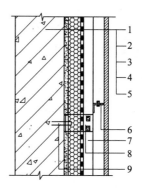

图 5.2.2-2 幕墙饰面外保温外墙整体防水构造

1—结构墙体；2—找平层；3—保温层；
4—防水透气膜；5—面板；6—挂件；
7—竖向龙骨；8—连接件；9—锚栓

表 5.2.4 防水层最小厚度 (mm)

墙体基层种类	饰面层种类	聚合物水泥防水砂浆		普通防水砂浆	防水涂料
		干粉类	乳液类		
现浇混凝土	涂料				1.0
	面砖	3	5	8	—
	幕墙				1.0
砌体	涂料				1.2
	面砖	5	8	10	—
	干挂幕墙				1.2

第五节 幕墙防水

见《玻璃幕墙工程技术规范》(JGJ 102—2003)。

4.2.2 玻璃幕墙的抗风压、气密、水密、保温、隔声等性能分级．应符合现行国家标准《建筑幕墙物理性能分级》GB/T 15225 的规定。

4.2.5 玻璃幕墙的水密性能可按下列方法设计：

1 受热带风暴和台风袭击的地区．水密性设计取值可按下式计算，且固定部分取值不宜小于 1000Pa；

$$P = 1000\mu_x \mu_s W_0 \qquad (4.2.5)$$

式中 P——水密性设计取值 (Pa)；

W_0——基本风压 (kN/m²)；

μ_x——风压高度变化系数；

μ_s——体型系数，可取 1.2。

2 其他地区，水密性可按第 1 款计算值的 75% 进行设计，且固定部分取值不宜低于 700Pa；

3 可开启部分水密性等级宜与固定部分相同。

见《建筑幕墙物理性能分级》(GB/T 15225—1994)。

3.3 雨水渗漏性能分级

表 3

性能	计量单位		分　级				
			I	II	III	IV	V
雨水渗漏性	Pa	可开部分	≥500	<500, ≥350	<350, ≥250	<250, ≥150	<150, ≥100
		固定部分	≥2500	<2500, ≥1600	<1600, ≥1000	<1000, ≥700	<700, ≥500

见《金属与石材幕墙工程技术规范》(JGJ 133—2001)。

4.2.4 幕墙在风荷载标准值除以阵风系数后的风荷载值作用下，不应发生雨水渗漏。其雨水渗漏性能应符合设计要求。

4.3.1 幕墙的防雨水渗漏设计应符合下列规定：

1 幕墙构架的立柱与横梁的截面形式宜按等压原理设计。

2 单元幕墙或明框幕墙应有泄水孔。有霜冻的地区，应采用室内排水装置；无霜冻地区，排水装置可设在室外，但应有防风装置。石材幕墙的外表面不宜有排水管。

3 采用无硅酮耐候密封胶设计时，必须有可靠的防风雨措施。

第六节　住宅防水防潮

见《住宅建筑规范》(GB 50368—2005)。

7.3.1 住宅的屋面、外墙、外窗应能防止雨水和冰雪融化水侵入室内。

7.3.2 住宅屋面和外墙的内表面在室内温、湿度设计条件下不应出现结露。

见《住宅设计规范》(GB 50096—2011)。

7.4.1 住宅的屋面、地面、外墙、外窗应能防止雨水和冰雪融化水侵入室内。

7.4.2 住宅的屋面和外墙的内表面在室内温度、湿度设计条件下不应出现结露。

第六章 建筑防雷

第一节　防雷分类

见《建筑物防雷设计规范》(GB 50057—2010)。

3.0.1　建筑物应根据其重要性、使用性质、发生雷电事故的可能性和后果，按防雷要求分为三类。

3.0.2　在可能发生对地闪击的地区，遇下列情况之一时，应划为第一类防雷建筑物：

1　凡制造、使用或贮存火炸药及其制品的危险建筑物，因电火花而引起爆炸、爆轰，会造成巨大破坏和人身伤亡者。

2　具有0区或20区爆炸危险场所的建筑物。

3　具有1区或21区爆炸危险场所的建筑物，因电火花而引起爆炸，会造成巨大破坏和人身伤亡者。

3.0.3　在可能发生对地闪出的地区，遇下列情况之一时，应划为第二类防雷建筑物：

1　国家级重点文物保护的建筑物。

2　国家级的会堂、办公建筑物、大型展览和博览建筑物、大型火车站和飞机场、国宾馆，国家级档案馆、大型城市的重要给水水泵房等特别重要的建筑物。

注：飞机场不含停放飞机的露天场所和跑道。

3　国家级计算中心、国际通讯枢纽等对国民经济有重要意义的建筑物。

4　国家特级和甲级大型体育馆。

5　制造、使用或贮存火炸药及其制品的危险建筑物，且电火花不易引起爆炸或不致造成巨大破坏和人身伤亡者。

6　具有1区或21区爆炸危险场所的建筑物，且电火花不易引起爆炸或不致造成巨大破坏和人身伤亡者。

7　具有2区或22区爆炸危险场所的建筑物。

8　有爆炸危险的露天钢质封闭气罐。

9　预计雷击次数大于0.05次/a的部、省级办公建筑物和其他重要或人员密集的公共建筑物以及火灾危险场所。

10　预计雷击次数大于0.25次/a的住宅、办公楼等一般性民用建筑物或一般性工业建筑物。

注：预计雷击次数应按本规范附录A计算。

3.0.4　在可能发生对地闪击的地区，遇下列情况之一时，应划为第三类防雷建筑物：

1　省级重点文物保护的建筑物及省级档案馆。

2　预计雷击次数大于或等于0.01次/a且小于或等于0.05次/a的部、省级办公建筑物和其他重要或人员密集的公共建筑物以及火灾危险场所。

3 预计雷击次数大于或等于 0.05 次/a 且小于或等于 0.25 次/a 的住宅、办公楼等一般性民用建筑物或一般性工业建筑物。

4 在平均雷暴日大于 15d/a 的地区，高度在 15m 及以上的烟囱、水塔等孤立的高耸建筑物；在平均雷暴日小于或等于 15d/a 的地区，高度在 20m 及以上的烟囱、水塔等孤立的高耸建筑物。

附录A 建筑物年预计雷击次数

A.0.1 建筑物年预计雷击次数应按下式计算：

$$N = k \times N_g \times A_c \tag{A.0.1}$$

式中：N——建筑物年预计雷击次数（次/a）；

k——校正系数，在一般情况下取 1，在下列情况下取相应数值：位于河边、湖边、山坡下或山地中土壤电阻率较小处、地下水露头处、土山顶部、山谷风口等处的建筑物，以及特别潮湿的建筑物取 1.5；金属屋面没有接地的砖木结构建筑物取 1.7；位于山顶上或旷野的孤立建筑物取 2；

N_g——建筑物所处地区雷击大地的年平均密度（次/km²/a）；

A_c——与建筑物截收相同雷击次数的等效面积（km²）。

A.0.2 雷击大地的年平均密度，首先应按当地气象台、站资料确定；若无此资料，可按下式计算。

$$N_g = 0.1 \times T_d \quad （次/km^2/a） \tag{A.0.2}$$

式中：T_d——年平均雷暴日，根据当地气象台、站资料确定（d/a）。

A.0.3 与建筑物截收相同雷击次数的等效面积应为其实际平面积向外扩大后的面积。其计算方法应符合下列规定。

1 当建筑物的高小于 100m 时，其每边的扩大宽度和等效面积应按下列公式计算（图 A）。

$$D = \sqrt{H(200-H)}$$

$$Ae = [LW + 2(L+W)\sqrt{H(200-H)} + \pi H(200-H)] \cdot 10^{-6}$$

式中： D——建筑物每边的扩大宽度（m）；

L、W、H——分别为建筑物的长、宽、高（m）。

2 当建筑物的高小于 100m，同时其周边在 2D 范围内有等高或比它低的其他建筑物，这些建筑物不在所考虑建筑物以 $h_r=100$（m）的保护范围内时，按公式（A.0.3-2）算出的 A_c 可减去 $(D/2) \times$（这些建筑物与所考虑建筑物边长平行以米计的长度总和）$\times 10^{-6}$（km²）。

当四周在 2D 范围内都有等高或比它低的其他建筑物时，其等效面积可按下式计算。

$$Ae = [LW + (L+W)\sqrt{H(200-H)} + \frac{\pi H(200-H)}{2}] \cdot 10^{-6}$$

3 当建筑物的高小于 100m，同时其周边在 2D 范围内有比它高的其他建筑物时，按公式（A.0.3-2）算出的等效面积可减去 $D \times$（这些建筑物与所考虑建筑物边长平行以米计的长度总和）$\times 10^{-6}$（km²）。

当四周在 2D 范围内都有比它高的其他建筑物时，其等效面积可按下式计算。

$$A_c = LW \times 10^{-6} （km^2） \tag{A.0.3-4}$$

4 当建筑物的高等于或大于 100m 时，其每边的扩大宽度应按等于建筑物的高计算；建筑物的等效面积应按下式计算。

$$Ae = [LW + 2H(L+W)\pi H^2] \cdot 10^{-6} \tag{A.0.3-5}$$

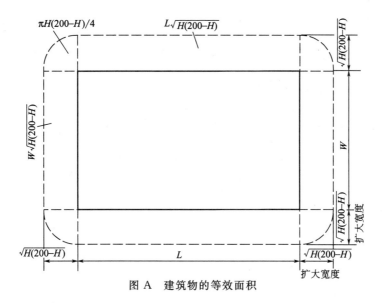

图 A　建筑物的等效面积

5　当建筑物的高等于或大于 100m，同时其周边在 2H 范围内有等高或比它低的其他建筑物，这些建筑物不在所考虑建筑物以滚球半径等于建筑物高（m）的保护范围内时，按公式（A.0.3-5）算出的等效面积可减去（H/2）×（这些建筑物与所考虑建筑物边长平行以米计的长度总和）×10⁻⁶（km²）。

当四周在 2H 范围内都有等高或比它低的其他建筑物时，其等效面积可按下式计算。

$$Ae=\left[LW+H(L+W)+\frac{\pi H^2}{4}\right]\cdot 10^{-6} \qquad (A.0.3-6)$$

6　当建筑物的高等于或大于 100m，同时其周边在 2H 范围内有比它高的其他建筑物时，按公式（A.0.3-5）算出的等效面积可减去 H×（这些建筑物与所考虑建筑物边长平行以米计的长度总和）×10⁻⁶（km²）。

当四周在 2H 范围内都有比它高的其他建筑物时，其等效面积可按公式（A.0.3-4）计算。

7　当建筑物各部位的高不同时，应沿建筑物周边逐点算出最大扩大宽度，其等效面积应按每点最大扩大宽度外端的连接线所包围的面积计算。

见《民用建筑电气设计规范》(JGJ 16—2008)。

11.2　建筑物的防雷分类

11.2.1　建筑物应根据其重要性、使用性质、发生雷电事故的可能性及后果，按防雷要求进行分类。

11.2.2　根据国标《建筑物防雷设计规范》对建筑物的防雷分类规定，民用建筑中无第一类防雷建筑物，其分类则应分为第二类及第三类防雷建筑物。在雷电活动频繁或强雷区，可适当提高建筑物的防雷保护措施。

11.2.3　符合下列情况之一时，应划为第二类防雷建筑物：

1　高度超过 100m 的建筑物。

2　国家级重点文物保护建筑物。

3　国家级的会堂、办公建筑物、档案馆、大型博展建筑物；特大型、大型铁路旅客站；国际性的航空港、通讯枢纽；国宾馆、大型旅游建筑；国际港口客运站。

4 国家级计算中心、国家级通信枢纽等对国民经济有重要意义且装有大量电子设备的建筑物。

5 年预计雷击次数大于0.06次的部、省级办公建筑及其他重要或人员密集的公共建筑物。

6 年预计雷击次数大于0.3次的住宅、办公楼等一般民用建筑物。

注：建筑物年预计雷击次数计算见附录B.2。

11.2.4 符合下列情况之一时，应划为第三类防雷建筑：

1 省级重点文物保护建筑物及省级档案馆。

2 省级及以上大型计算中心和装有重要电子设备的建筑物。

3 19层及以上的住宅建筑和高度超过50m的其他民用建筑物。

4 年预计雷击次数大于0.012次，且小于或等于0.06次的部、省级办公建筑及其他重要或人员密集的公共建筑物。

5 年预计雷击次数大于或等于0.06次，且小于或等于0.3次的住宅、办公楼等一般民用建筑物。

6 建筑群中最高或位于建筑群边缘高度超过20m的建筑物。

7 通过调查确认当地遭受过雷击灾害的类似建筑物；历史上雷害事故严重地区或雷害事故较多地区的较重要建筑物。

8 在平均雷暴日大于15d/a的地区，高度在15m及以上的烟囱、水塔等孤立的高耸构筑物；在平均雷暴日小于或等于15d/a的地区，高度在20m及以上的烟囱、水塔孤立的高耸构筑物。

11.2.5 由重要性或使用要求不同的分区或楼层组成的综合性建筑物，且按防雷要求分别划为第二类和三类防雷建筑时，其防雷分类宜符合下列规定：

1 当第二类防雷建筑的面积占建筑物总面积的30%及以上时，该建筑物宜确定为第二类防雷建筑物。

2 当第二类防雷建筑的面积，占建筑物总面积的30%以下时，宜按各自类别采取相应的防雷措施。

第二节 防雷措施

见《建筑物防雷设计规范》(GB 50057—2010)。

4.1 基本规定

4.1.1 各类防雷建筑物应设防直击雷的外部防雷装置并应采取防闪电电涌侵入的措施。

第一类防雷建筑物和本规范第3.0.3条5、6、7款所规定的第二类防雷建筑物尚应采取防雷电感应的措施。

4.1.2 各类防雷建筑物应设内部防雷装置。

1 在建筑物的地下室或地面层处，以下物体应与防雷装置做防雷等电位连接：建筑物金属体，金属装置，建筑物内系统，进出建筑物的金属管线。

2 除本条1款的措施外，尚应考虑外部防雷装置与建筑物金属体、金属装置、建筑物内系统之间的间隔距离。

4.1.3 本规范第3.0.3条2、3、4款所规定的第二类防雷建筑物尚应采取防雷击电磁脉冲的措施。其他各类防雷建筑物，当其建筑物内系统所接设备的重要性高以及所处雷击磁场环境和加于设备的闪电电涌满足不了要求时也应采取防雷击电磁脉冲的措施。防雷击电磁脉冲的措施见本规范第6章。

4.2 第一类防雷建筑物的防雷措施

4.2.1 第一类防雷建筑物防直击雷的措施，即设外部防雷装置应符合下列要求：

1 应装设独立接闪杆或架空接闪线或网，使被保护的建筑物及风帽、放散管等突出屋面的物体均处于接闪器的保护范围内。架空接闪网的网格尺寸不应大于5m×5m或6m×4m。

2 排放爆炸危险气体、蒸气或粉尘的放散管，呼吸阀、排风管等的管口外的以下空间应处于接闪器的保护范围内；当有管帽时应按表4.2.1的规定确定；无管帽时，应为管口上方半径5m的半球体。接闪器与雷闪的接触点应设在上述空间之外。

3 排放爆炸危险气体、蒸气或粉尘的放散管、呼吸阀、排风管等，当其排放物达不到爆炸浓度、长期点火燃烧、一排放就点火燃烧时，及发生事故时排放物才达到爆炸浓度的通风管、安全阀，接闪器的保护范围可仅保护到管帽，无管帽时可仅保护到管口。

4 独立接闪杆的杆塔、架空接闪线的端部和架空接闪网的每根支柱处应至少设一根引下线。对用金属制成或有焊接、绑扎连接钢筋网的杆塔、支柱，宜利用其作为引下线。

表4.2.1 有管帽的管口外处于接闪器保护范围内的空间

装置内的压力与周围空气压力的压力差(kPa)	排放物对比于空气	管帽以上的垂直距离(m)	距管口处的水平距离(m)
<5	重于空气	1	2
5～25	重于空气	2.5	5
≤25	轻于空气	2.5	5
>25	重或轻于空气	5	5

注：相对密度小于或等于0.75的爆炸性气体规定为轻于空气的气体；相对密度大于0.75的爆炸性气体规定为重于空气的气体。

5 独立接闪杆和架空接闪线或网的支柱及其接地装置至被保护建筑物及与其有联系的管道、电缆等金属物之间的间隔距离（图4.2.1），应按下列公式计算，但不得小于3m。

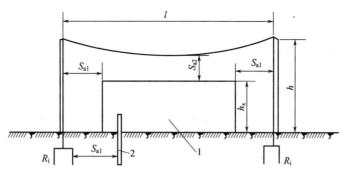

图4.2.1 防雷装置至被保护物的间隔距离
1—被保护建筑物；2—金属管道

1）地上部分：当$h_x < 5R_i$时

$$S_{a1} \geq 0.4(R_i + 0.1h_x) \tag{4.2.1-1}$$

当$h_x \geq 5R_i$时，

$$S_{a1} \geqslant 0.1(R_i + h_x) \tag{4.2.1-2}$$

2）地下部分：
$$S_{e1} \geqslant 0.4R_i \tag{4.2.1-3}$$

式中：S_{a1}——空气中的间隔距离（m）；

S_{e1}——地中的间隔距离（m）；

R_i——独立接闪杆、架空接闪线或网支柱处接地装置的冲击接地电阻（Ω）；

h_x——被保护建筑物或计算点的高度（m）。

6 架空接闪线至屋面和各种突出屋面的风帽、放散管等物体之间的间隔距离（图4.2.1），应按下列公式计算，但不应小于3m。

1）当 $\left(h + \dfrac{l}{2}\right) < 5R_i$ 时，
$$S_{a2} \geqslant 0.2R_i + 0.03\left(h + \dfrac{l}{2}\right) \tag{4.2.1-4}$$

2）当 $\left(h + \dfrac{l}{2}\right) \geqslant 5R_i$ 时，
$$S_{a2} \geqslant 0.05R_i + 0.06\left(h + \dfrac{l}{2}\right) \tag{4.2.1-5}$$

式中：S_{a2}——接闪线至被保护物在空气中的间隔距离（m）；

h——接闪线的支柱高度（m）；

l——接闪线的水平长度（m）。

7 架空接闪网至屋面和各种突出屋面的风帽、放散管等物体之间的间隔距离，应按下列公式计算，但不应小于3m。

1）当 $(h + l_1) < 5R_i$ 时，
$$S_{a2} \geqslant \dfrac{1}{n}\left[0.4R_i + 0.06(h + l_1)\right] \tag{4.2.1-6}$$

2）当 $(h + l_1) \geqslant 5R_i$ 时，
$$S_{a2} \geqslant \dfrac{1}{n}\left[0.1R_i + 0.12(h + l_1)\right] \tag{4.2.1-7}$$

式中：S_{a2}——接闪网至被保护物在空气中的间隔距离（m）；

l_1——从接闪网中间最低点沿导体至最近支柱的距离（m）；

n——从接闪网中间最低点沿导体至最近不同支柱并有同一距离 l_1 的个数。

8 独立接闪杆、架空接闪线或架空接闪网应有独立的接地装置，每一引下线的冲击接地电阻不宜大于10Ω。在土壤电阻率高的地区，可适当增大冲击接地电阻，但在3000Ωm以下的地区，冲击接地电阻不应大于30Ω。

4.2.2 第一类防雷建筑物防闪电感应，含防闪电静电感应和防闪电电磁感应的措施，应符合下列要求：

1 建筑物内的设备、管道、构架、电缆金属外皮、钢屋架、钢窗等较大金属物和突出屋面的放散管、风管等金属物，均应接到防雷电感应的接地装置上。

金属屋面周边每隔18m～24m应采用引下线接地一次。

现场浇灌的或用预制构件组成的钢筋混凝土屋面，其钢筋网的交叉点应绑扎或焊接，并应每隔18m～24m采用引下线接地一次。

2 平行敷设的管道、构架和电缆金属外皮等长金属物，其净距小于100mm时应采用金属线跨接，跨接点的间距不应大于30m；交叉净距小于100mm时，其交叉处也应跨接。

当长金属物的弯头、阀门、法兰盘等连接处的过渡电阻大于0.03Ω时，连接处应用金属线跨接。对有不少于5根螺栓连接的法兰盘，在非腐蚀环境下，可不跨接。

3　防雷电感应的接地装置应与电气和电子系统的接地装置共用，其工频接地电阻不宜大于10Ω。防雷电感应的接地装置与独立接闪杆、架空接闪线或架空接闪网的接地装置之间的间隔距离应符合本规范第4.2.1条5款的要求。

当屋内设有等电位连接的接地干线时，其与防雷电感应接地装置的连接，不应少于两处。

4.2.3　第一类防雷建筑物防雷电波侵入的措施，应符合下列要求：

1　室外低压配电线路宜全线采用电缆直接埋地敷设，在入户处应将电缆的金属外皮、钢管接到等电位连接带或防雷电感应的接地装置上，在入户处的总配电箱内是否装设电涌保护器应根据具体情况按本规范第6章的规定确定。

2　当全线采用电缆有困难时，可采用钢筋混凝土杆和铁横担的架空线，并应使用一段金属铠装电缆或护套电缆穿钢管直接埋地引入，其埋地长度应按下式计算，但不应小于15m。

$$l \geqslant 2\sqrt{\rho} \tag{4.2.3}$$

式中：l——电缆铠装或穿电缆的钢管埋地直接与土壤接触的长度（m）；

ρ——埋电缆处的土壤电阻率（Ωm）。

在电缆与架空线连接处，尚应装设户外型电涌保护器。电涌保护器、电缆金属外皮、钢管和绝缘子铁脚、金具等应连在一起接地，其冲击接地电阻不宜大于30Ω。该电涌保护器应选用Ⅰ级试验产品，其电压保护水平应小于或等于2.5kV，其每一保护模式应选冲击电流等于或大于10kA；若无户外型电涌保护器。可选用户内型电涌保护器，但其使用温度应满足安装处的环境温度并应安装在防护等级IP54的箱内。电涌保护器的最大持续运行电压值和接线形式应按本规范附录J的规定确定；连接电涌保护器的导体截面应按本规范表5.1.2的规定取值。在入户处的总配电箱内是否装设电涌保护器应按本规范表6.4.7条的规定确定。

注：当电涌保护器的接线形式为本规范表J.1.2中的接线形式2时，接在中性线和PE线间电涌保护器的冲击电流，当为三相系统时不应小于40kA，当为单相系统时不应小于20kA。

3　电子系统的室外金属导体线路宜全线采用有屏蔽层的电缆埋地或架空敷设，其两端的屏蔽层、加强钢线、钢管等应等电位连接到入户处的终端箱体上，在终端箱体内是否装设电涌保护器应根据具体情况按本规范第6章的规定确定。

4　当通信线路采用钢筋混凝土杆的架空线时，应使用一段护套电缆穿钢管直接埋地引入，其埋地长度应按本条（4.2.3）式计算，但不应小于15m。在电缆与架空线连接处，尚应装设户外型电涌保护器。电涌保护器、电缆金属外皮、钢管和绝缘子铁脚、金具等应连在一起接地，其冲击接地电阻不宜大于30Ω。该电涌保护器应选用D1类高能量试验的产品，其电压保护水平和最大持续运行电压值应按本规范附录J的规定确定，连接电涌保护器的导体截面应按本规范表5.1.2的规定取值，每台电涌保护器的短路电流应选等于或大于2kA；若无户外型电涌保护器，可选用户内型电涌保护器，但其使用温度应满足安装处的环境温度并应安装在防护等级IP54的箱内。在入户处的终端箱体内是否装设电涌保护器应符合本规范第6.4.7条的规定。

5　架空金属管道，在进出建筑物处，应与防雷电感应的接地装置相连。距离建筑物100m内的管道，应每隔25m左右接地一次，其冲击接地电阻不应大于30Ω，并应利用金属支架或钢筋混凝土支架的焊接、绑扎钢筋网作为引下线，其钢筋混凝土基础宜作为接地装置。

埋地或地沟内的金属管道，在进出建筑物处应等电位连接到等电位连接带或防雷电感应的接地装置上。

4.2.4　当建筑物太高或其他原因难以装设独立的外部防雷装置时，可将接闪杆或网格不大于5m×5m或6m×4m的接闪网或由其混合组成的接闪器直接装在建筑物上，接闪网应按本规范附录B的规定沿屋角、屋脊、屋檐和檐角等易受雷击的部位敷设；当建筑物高度超过30m时，首先应沿屋顶周边敷设接闪带，接闪带应设在外墙外表面或屋檐边垂直线上或其外。并必须符合下列要求：

1　接闪器之间应互相连接。

2　引下线不应少于两根，并应沿建筑物四周和内庭院四周均匀或对称布置，其间距沿周长计算不宜大于12m。

3　排放爆炸危险气体、蒸气或粉尘的管道应符合本规范第4.2.1条2、3款的规定。

4　建筑物应装设等电位连接环，环间垂直距离不应大于12m，所有引下线、建筑物的金属结构和金属设备均应连到环上。等电位连接环可利用电气设备的等电位连接干线环路。

5　外部防雷的接地装置应围绕建筑物敷设成环形接地体，每根引下线的冲击接地电阻不应大于10Ω，并应和电气和电子系统等接地装置及所有进入建筑物的金属管道相连，此接地装置可兼作防雷电感应接地之用。

6　当每根引下线的冲击接地电阻大于10Ω时，外部防雷的环形接地体宜按以下方法敷设：

1）当土壤电阻率小于或等于500Ωm时，对环形接地体所包围面积的等效圆半径小于5m的情况，每一引下线处应补加水平接地体或垂直接地体。

补加水平接地体时，其最小长度应按下式计算。

$$l_r = 5 - \sqrt{\frac{A}{\pi}} \qquad\qquad (4.2.4\text{-}1)$$

式中：$\sqrt{\dfrac{A}{\pi}}$——环形接地体所包围面积的等效圆半径（m）；

　　　l_r——补加水平接地体的最小长度（m）；

　　　A——环形接地体所包围的面积（m²）。

补加垂直接地体时，其最小长度应按下式计算。

$$l_v = \frac{5 - \sqrt{\dfrac{A}{\pi}}}{2} \qquad\qquad (4.2.4\text{-}2)$$

式中：l_v——补加垂直接地体的最小长度（m）。

2）当土壤电阻率大于500Ωm至3000Ωm时，对环形接地体所包围面积的等效圆半径小于按下式的计算值时，每一引下线处应补加水平接地体或垂直接地体。

$$\sqrt{\frac{A}{\pi}} < \frac{11\rho - 3600}{380} \qquad\qquad (4.2.4\text{-}3)$$

补加水平接地体时，其最小总长度应按下式计算。

$$l_r = \left(\frac{11\rho - 3600}{380}\right) - \sqrt{\frac{A}{\pi}} \qquad\qquad (4.2.4\text{-}4)$$

补加垂直接地体时，其最小总长度应按下式计算。

$$l_v = \frac{\left(\dfrac{11\rho - 3600}{380}\right) - \sqrt{\dfrac{A}{\pi}}}{2} \qquad\qquad (4.2.4\text{-}5)$$

注：按本款方法敷设接地体以及环形接地体所包围的面积的等效圆半径等于或大于所规定的值时，每根引下线的冲击接地电阻可不作规定。共用接地装置的接地电阻按50Hz电气装置的接地电阻确定，以不大于按人身安全所确定的接地电阻值为准。

7　当建筑物高于30m时，尚应采取以下防侧击的措施：

1）从30m起每隔不大于6m沿建筑物四周设水平接闪带并与引下线相连；

2）30m及以上外墙上的栏杆、门窗等较大的金属物与防雷装置连接。

8　在电源引入的总配电箱处应装设Ⅰ级试验的电涌保护器。电涌保护器的电压保护水平值应小于或等于 2.5kV。其每一保护模式的冲击电流值当电源线路无屏蔽层时可按公式(4.2.4-6)计算，当有屏蔽层时可按公式(4.2.4-7)计算；当无法确定时应取冲击电流等于或大于 12.5kA。电涌保护器的最大持续运行电压值和接线形式应按本规范附录 J 的规定确定；连接电涌保护器的导体截面应按本规范表 5.1.2 的规定取值。

$$I_{imp} = \frac{0.5I}{nm} \quad (kA) \tag{4.2.4-6}$$

$$I_{imp} = \frac{0.5IR_s}{n(mR_s + R_c)} \quad (kA) \tag{4.2.4-7}$$

式中：I——雷电流，按本规范表 F.0.1-1 的规定取值（kA）；

n——地下和架空引入的外来金属管道和线路的总数；

m——每一线路内导体芯线的总根数；

R_s——屏蔽层每公里的电阻（Ω/km）；

R_c——芯线每公里的电阻（Ω/km）。

注：当电涌保护器的接线形式为本规范表 J.1.2 中的接线形式 2 时，接在中性线和 PE 线间电涌保护器的冲击电流。当为三相系统时不应小于上面规定值的 4 倍，当为单相系统时不应小于 2 倍。

9 在电子系统的室外线路采用金属线的情况下，在其引入的终端箱处应安装 D1 类高能量试验类型的电涌保护器，其短路电流当无屏蔽层时可按本条公式(4.2.4-6)计算，当有屏蔽层时可按本条公式(4.2.4-7)计算；当无法确定时应选用 2kA。选取电涌保护器的其他参数应符合本规范附录 J.2 的规定，连接电涌保护器的导体截面应按本规范表 5.1.2 的规定取值。

10 在电子系统的室外线路采用光缆的情况下，在其引入的终端箱处的电气线路侧，当无金属线路引出本建筑物至其他有自己接地装置的设备时可安装 B2 类慢上升率试验类型的电涌保护器，其短路电流按本规范表 J.2.1 的规定宜选用 100A。

11 输送火灾爆炸危险物质的埋地金属管道，当其从室外进入户内处设有绝缘段时应在绝缘段处跨接符合下列要求的电压开关型电涌保护器，或称隔离放电间隙：

1）选用 I 级试验的密封型电涌保护器；

2）电涌保护器能承受的冲击电流按本条公式(4.2.4-6)计算，式中取 m=1；

3）电涌保护器的电压保护水平应小于绝缘段的耐冲击电压水平，无法确定时，应取其等于或大于 1.5kV 和等于或小于 2.5kV；

4）这类管道在进入建筑物处的防雷等电位连接应在绝缘段之后管道进入室内处进行，可将电涌保护器的上端头接到等电位连接带。

12 具有阴极保护的埋地金属管道，通常，在其从室外进入户内处设有绝缘段，应在绝缘段处跨接符合下列要求的电压开关型电涌保护器，或称隔离放电间隙：

1）选用 I 级试验的密封型电涌保护器；

2）电涌保护器能承受的冲击电流按本条公式(4.2.4-6)计算，式中取 m=1；

3）电涌保护器的电压保护水平应小于绝缘段的耐冲击电压水平并大于阴极保护电源的最大端电压；

4）这类管道在进入建筑物处的防雷等电位连接应在绝缘段之后管道进入室内处进行，可将电涌保护器的上端头接到等电位连接带。

4.2.5 当树木邻近建筑物且不在接闪器保护范围之内时，树木与建筑物之间的净距不应小于 5m。

4.3 第二类防雷建筑物的防雷措施

4.3.1 第二类防雷建筑物外部防雷的措施，宜采用装设在建筑物上的接闪网、接闪带或接闪杆。或由其混合组成的接闪器。接闪网、接闪带应按本规范附录B的规定沿屋角、屋脊、屋檐和檐角等易受雷击的部位敷设，并应在整个屋面组成不大于10m×10m或12m×8m的网格；当建筑物高度超过45m时，首先应沿屋顶周边敷设接闪带，接闪带应设在外墙外表面或屋檐边垂直线上或其外。接闪器之间应互相连接。

4.3.2 突出屋面的放散管、风管、烟囱等物体，应按下列方式保护：

1 排放爆炸危险气体、蒸气或粉尘的放散管、呼吸阀、排风管等管道应符合本章第4.2.1条2款的规定。

2 排放无爆炸危险气体、蒸气或粉尘的放散管、烟囱，1区、21区、2区和22区爆炸危险场所的自然通风管，0区和20区爆炸危险场所的装有阻火器的放散管、呼吸阀、排风管，本章第4.2.1条3款所规定的管、阀及煤气和天然气放散管等，其防雷保护应符合下列要求：

1) 金属物体可不装接闪器，但应和屋面防雷装置相连；

2) 在屋面接闪器保护范围之外的非金属物体应装接闪器，并和屋面防雷装置相连；但符合本规范第4.5.7条的规定者可除外。

4.3.3 专设引下线不应少于两根，并应沿建筑物四周和内庭院四周均匀对称布置，其间距沿周长计算不宜大于18m。当建筑物的跨度较大，无法在跨距中间设引下线，应在跨距两端设引下线并减小其他引下线的间距，宜使专设引下线的平均间距不大于18m。

4.3.4 外部防雷装置的接地应和防雷电感应、内部防雷装置、电气和电子系统等接地共用接地装置，并应与引入的金属管线做等电位连接。外部防雷装置的专设接地装置宜围绕建筑物敷设成环形接地体。

4.3.5 利用建筑物的钢筋作为防雷装置时应符合下列规定：

1 建筑物宜利用钢筋混凝土屋顶、梁、柱、基础内的钢筋作为引下线。本规范第3.0.3条2、3、4、9、10款的建筑物，当其女儿墙以内的屋顶钢筋网以上的防水和混凝土层允许不保护时，宜利用屋顶钢筋网作为接闪器，以及这些建筑物为多层建筑且周围很少有人停留时宜利用女儿墙压顶板内或檐口内的钢筋作为接闪器。

2 当基础采用硅酸盐水泥和周围土壤的含水量不低于4%及基础的外表面无防腐层或有沥青质防腐层时，宜利用基础内的钢筋作为接地装置。当基础的外表面有其他类的防腐层且无桩基可利用时，宜在基础防腐层下面的混凝土垫层内敷设人工环形基础接地体。

3 敷设在混凝土中作为防雷装置的钢筋或圆钢，当仅一根时，其直径不应小于10mm。被利用作为防雷装置的混凝土构件内有箍筋连接的钢筋，其截面积总和不应小于一根直径10mm钢筋的截面积。

4 利用基础内钢筋网作为接地体时，在周围地面以下距地面不小于0.5m，每根引下线所连接的钢筋表面积总和应按下式计算。

$$S \geqslant 4.24K_c^2 \qquad (4.3.5)$$

式中：S——钢筋表面积总和（m²）；

K_c——分流系数，其值按本规范附录E的规定取值。

5 当在建筑物周边的无钢筋的闭合条形混凝土基础内敷设人工基础接地体时，接地体的规格尺寸应按表4.3.5的规定确定。

6 构件内有箍筋连接的钢筋或成网状的钢筋，其箍筋与钢筋的连接，钢筋与钢筋的连接，应采用土建施工的绑扎法或螺丝扣连接，或对焊或搭焊连接。单根钢筋或圆钢或外引预埋连接板、线与上述钢筋的连接应焊接或采用螺栓紧固的卡夹器连接。均件之间必须连接成电气通路。

4.3.6 共用接地装置的接地电阻应按50Hz电气装置的接地电阻确定，以不大于其按人身安全所确定的接地电阻值为准。在土壤电阻率小于或等于3000Ωm的条件下，外部防雷装置的接地体当符合下列规定之一以及环形接地体所包围面积的等效圆半径等于或大于所规定的值时可不计及冲击接地电阻；但当每根专设引下线的冲击接地电阻不大于10Ω时，可不按本条1、2款敷设接地体。

表 4.3.5　第二类防雷建筑物环形人工基础接地体的最小规格尺寸

闭合条形基础的周长(m)	扁钢(mm)	圆钢，根数×直径(mm)
≥60	4×25	2×ϕ10
≥40 至 <60	4×50	4×ϕ10 或 3×ϕ12
<40	钢材表面积总和≥4.24m²	

注：1　当长度相同、截面相同时，宜优先选用扁钢；
2　采用多根圆钢时，其敷设净距不小于直径的2倍；
3　利用闭合条形基础内的钢筋作接地体时可按本表校验，除主筋外，可计入箍筋的表面积。

1　当土壤电阻率 ρ 小于或等于800Ωm时，对环形接地体所包围面积的等效圆半径小于5m的情况，每一引下线处应补加水平接地体或垂直接地体，当补加水平接地体时，其最小长度应按本章公式(4.2.4-1)计算；当补加垂直接地体时，其最小长度应按本章公式(4.2.4-2)计算。

2　当土壤电阻率大于800Ωm至3000Ωm时，对环形接地体所包围的面积的等效圆半径小于按下式的计算值时，每一引下线处应补加水平接地体或垂直接地体。

$$\sqrt{\frac{A}{\pi}} < \frac{\rho - 550}{50} \tag{4.3.6-1}$$

补加水平接地体时，其最小总长度应按下式计算。

$$I_r = \left(\frac{\rho - 550}{50}\right) - \sqrt{\frac{A}{\pi}} \tag{4.3.6-2}$$

补加垂直接地体时，其最小总长度应按下式计算。

$$I_v = \frac{\left(\frac{\rho - 550}{50}\right) - \sqrt{\frac{A}{\pi}}}{2} \tag{4.3.6-3}$$

3　在符合本章第4.3.5条规定的条件下，利用槽形、板形或条形基础的钢筋作为接地体或在基础下面混凝土垫层内敷设人工环形基础接地体。当槽形、板形基础钢筋网在水平面的投影面积或成环的条形基础钢筋或人工环形基础接地体所包围的面积符合下列规定时，可不补加接地体：

1)　当土壤电阻率小于或等于800Ωm时，所包围的面积应大于或等于79m²；

2)　当土壤电阻率大于800Ωm至3000Ωm时，所包围的面积应大于或等于按下式的计算值。

$$A \geq \pi\left(\frac{\rho - 550^2}{50}\right) \quad (\text{m}^2) \tag{4.3.6-4}$$

4　在符合本章第4.3.5条规定的条件下，对6m柱距或大多数柱距为6m的单层工业建筑物，当利用柱子基础的钢筋作为外部防雷装置的接地体并同时符合下列规定时，可不另加接地体：

1)　利用全部或绝大多数柱子基础的钢筋作为接地体；

2)　柱子基础的钢筋网通过钢柱，钢屋架，钢筋混凝土柱子、屋架、屋面板、吊车梁等构件的钢筋或防雷装置互相连成整体；

3)　在周围地面以下距地面不小于0.5m，每一柱子基础内所连接的钢筋表面积总和大于或

等于 $0.82m^2$。

4.3.7 本规范第 3.0.3 条 5、6、7 款所规定的建筑物，其防雷电感应的措施应符合下列要求：

1 建筑物内的设备、管道、构架等主要金属物，应就近接到防雷装置或共用接地装置上。

2 平行敷设的管道、构架和电缆金属外皮等长金属物应符合本规范第 4.2.2 条 2 款的规定，但长金属物连接处可不跨接。本款对本规范第 3.0.3 条 7 款所规定的建筑物可除外。

3 建筑物内防雷电感应的接地干线与接地装置的连接不应少于两处。

4.3.8 防止雷电流流经引下线和接地装置时产生的高电位对附近金属物或电气和电子系统线路的反击，应符合下列要求：

1 金属物或线路与引下线之间的间隔距离应按下式计算。

$$S_{a3} \geqslant 0.06 k_c l_x \qquad (4.3.8)$$

式中：S_{a3}——空气中的间隔距离（m）；

l_x——引下线计算点到连接点的长度（m），连接点即金属物或电气和电子系统线路与防雷装置之间直接或通过电涌保护器相连之点。

在金属框架的建筑物中，或在钢筋连接在一起、电气贯通的钢筋混凝土框架的建筑物中，金属物或线路与引下线之间的间隔距离可无要求。

2 当金属物或线路与引下线之间有自然或人工接地的钢筋混凝土构件、金属板、金属网等静电屏蔽物隔开时，金属物或线路与引下线之间的间隔距离可无要求。

3 当金属物或线路与引下线之间有混凝土墙、砖墙隔开时，其击穿强度应为空气击穿强度的 1/2。当间隔距离不能满足本条 1 款的规定时，金属物应与引下线直接相连，带电线路应通过电涌保护器与引下线相连。

4 在电气接地装置与防雷接地装置共用或相连的情况下，应在低压电源线路引入的总配电箱、配电柜处装设 I 级试验的电涌保护器，其相关参数的取值应符合本章第 4.2.4 条 8 款的规定。

5 当 Yyn0 型或 Dyn11 型接线的配电变压器设在本建筑物内或附设于外墙处时，应在变压器高压侧装设避雷器；在低压侧的配电屏上，当有线路引出本建筑物至其他有独自敷设接地装置的配电装置时应在母线上装设 I 级试验的电涌保护器，其相关参数的取值应符合本章第 4.2.4 条 8 款的规定；当无线路引出本建筑物时可在母线上装设 II 级试验的电涌保护器，每台 II 级试验的电涌保护器的标称放电电流值应等于或大于 5kA，电压保护水平值应小于或等于 2.5kV，电涌保护器的最大持续运行电压值和接线形式应按本规范附录 J 的规定确定；连接电涌保护器的导体截面应按本规范表 5.1.2 的规定取值。

6 在电子系统线路从建筑物外引入的终端箱处安装电涌保护器的要求同本章第 4.2.4 条 9 款和 10 款的规定，但 9 款中规定的 2kA 改为 1.5kA，10 款中规定的 100A 改为 75A。

7 输送火灾爆炸危险物质和具有阴极保护的埋地金属管道，当其从室外进入户内处设有绝缘段时应符合本章第 4.2.4 条 11 和 12 款的规定。

4.3.9 高度超过 45m 的建筑物，除屋顶的外部防雷装置应符合本规范第 4.3.1 条的规定外。尚应符合下列要求：

1 对水平突出外墙的物体，如阳台、平台等，当滚球半径 45m 球体从屋顶周边接闪带外向地面垂直下降接触到上述物体时应采取相应的防雷措施。

2 高于 60m 的建筑物，其上部占高度 20% 并超过 60m 的部位应防侧击，防侧击应符合下列要求：

1) 在这部位各表面上的尖物、墙角、边缘、设备以及显著突出的物体，如阳台、平台等，

应按屋顶上的保护措施考虑;

2) 在这部位布置接闪器应符合对本类防雷建筑物的要求,接闪器应重点布置在墙角、边缘和显著突出的物体上;

3) 外部金属物,如金属覆盖物、金属幕墙,当其最小尺寸符合本规范第5.2.7条2款的规定时,可利用其作为接闪器,还可利用布置在建筑物垂直边缘处的外部引下线作为接闪器;

4) 符合本规范第4.3.5条规定的钢筋混凝土内钢筋和符合本规范第5.3.5条规定的建筑物金属框架,当其作为引下线或与引下线连接时均可利用作为接闪器。

3 外墙内外竖直敷设的金属管道及金属物的顶端和底端应与防雷装置等电位连接。

4.3.10 有爆炸危险的露天钢质封闭气罐,在其高度小于或等于60m的条件下,当其罐顶壁厚不小于4mm时,和在其高度大于60m的条件下,当其罐顶壁厚和侧壁壁厚均不小于4mm时,可不装设接闪器,但应接地,且接地点不应少于两处,两接地点间距离不宜大于30m,每处接地点的冲击接地电阻不应大于30Ω。当防雷的接地装置符合本章第4.3.6条的规定时,可不计及其接地电阻值,但该条所规定的10Ω可改为30Ω。放散管和呼吸阀的保护应符合本章第4.3.2条的规定。

4.4 第三类防雷建筑物的防雷措施

4.4.1 第三类防雷建筑物外部防雷的措施,宜采用装设在建筑物上的接闪网、接闪带或接闪杆,或由其混合组成的接闪器。接闪网、接闪带应按本规范附录B的规定沿屋角、屋脊、屋檐和檐角等易受雷击的部位敷设,并应在整个屋面组成不大于20m×20m或24m×16m的网格;当建筑物高度超过60m时,应沿屋顶周边敷设接闪带,接闪带应设在外墙外表面或屋檐边垂直面上或其外。接闪器之间应互相连接。

4.4.2 突出屋面的物体的保护措施应符合本章第4.3.2条的规定。

4.4.3 专设引下线不应少于两根,并应沿建筑物四周和内庭院四周均匀对称布置,其间距沿周长计算不宜大于25m。当建筑物的跨度较大,无法在跨距中间设引下线,应在跨距两端设引下线并减小其他引下线的间距,宜使专设引下线的平均间距不大于25m。

4.4.4 防雷装置的接地应与电气和电子系统等接地共用接地装置,并应与引入的金属管线做等电位连接。外部防雷装置的专设接地装置宜围绕建筑物敷设成环形接地体。

4.4.5 建筑物宜利用钢筋混凝土屋面、梁、柱、基础内的钢筋作为引下线和接地装置,当其女儿墙以内的屋顶钢筋网以上的防水和混凝土层允许不保护时,宜利用屋顶钢筋网作为接闪器,以及当这些建筑物为多层建筑且周围除保安人员巡逻外通常无人停留时宜利用女儿墙压顶板内或檐口内的钢筋作为接闪器,并应符合本章第4.3.5条2、3、6款和下列的规定:

1 利用基础内钢筋网作为接地体时,在周围地面以下距地面不小于0.5m深,每根引下线所连接的钢筋表面积总和应按下式计算。

$$S \geq 1.89k_c^2 \qquad (4.4.5)$$

式中:S——钢筋表面积总和(m²)。

2 当在建筑物周边的无钢筋的闭合条形混凝土基础内敷设人工基础接地体时,接地体的规格尺寸应按表4.4.5的规定确定。

4.4.6 共用接地装置的接地电阻应按50Hz电气装置的接地电阻确定,以不大于其按人身安全所确定的接地电阻值为准。在土壤电阻率小于或等于3000Ωm的条件下,外部防雷装置的接地体当符合下列规定之一以及环形接地体所包围面积的等效圆半径等于或大于所规定的值时可不计及冲击接地电阻;当每根专设引下线的冲击接地电阻不大于30Ω,但对本规范3.0.4条2款所规定的建筑物则不大于10Ω时,可不按本条1款敷设接地体。

表 4.4.5 第三类防雷建筑物环形人工基础接地体的最小规格尺寸

闭合条形基础的周长(m)	扁钢(mm)	圆钢,根数×直径(mm)
≥60	—	1×ϕ10
≥40 至 <60	4×20	2×ϕ8
<40	钢材表面积总和≥1.89m²	

注:1 当长度相同、截面相同时,宜优先选用扁钢;
  2 采用多根圆钢时,其敷设净距不小于直径的2倍;
  3 利用闭合条形基础内的钢筋作接地体时可按本表校验,除主筋外,可计入箍筋的表面积。

　1 对环形接地体所包围面积的等效圆半径小于5m的情况,每一引下线处应补加水平接地体或垂直接地体。当补加水平接地体时,其最小长度应按本章公式(4.2.4-1)计算;当补加垂直接地体时,其最小长度应按本章公式(4.2.4-2)计算。

　2 在符合本章第4.4.5条规定的条件下,利用槽形、板形或条形基础的钢筋作为接地体或在基础下面混凝土垫层内敷设人工环形基础接地体,当槽形、板形基础钢筋网在水平面的投影面积或成环的条形基础钢筋或人工环形基础接地体所包围的面积大于或等于79m²时,可不补加接地体。

　3 在符合本章第4.4.5条规定的条件下,对6m柱距或大多数柱距为6m的单层工业建筑物,当利用柱子基础的钢筋作为外部防雷装置的接地体并同时符合下列规定时,可不另加接地体:

　1) 利用全部或绝大多数柱子基础的钢筋作为接地体;

　2) 柱子基础的钢筋网通过钢柱,钢屋架,钢筋混凝土柱子、屋架、屋面板、吊车梁等构件的钢筋或防雷装置互相连成整体;

　3) 在周围地面以下距地面不小于0.5m深,每一柱子基础内所连接的钢筋表面积总和大于或等于0.37m²。

　4.4.7 防止雷电流流经引下线和接地装置时产生的高电位对附近金属物或电气和电子系统线路的反击,应符合本章第4.3.8条的规定,但公式(4.3.8)改按下式计算:

$$S_{a3} \geq 0.04k_c l_x \tag{4.4.7}$$

其6款的规定中,要求安装D1类电涌保护器者,当无法确定其短路电流时所规定选用1.5kA者可改为选用1kA;要求安装B2类电涌保护器者,其所规定选用75A短路电流者可改为选用50A。

　4.4.8 高度超过60m的建筑物,除屋顶的外部防雷装置应符合本规范第4.4.1条的规定外,尚应符合下列要求:

　1 对水平突出外墙的物体,如阳台、平台等,当滚球半径60m球体从屋顶周边接闪带外向地面垂直下降接触到上述物体时应采取相应的防雷措施。

　2 高于60m的建筑物,其上部占高度20%并超过60m的部位应防侧击,防侧击应符合下列要求:

　1) 在这部位各表面上的尖物、墙角、边缘、设备以及显著突出的物体,如阳台、平台等,应按屋顶上的保护措施考虑;

　2) 在这部位布置接闪器应符合对本类防雷建筑物的要求,接闪器应重点布置在墙角、边缘和显著突出的物体上;

　3) 外部金属物,如金属覆盖物、金属幕墙,当其最小尺寸符合本规范第5.2.7条2款的规定时,可利用其作为接闪器,还可利用布置在建筑物垂直边缘处的外部引下线作为接闪器;

4) 符合本规范第4.4.5条规定的钢筋混凝土内钢筋和符合本规范第5.3.5条规定的建筑物金属框架，当其作为引下线或与引下线连接时均可利用作为接闪器。

3 外墙内外竖直敷设的金属管道及金属物的顶端和底端应与防雷装置等电位连接。

4.4.9 砖烟囱、钢筋混凝土烟囱，宜在烟囱上装设接闪杆或接闪环保护。多支接闪杆应连接在闭合环上。

当非金属烟囱无法采用单支或双支接闪杆保护时，应在烟囱口装设环形接闪带，并应对称布置三支高出烟囱口不低于0.5m的接闪杆。

钢筋混凝土烟囱的钢筋应在其顶部和底部与引下线和贯通连接的金属爬梯相连。当符合本章第4.4.5条的规定时，宜利用钢筋作为引下线和接地装置，可不另设专用引下线。

高度不超过40m的烟囱，可只设一根引下线，超过40m时应设两根引下线。可利用螺栓或焊接连接的一座金属爬梯作为两根引下线用。

金属烟囱应作为接闪器和引下线。

4.5 其他防雷措施

4.5.1 当一座防雷建筑物中兼有第一、二、三类防雷建筑物时，其防雷分类和防雷措施宜符合下列规定：

1 当第一类防雷建筑物部分的面积占建筑物总面积的30%及以上时，该建筑物宜确定为第一类防雷建筑物。

2 当第一类防雷建筑物部分的面积占建筑物总面积的30%以下，且第二类防雷建筑物部分的面积占建筑物总面积的30%及以上时，或当这两部分防雷建筑物的面积均小于建筑物总面积的30%但其面积之和又大于30%时，该建筑物宜确定为第二类防雷建筑物。但对第一类防雷建筑物部分的防雷电感应和防雷电波侵入，应采取第一类防雷建筑物的保护措施。

3 当第一、二类防雷建筑物部分的面积之和小于建筑物总面积的30%，且不可能遭直接雷击时，该建筑物可确定为第三类防雷建筑物；但对第一、二类防雷建筑物部分的防雷电感应和防雷电波侵入，应采取各自类别的保护措施；当可能遭直接雷击时，宜按各自类别采取防雷措施。

4.5.2 当一座建筑物中仅有一部分为第一、二、三类防雷建筑物时，其防雷措施宜符合下列规定：

1 当防雷建筑物部分可能遭直接雷击时，宜按各自类别采取防雷措施。

2 当防雷建筑物部分不可能遭直接雷击时，可不采取防直击雷措施，可仅按各自类别采取防雷电感应和防雷电波侵入的措施。

3 当防雷建筑物部分的面积占建筑物总面积的50%以上时，该建筑物宜按本章第4.5.1条的规定采取防雷措施。

4.5.3 当采用接闪器保护建筑物、封闭气罐时，其外表面外的2区爆炸危险场所可不在滚球法确定的保护范围内。

4.5.4 固定在建筑物上的节日彩灯、航空障碍信号灯及其他用电设备和线路，应根据建筑物的防雷类别采取相应的防止雷电波侵入的措施。并应符合下列规定：

1 无金属外壳或保护网罩的用电设备应处在接闪器的保护范围内。

2 从配电箱引出的配电线路应穿钢管。钢管的一端应与配电箱和PE线相连；另一端应与用电设备外壳、保护罩相连，并应就近与屋顶防雷装置相连。当钢管因连接设备而中间断开时应设跨接线。

3 在配电箱内应在开关的电源侧装设Ⅱ级试验的电涌保护器，其电压保护水平应不大于2.5kV，标称放电电流值应根据具体情况确定。

4.5.5 粮、棉及易燃物大量集中的露天堆场，当其年预计雷击次数大于或等于0.05时，应采用独立接闪杆或架空接闪线防直击雷。独立接闪杆和架空接闪线保护范围的滚球半径可取100m。

在计算雷击次数时，建筑物的高度可按可能堆放的高度计算，其长度和宽度可按可能堆放面积的长度和宽度计算。

4.5.6 在建筑物外引下线附近保护人身安全而要防接触电压和跨步电压的措施是：

1 防接触电压应符合下列规定之一：

1）利用建筑物金属构架和建筑物互相连接的钢筋在电气上是贯通且不少于10根柱子组成的自然引下线，这些柱子包括位于建筑物四周和建筑物内。

2）引下线3m范围内土壤地表层的电阻率不小于50kΩ·m。

注：例如，采用5cm厚沥青层或15cm厚砾石层的这类绝缘材料层通常符合本要求。

3）外露引下线，其距地面2.7m以下的导体用耐1.2/50μs冲击电压100kV的绝缘层隔离，例如用至少3mm厚的交联聚乙烯层。

4）用护栏、警告牌使接触引下线的可能性降至最低限度。

2 防跨步电压应符合下列规定之一：

1）利用建筑物金属构架和建筑物互相连接的钢筋在电气上是贯通且不少于10根柱子组成的自然引下线，这些柱子包括位于建筑物四周和建筑物内。

2）引下线3m范围内土壤地表层的电阻率不小于50kΩ·m。

注：例如，采用5cm厚沥青层或15cm厚砾石层的这类绝缘材料层通常符合本要求。

3）用网状接地装置对地面作均衡电位处理。

4）用护栏、警告牌使进入距引下线3m范围内地面的可能性减小到最低限度。

4.5.7 对第二类和第三类防雷建筑物：

1 没有得到接闪器保护的屋顶孤立金属物的尺寸没有超过以下数值时可不要求附加的保护措施：高出屋顶平面不超过0.3m，上层表面总面积不超过1.0m² 和上层表面的长度不超过2.0m。

2 不处在接闪器保护范围内的非导电性屋顶物体，当它没有突出由接闪器形成的平面0.5m以上时，可不要求附加增设接闪器的保护措施。

4.5.8 在独立接闪杆、架空接闪线、架空接闪网的支柱上严禁悬挂电话线、广播线、电视接收天线及低压架空线等。

见《民用建筑电气设计规范》(JGJ 16—2008)。

11.3 第二类防雷建筑物的防雷措施

11.3.1 第二类防雷建筑物应采取防直击雷、防雷电波侵入和防侧击的措施。

11.3.2 防直击雷的措施，应符合下列规定：

1 接闪器宜采用避雷带（网）或避雷针或由其混合组成。避雷带应装设在建筑物易受雷击部位（屋角、屋脊、女儿墙及屋檐等），并应在整个屋面上装设不大于10m×10m 或12m×8m 的网格。

2 所有避雷针应采用避雷带相互连接。

3 在屋面接闪器保护范围之内的物体可不装接闪器，但引出屋面的金属体应和屋面防雷装置相连。

4 在屋面接闪器保护范围之外的非金属物体应装设接闪器，并和屋面防雷装置相连。

5 当利用金属物体或金属屋面作为接闪器时，应符合第11.6.4条的要求。

6 防直击雷的引下线应优先利用建筑物钢筋混凝土中的钢筋或钢结构柱。当利用建筑物钢筋混凝土中的钢筋作为引下线时，应符合第11.7.7条的要求。

7 防直击雷装置的引下线的数量和间距应符合以下规定：

1）专设引下线时，其根数不应少于两根，间距不应大于18m，每根引下线的冲击接地电阻不应大于10Ω。

2）当利用建筑物钢筋混凝土中的钢筋或钢结构柱作为防雷装置的引下线时，其根数不做具体规定，间距不应大于18m，但建筑外廓易受雷击的各个角上的柱子的钢筋或钢柱应被利用。每根引下线的冲击接地电阻可不作规定。

8 防直击雷的接地装置，应符合本章第11.8节的规定。

11.3.3 防雷电波侵入的措施，应符合下列规定：

1 为防止雷电波的侵入，进入建筑物的各种线路及金属管道宜采用全线埋地引入，并在入户端将电缆的金属外皮、钢管及金属管道与接地装置连接。当采用全线埋地电缆确有困难而无法实现时，可采用一段长度不小于 $2\sqrt{\rho}$ (m) 的铠装电缆或穿钢管的全塑电缆直接埋地引入，但电缆埋地长度不应小于15m，其入户端电缆的金属外皮或钢管应与接地装置连接。

注：ρ为埋地电缆处的土壤电阻率（Ω·m）。

2 在电缆与架空线连接处，还应装设避雷器，并与电缆的金属外皮或钢管及绝缘子铁脚、金具连在一起接地，其冲击接地电阻不应大于10Ω。

3 年平均雷暴日在30d/a及以下地区的建筑物，可采用低压架空线直接引入，但应符合下列要求：

1）入户端应装设避雷器，并应与绝缘子铁脚、金具连在一起接到防雷接地装置上，冲击接地电阻不应大于5Ω。

2）入户端的两基电杆绝缘子铁脚应接地，其冲击接地电阻不应大于30Ω。

4 进出建筑物的架空和直接埋地的各种金属管道应在进出建筑物处与防雷接地装置连接；当不相连时，架空管道应接地，基冲击接地电阻不应大于10Ω。

11.3.4 当建筑物高度超过45m时，应采取下列防侧击措施：

1 建筑物内钢构架和钢筋混凝土的钢筋应相互连接；

2 应利用钢柱或钢筋混凝土柱子内钢筋作为防雷装置引下线。结构圈梁中的钢筋也连成闭合回路，并同防雷装置引下线连接；

3 应将45m及以上部分外墙上的金属栏杆，金属门窗等较大金属物直接或通过预埋件与防雷装置相连；

4 垂直金属管道及类似金属物除应满足本章第11.3.6条规定外，尚应在顶端和底端与防雷装置连接。

11.3.5 为防止雷电流流经引下线和接地装置时产生的高电位对附近金属物体或电气线路和电气、电子信息、设备的反击，应符合下列要求：

1 有条件时宜将防雷装置的接闪器和引下线与建筑物内的金属物体隔开。金属物体至引下线的距离应符合公式11.3.5-1至11.3.5-3的要求，地下各种金属管道及其他各种接地装置距防雷接地装置的距离应符合公式11.3.5-4的要求，但不应小于2m，如达不到时应相互连接。

当 $L_x \geqslant 5R_i$ 时 $\qquad S_{a1} \geqslant 0.075K_c(R_i+L_x)$ (11.3.5-1)

当 $L_x < 5R_i$ 时 $\qquad S_{a1} \geqslant 0.3K_c(R_i+0.1L_x)$ (11.3.5-2)

$$S_{a2} \geqslant 0.075K_cL_x \qquad (11.3.5-3)$$

$$S_{ed} \geqslant 0.3K_cR_i \qquad (11.3.5-4)$$

式中 S_{a1}——当金属管道的埋地部分未与防雷接地装置连接时，引下线与金属物体之间的空气中距离（m）；

S_{a2}——当金属管道的埋地部分已与防雷接地装置连接时，引下线与金属物体之间的空气中距离（m）；

R_i——防雷接地装置的冲击接地电阻（Ω）；

L_x——引下线计算点到地面长度（m）；

S_{ed}——防雷接地装置与各种接地装置或埋地各种电缆和金属管道间的地下距离（m）；

K_c——分流系数，单根引下线应为1，两根引下线及接闪器不成闭合环的多根引下线应为0.66，接闪器成闭合环或网状的多根引下线应为0.44。

2 当利用建筑物的钢筋体或钢结构作为引下线，同时建筑物的大部分金属物（钢筋、钢结构）与被利用的部分连成整体时，其距离可不受限制。

3 当引下线与金属物或线路之间有自然接地或人工接地的钢筋混凝土构件、金属板、金属网等静电屏蔽物隔开时，其距离可不受限制。

4 当引下线与金属物或线路之间有混凝土墙、砖墙隔开时，混凝土墙的击穿强度与空气击穿强度相同，砖墙的击穿强度为空气击穿强度的二分之一。如距离不能满足上述要求时，金属物或线路应与引下线直接相连或通过过电压保护器相连。

5 设有大量电子信息设备的建筑物，其电气、电讯竖井内的接地干线应与每层楼板钢筋做等电位联结。一般建筑物的电气、电讯竖井内的接地干线应每三层与楼板钢筋做等电位联结。

11.3.6 当整个建筑物全部为钢筋混凝土结构，或为砖混结构但有钢筋混凝土组合柱和圈梁时，应将建筑物内的各种竖向金属管道每三层与圈梁的钢筋连接一次。对没有组合柱和圈梁的建筑物，应将建筑物内的各种竖向金属管道每层与敷设在建筑物外墙内的一圈镀锌圆钢均压环相连，均压环与所有防雷装置专设引下线连接。

11.3.7 防雷接地装置符合第11.8.9条的要求时，应优先利用建筑物钢筋混凝土基础内的钢筋作为接地装置。当为专设接地装置时，接地装置应围绕建筑物敷设成一个闭合环路，其冲击接地电阻不应大于10Ω。

11.3.8 防雷接地装置宜与其他各种接地装置连在一起。与专用接地或直流接地相连时还应符合第11.5.1条的要求。

11.3.9 在电气接地装置与防雷接地装置共用或相连的情况下，应符合下列要求：

1 当低压电源用电缆引入时（包括全长电缆或架空线换电缆引入），应在电源引入处的总配电箱装设电涌保护器。

2 当Yyn0或Dyn11接线的配电变压器设在本建筑物内或外时，高压侧采用电缆进线的场合下，应在变压器高压侧的各相装设避雷器。

3 在高压侧采用架空进线时，除按有关规定在高压侧装设避雷器外，还应在低压侧装设阀型避雷器。

4 当采用一段金属铠装电缆或护套电缆穿金属管埋地进出建筑物时，其长度大于$2\sqrt{p}$（m），但不应小于15m。电缆与架空线连接处应装设避雷器，电缆的金属外皮金属管两端应接地，其冲击接地电阻不应大于10Ω。在进出线端要与保护接地和防雷接地相连。

11.4 第三类防雷建筑物的防雷措施

11.4.1 第三类防雷建筑物应采取防直击雷、防雷电波侵入和防侧击的措施。

11.4.2 防直击雷的措施应符合下列规定：

1 接闪器宜采用避雷带（网）或避雷针或由其混合组成。

2 避雷带应装设在屋角、屋脊、女儿墙及屋檐等建筑物易受雷击部位，并在整个屋面上装设不大于20m×20m或24m×16m的网格。

3 平屋面的建筑物,当其宽度不大于20m时,可仅沿周边敷设一圈避雷带。

4 在屋面接闪器保护范围之内的物体可不装接闪器,但引出屋面的金属体应和屋面防雷装置相连。

5 在屋面接闪器保护范围以外的非金属物体应装设接闪器,并和屋面防雷装置相连。

6 当利用金属物体或金属屋面作为接闪器时,应符合第11.6.4条的要求。

7 防直击雷装置的引下线应优先利用钢筋混凝土中的钢筋,但应符合第11.7.7条的要求。

8 防直击雷装置的引下线的数量和间距应符合以下规定:

1)为防雷装置专设引下线时,其引下线数量不应少于两根,间距不应大于25m,每根引下线的冲击接地电阻不应大于30Ω,但对第11.2.4条4款所规定的建筑物则不宜大于10Ω。

2)当利用建筑物钢筋混凝土中的钢筋作为防雷装置引下线时,其引下线数量不做具体规定,间距不应大于25m。建筑物外廓易受雷击的几个角上的柱筋宜被利用。每根引下线的冲击接地电阻值可不做规定。

9 构筑物的防直击雷装置引下线一般可为一根,但其高度超过40m时,应在相对称的位置上装设两根。钢筋混凝土结构的构筑物中的钢筋,当符合本章第11.7.7条的要求时,可作为引下线。

10 防直击雷装置每根引下线的冲击接地电阻不宜大于30Ω,其接地装置宜和电气设备等接地装置共用。防雷接地装置宜与埋地金属管道及不共用的电气设备接地装置相连。

在共用接地装置并与埋地金属管道相连的情况下,接地装置宜围绕建筑物敷设成环形接地体。当符合本章第11.8.9条的要求时,应利用基础和圈梁为环形接地体。

11.4.3 防雷电波侵入的措施,应符合下列要求:

1 对电缆进出线,应在进出端将电缆的金属外皮、钢管等与电气设备接地相连。如架空线转换为电缆,电缆长度不宜小于15m并应在转换处装设避雷器。避雷器、电缆金属外皮和绝缘子铁脚、金具应连在一起接地,其冲击接地电阻不宜大于30Ω。

2 对低压架空进出线,应在进出处装设避雷器并与绝缘子铁脚、金具连在一起接到电气设备的接地装置上。当多回路进出线时,可仅在母线或总配电箱处装设避雷器或其他形式的电涌保护器,但绝缘子铁脚、金具仍应接到接地装置上。

3 进出建筑物的架空金属管道,在进出处应就近接到防雷和电气设备的接地装置上或独自接地,其冲击接地电阻不宜大于30Ω。

11.4.4 当建筑物高度超过60m时,应采取下列防侧击措施:

1 建筑物内钢构架钢筋混凝土中的钢筋及金属管道等的连接措施,应符合第11.3.4条1、2、4款的规定;

2 应将60m及以上部分外墙上的金属栏杆、金属门窗等较大的金属物直接或通过预埋件与防雷装置相连。

11.4.5 为防止雷电流流经引下线和接地装置时产生的高电位对附近金属物体或电气线路和电气、电子信息设备的反击,应符合下列要求:

1 有条件时宜将雷装置的接闪器和引下线与建筑物内的金属物体隔开。金属物体至引下线的距离应符合公式11.4.5-1或11.4.5-2的要求。地下各种金属管道及其他各种接地装置距防雷接地装置的距离符合公式11.3.5-4的要求,但不应小于2m,如达不到时应相互连接。

当 $L_x \geq 5R_i$ 时 $\qquad S_{a1} \geq 0.05K_c(R_i + L_x)$ (11.4.5-1)

当 $L_x < 5R$ 时 $\qquad S_{a1} \geq 0.2K_c(R_i + 0.1L_x)$ (11.4.5-2)

式中 S_{a1}——当金属管道的埋地部分未与防雷接地装置连接时,引下线与金属物体之间的空气中距离(m);

R_i——防雷接地装置的冲击接地电阻（Ω）；

K_c——分流系数，见第 11.3.5 条 1 款公式之注释；

L_x——引下线计算点到地面长度（m）。

2 在共用接地装置并与埋地金属管道相连的情况下，其引下线与金属物之间的空气中距离应符合公式 11.3.5-3 的要求。

3 当利用建筑物的钢筋体或钢结构作为引下线，同时建筑物的大部分金属物（钢筋、钢结构）与被利用的部分连成整体时，其距离可不受限制。

4 当引下线与金属物或线路之间有自然地或人工地的钢筋混凝土构件、金属板、金属网等静电屏蔽物隔开时，其距离可不受限制。

5 电气、电讯竖井内的接地干线与楼板钢筋的等电位联结应符合第 11.3.5 条 5 款的规定。

11.5 其他防雷保护措施

11.5.1 微波站、电视台、地面卫星站、广播发射台等通讯枢纽建筑物的防雷，应符合下列规定：

1 天线塔设在机房顶上时，塔的金属结构应与机房屋面上的防雷装置连在一起，其连接点不应少于两处。波导管或同轴电缆的金属外皮和航空障碍灯用的穿线金属管道，均应与防雷装置连接在一起，并应符合第 11.3.6 条的规定。

2 天线塔远离机房时进出机房的各种金属管道和电缆的金属外皮或电缆的金属保护管应埋地敷设，其埋地长度不应小于 50m，两端应与塔体接地网和电气设备接地装置相连接。

3 机房建筑的防雷装置，应符合本章第 11.3.2 条 6 款及第 11.3.6 条的要求。当建筑物不是钢筋混凝土结构时，应围绕机房敷设闭合环形接地体，引下线不得少于四组。非钢筋混凝土楼板的地面，应在地面构造内敷设不大于 1.5m×1.5m 的均压网，与闭合环形接地连成一体。专用接地或直流接地宜采用一点接地，在室内不应与其他接地相连，此时距其他接地装置的地下距离不应小于 20m，地上距防雷装置的距离应满足公式 11.3.5-1 或 11.3.5-3 的要求。当不能满足上述要求时，应与防雷接地和保护接地连在一起，其冲击接地电阻不应大于 1Ω。

4 专用接地或直流接地的室内接地网，宜采用绝缘电线或单芯电缆穿塑料管，在室外接地手孔井处与接地母线连接。

5 为防止同轴电缆及其保护管与电源线之间可能产生的高电位击坏设备，室内几种专用接地导线之间和电源保护接地之间，每隔不大于 15m 通过低压避雷器与附近的防雷装置和保护接地连在一起。

11.5.2 固定在建筑物上的节日彩灯、航空障碍标志灯及其他用电设备的线路，应根据建筑物的重要性采取相应的防雷电波侵入措施：

1 无金属外壳或保护网罩的用电设备应处在接闪器的保护范围内；

2 有金属外壳或保护网罩的用电设备应将金属外壳或保护网罩就近与屋顶防雷装置相连；

3 从配电盘引出的线路应穿钢管，钢管的一端与配电盘外露可导电部分相连，另一端与用电设备外露可导电部分及保护罩相连，并就近与屋顶防雷装置相连，钢管因连接设备而在中间断开时应设跨接线；

4 在配电盘内，应在开关的电源侧与外露可导电部分之间装设电涌保护器。

11.5.3 不装防雷装置的所有建筑物和构筑物，为防止雷电波沿架空线侵入室内，应在进户处将绝缘子铁脚连同铁横担一起接到电气设备的接地装置上。

11.5.4 为防止雷电波侵入，严禁在独立避雷针、避雷网、引下线和避雷线支柱上悬挂电话线、广播线和低压架空线等。

11.5.5 在装设防雷装置的空间内，避免发生生命危险的最重要措施是采用等电位联结。

11.5.6　停放直升飞机的屋顶平台，应采用避雷针作为接闪器，并按直升飞机的高度计算避雷针保护范围，当避雷针影响直升飞机起落时，应设置随时容易竖起和放倒避雷针的装置（电动或手动）。

11.5.7　粮、棉及易燃物大量集中的露天堆场，宜采取防直击雷措施。当其年计算雷击次数大于或等于0.06时，宜采用独立避雷针或架空避雷线防直击雷。独立避雷针和架空避雷线保护范围的滚球半径hr可取100m。在计算雷击次数时，建筑物的高度可按堆放物可能堆放的高度计算，其长度和宽度可按可能堆放面积的长度和宽度计算。

见《金属与石材幕墙工程技术规范》(JGJ 133—2001)。

4.4.2　金属与石材幕墙的防雷设计除应符合现行国家标准《建筑物防雷设计规范》(GB 50057) 的有关规定外，还应符合下列规定：

1　在幕墙结构中应自上而下地安装防雷装置，并应与主体结构的防雷装置可靠连接；

2　导线应在材料表面的保护膜除掉部位进行连接；

3　幕墙的防雷装置设计及安装应经建筑设计单位认可。

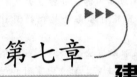

第七章 建筑无障碍设计

第一节 实施范围

一、建筑物无障碍设计

见《城市道路和建筑物无障碍设计规范》(JGJ 50—2001)。

5.1 公共建筑

5.1.1 办公、科研建筑进行无障碍设计的范围应符合表5.1.1的规定。

表 5.1.1 无障碍设计的范围

建筑类别		设计部位
办公、科研建筑	· 各级政府办公建筑 · 各级司法部门建筑 · 企、事业办公建筑 · 各类科研建筑 · 其他招商、办公、社区服务建筑	1. 建筑基地(人行通路、停车车位) 2. 建筑入口、入口平台及门 3. 水平与垂直交通 4. 接待用房(一般接待室、贵宾接待室) 5. 公共用房(会议室、报告厅、审判厅等) 6. 公共厕所 7. 服务台、公共电话、饮水器等相应设施

注：县级及县级以上的政府机关与司法部门，必须设无障碍专用厕所。

5.1.2 商业、服务建筑进行无障碍设计的范围应符合表5.1.2的规定。

表 5.1.2 无障碍设计的范围

建筑类别		设计部位
商业建筑	· 百货商店、综合商场建筑 · 自选超市、菜市场类建筑 · 餐馆、饮食店、食品店建筑	1. 建筑入口及门 2. 水平与垂直交通 3. 普通营业区、自选营业区 4. 饮食厅、游乐用房 5. 顾客休息与服务用房 6. 公共厕所、公共浴室 7. 宾馆、饭店、招待所的公共部分与客房部分 8. 总服务台、业务台、取款机、查询台、结算通道、公用电话、饮水器、停车车位等相应设施
服务建筑	· 金融、邮电建筑 · 招待所、培训中心建筑 · 宾馆、饭店、旅馆 · 洗浴、美容美发建筑 · 殡仪馆建筑等	

注：1. 商业与服务建筑的入口宜设无障碍入口。

2. 设有公共厕所的大型商业与服务建筑，必须设无障碍专用厕所。

3. 有楼层的大型商业与服务建筑应设无障碍电梯。

5.1.3 文化、纪念建筑进行无障碍设计的范围应符合表5.1.3的规定。

表 5.1.3 无障碍设计的范围

	建筑类别	设计部位
文化建筑	・文化馆建筑 ・图书馆建筑 ・科技馆建筑 ・博物馆、展览馆建筑 ・档案馆建筑等	1. 建筑基地(庭院、人行通路、停车车位) 2. 建筑入口、入口平台及门 3. 水平与垂直交通 4. 接待室、休息室、信息及查询服务 5. 出纳、目录厅、阅览室、阅读室 6. 展览厅、报告厅、陈列室、视听室等 7. 公共厕所 8. 售票处、总服务台、公共电话、饮水器等相应设施
纪念性建筑	・纪念馆 ・纪念塔 ・纪念碑 ・纪念物等	

注：1. 设有公共厕所的大型文化与纪念建筑，必须设无障碍专用厕所。
2. 有楼层的大型文化与纪念建筑应设无障碍电梯。

5.1.4 观演、体育建筑进行无障碍设计的范围应符合表5.1.4的规定。

表 5.1.4 无障碍设计的范围

	建筑类别	设计部位
观演建筑	・剧场、剧院建筑 ・电影院建筑 ・音乐厅建筑 ・礼堂、会议中心建筑	1. 建筑基地(人行通路、停车车位) 2. 建筑入口、入口平台及门 3. 水平与垂直交通 4. 前厅、休息厅、观众席 5. 主席台、贵宾休息室 6. 舞台、后台、排练房、化妆室 7. 训练场地、比赛场地 8. 观众厕所 9. 演员、运动员厕所与浴室 10. 售票处、公共电话、饮水器等相应设施
体育建筑	・体育场、体育馆建筑 ・游泳馆建筑 ・溜冰馆、溜冰场建筑 ・健身房(风雨操场)	

注：1. 观演与体育建筑的观众席、听众席和主席台，必须设轮椅席位。
2. 大型观演与体育建筑的观众厕所和贵宾室，必须设无障碍专用厕所。

5.1.5 交通、医疗建筑进行无障碍设计的范围应符合表5.1.5的规定。

表 5.1.5 无障碍设计的范围

	建筑类别	设计部位
交通建筑	・空港航站楼建筑 ・铁路旅客客运站建筑 ・汽车客运站建筑 ・地铁客运站建筑 ・港口客运站建筑	1. 站前广场、人行通路、庭院、停车车位 2. 建筑入口及门 3. 水平与垂直交通 4. 售票，联检通道，旅客候机、车、船厅及中转区 5. 行李托运、提取、寄存及商业服务区
医疗建筑	・综合医院、专科医院建筑 ・疗养院建筑 ・康复中心建筑 ・急救中心建筑 ・其他医疗、休养建筑	6. 登机桥、天桥、地道站台、引桥及旅客到达区 7. 门诊用房、急诊用房、住院病房、疗养用房 8. 放射、检验及功能检查用房、理疗用房等 9. 公共厕所 10. 服务台、挂号、取药、公共电话、饮水器及查询台等

注：1. 交通与医疗建筑的入口应设无障碍入口。
2. 交通与医疗建筑必须设无障碍专用厕所。
3. 有楼层的交通与医疗建筑应设无障碍电梯。

5.1.6　学校、园林建筑进行无障碍设计的范围应符合表5.1.6的规定。

表5.1.6　无障碍设计的范围

建筑类别		设计部位
学校建筑	·高等院校 ·专业学校 ·职业高中与中、小学及托幼建筑 ·培智学校 ·聋哑学校 ·盲人学校	1. 建筑基地(人行通路、停车车位) 2. 建筑入口、入口平台及门 3. 水平与垂直交通 4. 普通教室、合班教室、电教室 5. 实验室、图书阅览室 6. 自然、史地、美术、书法、音乐教室 7. 风雨操场、游泳馆 8. 观展区、表演区、儿童活动区 9. 室内外公共厕所 10. 售票处、服务台、公用电话、饮水器等相应设施
园林建筑	·城市广场 ·城市公园 ·街心花园 ·动物园、植物园 ·海洋馆 ·游乐园与旅游景点	

注：大型园林建筑及主要旅游地段必须设无障碍专用厕所。

5.2　居住建筑

5.2.1　高层、中高层住宅及公寓建筑进行无障碍设计的范围应符合表5.2.1的规定。

表5.2.1　无障碍设计的范围

建筑类别	设计部位
·高层住宅 ·中高层住宅 ·高层公寓 ·中高层公寓	1. 建筑入口 2. 入口平台 3. 候梯厅 4. 电梯轿厢 5. 公共走道 6. 无障碍住房

注：高层、中高层住宅及公寓建筑，每50套住房宜设两套符合乘轮椅者居住的无障碍住房套型。

5.2.2　设有残疾人住房的多层、低层住宅及公寓建筑进行无障碍设计的范围应符合表5.2.2的规定。

表5.2.2　无障碍设计的范围

建筑类别	设计部位
·多层住宅 ·低层住宅 ·多层公寓 ·低层公寓	1. 建筑入口 2. 入口平台 3. 公共走道 4. 楼梯 5. 无障碍住房

注：多层、低层住宅及公寓建筑，每100套住房宜设2～4套符合乘轮椅者居住的无障碍住房套型。

5.2.3 设有残疾人住房的职工和学生宿舍建筑进行无障碍设计的范围应符合表5.2.3的规定。

表5.2.3 无障碍设计的范围

建筑类别	设计部位
· 职工宿舍 · 学生宿舍	1. 建筑入口 2. 入口平台 3. 公共走道 4. 公共厕所、浴室和盥洗室 5. 无障碍住房

注：宿舍建筑应在首层设男、女残疾人住房各一间。

二、居住区无障碍设计实施范围

见《城市道路和建筑物无障碍设计规范》(JGJ 50—2001)。

6.1 道 路

6.1.1 居住区道路进行无障碍设计应包括以下范围：

1 居住区路的人行道（居住区级）；

2 小区路的人行道（小区级）；

3 组团路的人行道（组团级）；

4 宅间小路的人行道。

6.1.2 居住区各级道路的人行道纵坡不宜大于2.5%。在人行步道中设台阶，应同时设轮椅坡道和扶手。

6.1.3 居住区道路无障碍实施范围，应符合本规范第3章的有关规定。

6.1.4 居住区道路无障碍设计内容，应符合本规范第4章的有关规定。

6.1.5 设有红绿灯的路口，宜设盲人过街音响装置（图6.1.5）。

图 6.1.5 盲人过街音响装置

6.2 公共绿地

6.2.1 居住区公共绿地进行无障碍设计应包括以下范围：

1 居住区公园（居住区级）；

2 小游园（小区级）；

3 组团绿地（组团级）；

4　儿童活动场。

6.2.2　各级公共绿地的入口与通路及休息凉亭等设施的平面应平缓防滑，地面有高差时，应设轮椅坡道和扶手。

6.2.3　在休息坐椅旁应设轮椅停留位置（图6.2.3）。

图 6.2.3　轮椅停留空间

6.2.4　公用厕所的入口、通道及厕位、洗手盆等的无障碍设计，应符合本规范第7章第8节的有关规定。

6.2.5　居住区级和小区级公共绿地入口地段应设盲道，绿地内的台阶、坡道和其他无障碍设施的位置应设提示盲道。

6.2.6　组团级绿地和儿童活动场的入口应设提示盲道。

第二节　公共建筑无障碍设计的特殊部位

见《办公建筑设计规范》(JGJ 67—2006)。

4.3.6　公用厕所应符合下列要求：
1　对外的公用厕所应设供残疾人使用的专用设施；

见《体育建筑设计规范》(JGJ 31—2003)。

4.4.2.6　男女厕所内均应设残疾人专用便器或单独设置专用厕所。

6.2.11　看台应预留残疾人轮椅席位，其位置应便于残疾观众入席及观看，应有良好的通行和疏散的无障碍环境，并应在地面或墙面设置明显的国际通用标志。

见《剧场建筑设计规范》(JGJ 57—2000)。

4.0.6.3　男女厕所均应设残疾人专用蹲位。

5.2.6　观众席应预留残疾人轮椅座席，座席深应为1.10m，宽为0.80m，位置应方便残疾人入席及疏散，并应设置国际通用标志。

见《汽车客运站建筑设计规范》(JGJ 60—1999)。

4.0.3 旅客进出站路线应短捷流畅；应设残疾人通道，其设置应符合现行行业标准《方便残疾人使用的城市道路和建筑物设计规范》JGJ 50 的规定。

见《港口客运站建筑设计规范》(JGJ 86—1992)。

第5.1.4条 站房应设置保障旅客安全和方便的上下船廊道，且应设置方便残疾人使用的相应设施。

见《铁路旅客车站建筑设计规范》(GB 50226—2007)。

5.3.1 客货共线铁路旅客车站站房可根据车站规模设普通、软席、军人（团体）、无障碍候车区及贵宾候车室。各类候车区（室）候乘人数占最高聚集人数的比例可按表5.3.1确定。

表 5.3.1 各类候车区（室）人数比例（％）

建筑规模	候车区(室)				
	普通	软席	贵宾	军人（团体）	无障碍
特大型站	87.5	2.5	2.5	3.5	4.0
大型站	88.0	2.5	2.0	3.5	4.0
中型站	92.5	2.5	2.0	—	3.0
小型站	100.0	—	—	—	—

注：1 有始发列车的车站，其软席和其他候车室的比例可根据具体情况确定。
2 无障碍候车区（室）包含母婴候车区位。母婴候车区内宜设置母婴服务设施。
3 小型车站应在候车室内设置无障碍轮椅候车位。

5.3.5 无障碍候车区设计应符合下列规定：
1 无障碍候车区可按本规范第5.3.1条确定其使用面积，并不宜小于$2m^2$/人。
2 无障碍候车区的位置宜邻近站台，并宜单独设置检票口。
3 在有多层候车区的站房，无障碍候车区宜设在首层或站台层，靠近检票口附近。

见《殡仪馆建筑设计规范》(JGJ 124—1999)。

4.1.4 停车场设计除宜符合国家现行行业标准《城市公共交通站、场、厂设计规范》等有关标准的规定外，尚应符合下列要求：
1 应做好交通组织。
2 在停车场出入最方便的地段，应设残疾人的停车车位，并设醒目的"无障碍标志"。

见《图书馆建筑设计规范》(JGJ 38—1999)。

4.5.7.7 公用厕所中应设供残疾人使用的专门设施。

见《中小学校设计规范》(GB 50099—2011)。

8.5.5 教学用建筑物的出入口应设置无障碍设施，并应采取防止上部物体坠落和地面防滑的措施。

第三节　居住建筑无障碍设计的特殊部位

见《宿舍建筑设计规范》(JGJ 36—2005)。

4.1.5　每栋宿舍应在首层至少设置1间无障碍居室，或在宿舍区内集中设置无障碍居室。居室中的无障碍设施应符合现行行业标准《城市道路和建筑物无障碍设计规范》JGJ 50 的要求。

见《住宅建筑规范》(GB 50368—2005)。

5.3.1　七层及七层以上的住宅，应对下列部位进行无障碍设计：

1　建筑入口；

2　入口平台；

3　候梯厅；

4　公共走道；

5　无障碍住房。

5.3.2　建筑入口及入口平台的无障碍设计应符合下列规定：

1　建筑入口设台阶时，应设轮椅坡道和扶手；

2　坡道的坡度应符合表5.3.2的规定；

表 5.3.2　坡道的坡度

高度(m)	1.00	0.75	0.60	0.35
坡度	≤1：16	≤1：12	≤1：10	≤1：8

3　供轮椅通行的门净宽不应小于0.80m；

4　供轮椅通行的推拉门和平开门，在门把手一侧的墙面，应留有不小于0.50m的墙面宽度；

5　供轮椅通行的门扇，应安装视线观察玻璃、横执把手和关门拉手，在门扇的下方应安装高0.35m的护门板；

6　门槛高度及门内外地面高差不应大于15mm，并应以斜坡过渡。

5.3.3　七层及七层以上住宅建筑入口平台宽度不应小于2.00m。

5.3.4　供轮椅通行的走道和通道净宽不应小于1.20m。

见《住宅设计规范》(GB 50096—2011)。

6.6.1　七层及七层以上的住宅，应对下列部位进行无障碍设计。

1.建筑入口；

2.入口平台；

3.候梯厅；

4.公共走道。

6.6.2　建筑入口及入口平台的无障碍设计应符合下列规定：

1.建筑入口设台阶时，应同时设有轮椅坡道和扶手；

2.坡道的坡度应符合表6.6.2的规定；

3.供轮椅通行的门净宽不应小于0.8m；

4.供轮椅通行的推拉门和平开门，在门把手一侧的墙面，应留有不小于0.5m的墙面宽度；

表 6.6.2　坡道的坡度

坡度	1:20	1:16	1:12	1:10	1:8
最大高度(m)	1.50	1.00	0.75	0.60	0.35

5. 供轮椅通行的门扇，应安装视线观察玻璃、横执把手和关门拉手，在门扇的下方应安装高 0.35m 的护门板；

6. 门槛高度及门内外地面高差不应大于 0.15m，并应以斜坡过渡。

6.6.3　七层及七层以上住宅建筑入口平台宽度不应小于 2.00m，七层以下住宅建筑入口平台宽度不应小于 1.50m。

6.6.4　供轮椅通行的走道和通道净宽不应小于 1.20m。

第四节　无障碍设计内容及设计要求

一、建筑入口

见《城市道路和建筑物无障碍设计规范》(JGJ 50—2001)。

7.1.1　建筑入口为无障碍入口时，入口室外的地面坡度不应大于 1:50 (图 7.1.1)。

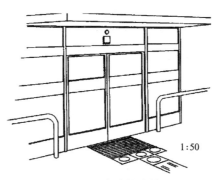

图 7.1.1　无台阶的建筑入口

7.1.2　公共建筑与高层、中高层居住建筑入口设台阶时，必须设轮椅坡道和扶手。

7.1.3　建筑入口轮椅通行平台最小宽度应符合表 7.1.3 的规定。

表 7.1.3　入口平台宽度

建筑类别	入口平台最小宽度(m)
1. 大、中型公共建筑	≥2.00
2. 小型公共建筑	≥1.50
3. 中、高层建筑、公寓建筑	≥2.00
4. 多、低层无障碍住宅、公寓建筑	≥1.50
5. 无障碍宿舍建筑	≥1.50

7.1.4 无障碍入口和轮椅通行平台应设雨棚。

7.1.5 入口门厅、过厅设两道门时，门扇同时开启最小间距应符合表7.1.5的规定（图7.1.5-1，图7.1.5-2）。

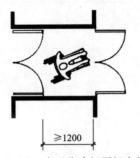

图7.1.5-1 小型公建门厅门扇间距

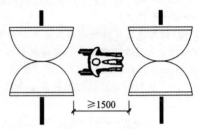

图7.1.5-2 大、中型公建门厅门扇间距

表7.1.5 门扇同时开启最小间距

建筑类别	门扇开启后最小间距(m)
1. 大、中型公共建筑	≥1.50
2. 小型公共建筑	≥1.20
3. 中、高层建筑、公寓建筑	≥1.50
4. 多、低层无障碍住宅建筑	≥1.20

见《老年人居住建筑设计标准》(GB/T 50340—2003)。

4.2.1 出入口有效宽度不应小于1.10m。门扇开启端的墙垛净尺寸不应小于0.50m。

4.2.2 出入口内外应有不小于1.50m×1.50m的轮椅回转面积。

4.2.3 建筑物出入口应设置雨篷，雨篷的挑出长度宜超过台阶首级踏步0.50m以上。

二、坡道

见《城市道路和建筑物无障碍设计规范》(JGJ 50—2001)。

7.2.1 供轮椅通行的坡道应设计成直线形、直角形或折返形，不宜设计成弧形（图7.2.1-1，

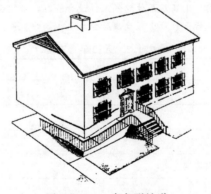

图7.2.1-1 直角形坡道

图 7.2.1-2）。

7.2.2 坡道两侧应设扶手，坡道与休息平台的扶手应保持连贯。

7.2.3 坡道侧面凌空时，在扶手栏杆下端宜设高不小于 50mm 的坡道安全挡台（图 7.2.3）。

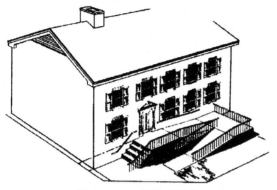

图 7.2.1-2 折返形坡道

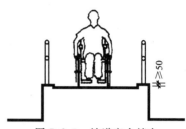

图 7.2.3 坡道安全挡台

7.2.4 不同位置的坡道，其坡度和宽度应符合表 7.2.4 的规定。

表 7.2.4 不同位置的坡道坡度和宽度

坡道位置	最大坡度	最小宽度（m）
1. 有台阶的建筑入口	1：12	≥1.20
2. 只设坡道的建筑入口	1：20	≥1.50
3. 室内走道	1：12	≥1.00
4. 室外通路	1：20	≥1.50
5. 困难地段	1：10～1：8	≥1.20

7.2.5 坡道在不同坡度的情况下，坡道高度和水平长度应符合表 7.2.5 的规定（图 7.2.5）。

表 7.2.5 不同坡度高度和水平长度

坡度	1：20	1：16	1：12	1：10	1：8
最大高度（m）	1.50	1.00	0.75	0.60	0.35
水平长度（m）	30.00	16.00	9.00	6.00	2.80

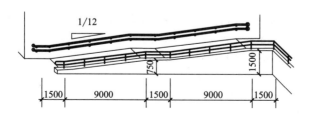

图 7.2.5 1：12 坡道高度和水平长度

7.2.6 1:10～1:8坡度的坡道应只限用于受场地限制改建的建筑物和室外通路。

7.2.7 坡道的坡面应平整，不应光滑。

7.2.8 坡道起点、终点和中间休息平台的水平长度不应小于1.50m（图7.2.8）。

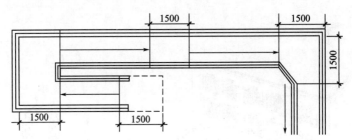

图7.2.8 坡道起点、终点和休息平台水平长度（mm）

见《老年人居住建筑设计标准》(GB/T 50340—2003)。

3.6.3 独立设置的坡道的有效宽度不应小于1.50m；坡道和台阶并用时，坡道的有效宽度不应小于0.90m。坡道的起止点应有不小于1.50m×1.50m的轮椅回转面积。

3.6.4 坡道两侧至建筑物主要出入口宜安装连续的扶手。坡道两侧应设护栏或护墙。

3.6.5 扶手高度应为0.90m，设置双层扶手时下层扶手高度宜为0.65m。坡道起止点的扶手端部宜水平延伸0.30m以上。

三、通路、走道和地面

见《城市道路和建筑物无障碍设计规范》(JGJ 50—2001)。

7.3.1 乘轮椅者通行的走道和通路最小宽度应符合表7.3.1的规定（图7.3.1）。

表7.3.1 轮椅通行最小宽度

建筑类别	最小宽度(m)
1. 大型公共建筑走道	≥1.80
2. 中小型公共建筑走道	≥1.50
3. 检票口、结算口轮椅通道	≥0.90
4. 居住建筑走廊	≥1.20
5. 建筑基地人行通路	≥1.50

7.3.2 人行通路和室内地面应平整、不光滑、不松动和不积水。

7.3.3 使用不同材料铺装的地面应相互取平；如有高差时不应大于15mm，并应以斜面过渡。

7.3.4 人行通路和建筑入口的雨水算子不得高出地面，其孔洞不得大于15mm×15mm。

7.3.5 门扇向走道内开启时应设凹室，凹室面积不应小于1.30m×0.90m（图7.3.5）。

7.3.6 从墙面伸入走道的突出物不应大于0.10m，距地面高度应小于0.60m。

7.3.7 主要供残疾人使用的走道与地面应符合下列规定：

1 走道宽度不应小于1.80m；

2 走道两侧应设扶手；

3 走道两侧墙面应设高0.35m护墙板；

138

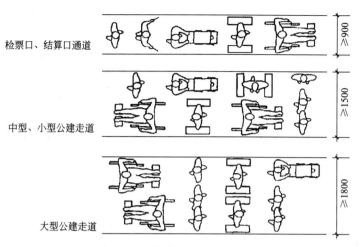

检票口、结算口通道 ≥900

中型、小型公建走道 ≥1500

大型公建走道 ≥1800

图 7.3.1 走道、通路最小宽度

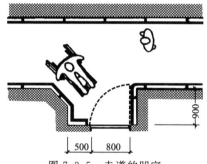

900

500 800

图 7.3.5 走道的凹室

4 走道及室内地面应平整，并应选用遇水不滑的地面材料；

5 走道转弯处的阳角应为弧墙面或切角墙面；

6 走道内不得设置障碍物，光照度不应小于 120 lx。

7.3.8 在走道一侧或尽端与其他地坪有高差时，应设置栏杆或栏板等安全设施。

四、门

见《城市道路和建筑物无障碍设计规范》(JGJ 50—2001)。

7.4.1 供残疾人使用的门应符合下列规定：

1 应采用自动门，也可采用推拉门、折叠门或平开门，不应采用力度大的弹簧门；

2 在旋转门一侧应另设残疾人使用的门；

3 轮椅通行门的净宽应符合表 7.4.1 的规定。

4 乘轮椅者开启的推拉门和平开门，在门把手一侧的墙面，应留有不小于 0.5m 的墙面宽度（图 7.4.1-1）；

5 乘轮椅者开启的门扇，应安装视线观察玻璃、横执把手和关门拉手，在门扇的下方应安装高 0.35m 的护门板（图 7.4.1-2）；

表 7.4.1　门的净宽

类别	净宽（m）
1. 自动门	≥1.00
2. 推拉门、折叠门	≥0.80
3. 平开门	≥0.80
4. 弹簧门（小力度）	≥0.80

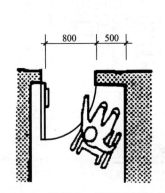

图 7.4.1-1　门把手一侧墙面宽度（mm）

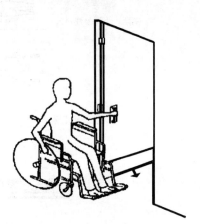

图 7.4.1-2　门扇关门拉手

　　6　门扇在一只手操纵下应易于开启，门槛高度及门内外地面高差不应大于 15mm，并应以斜面过渡。

五、楼梯与台阶

　　见《城市道路和建筑物无障碍设计规范》（JGJ 50—2001）。

　　7.5.1　残疾人使用的楼梯与台阶设计要求应符合表 7.5.1 的规定。

表 7.5.1　楼梯与台阶设计要求

类别	设计要求
楼梯与台阶形式	1. 应采用有休息平台的直线形梯段和台阶（图 7.5.1-1）。 2. 不应采用无休息平台的楼梯和弧形楼梯（图 7.5.1-2）。 3. 不应采用无踢面和突缘为直角形踏步（图 7.5.1-3）。
宽度	1. 公共建筑梯段宽度不应小于 1.50m。 2. 居住建筑梯段宽度不应小于 1.20m。
扶手	1. 楼梯两侧应设扶手。 2. 从三级台阶起应设扶手。
踏面	1. 应平整而不应光滑。 2. 明步踏面应设高不小于 50mm 安全挡台（图 7.5.1-4）。
盲道	距踏步起点与终点 25～30cm 应设提示盲道（图 7.5.1-5）。
颜色	踏面和踢面的颜色应有区分和对比。

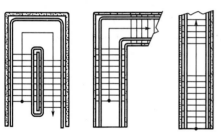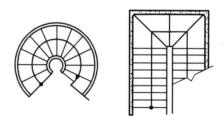

图 7.5.1-1　有休息平台直形楼梯　　　　图 7.5.1-2　无休息平台及弧形楼梯

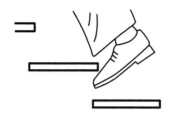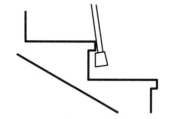

图 7.5.1-3　无踢面踏步和突缘直角形踏步

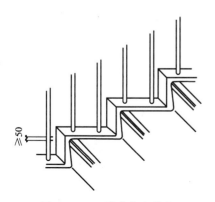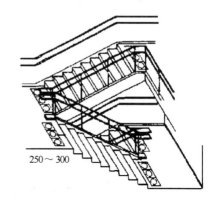

图 7.5.1-4　踏步安全挡台　　　　图 7.5.1-5　楼梯盲道位置

7.5.2　残疾人使用的楼梯、台阶踏步的宽度和高度应符合表 7.5.2 的规定。

表 7.5.2　楼梯、台阶踏步的宽度和高度

建筑类别	最小宽度（m）	最大高度（m）
公共建筑楼梯	0.28	0.15
住宅、公寓建筑公用楼梯	0.26	0.16
幼儿园、小学校楼梯	0.26	0.14
室外台阶	0.30	0.14

见《老年人居住建筑设计标准》(GB/T 50340—2003)。

4.4.1 公用楼梯的有效宽度不应小于 1.20m。楼梯休息平台的深度应大于梯段的有效宽度。

4.4.2 楼梯应在内侧设置扶手。宽度在 1.50m 以上时应在两侧设置扶手。

4.4.5 不应采用螺旋楼梯，不宜采用直跑楼梯。每段楼梯高度不宜高于 1.50m。

4.4.6 楼梯踏步宽度不应小于 0.30m，踏步高度不应大于 0.15m，不宜小于 0.13m。同一个楼梯梯段踏步的宽度和高度应一致。

六、扶手

见《城市道路和建筑物无障碍设计规范》(JGJ 50—2001)。

7.6.1 供残疾人使用的扶手应符合下列规定：

1 坡道、台阶及楼梯两侧应设高 0.85m 的扶手；设两层扶手时，下层扶手高应为 0.65m（图 7.6.1-1）；

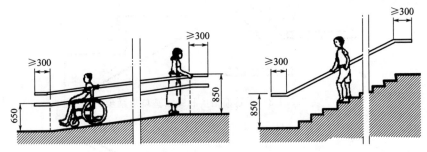

图 7.6.1-1 扶手高度

2 扶手起点与终点处延伸应大于或等于 0.30m；

3 扶手末端应向内拐到墙面，或向下延伸 0.10m。栏杆式扶手应向下成弧形或延伸到地面上固定（图 7.6.1-2）；

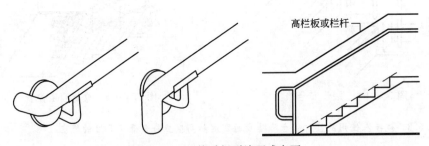

图 7.6.1-2 扶手拐到墙面或向下

4 扶手内侧与墙面的距离应为 40～50mm；

5 扶手应安装坚固，形状易于抓握。扶手截面尺寸应符合表 7.6.1 的规定（图 7.6.1-3）。

表 7.6.1 扶手截面尺寸

类别	截面尺寸(mm)
圆形扶手	35～45(直径)
矩形扶手	35～45(宽度)

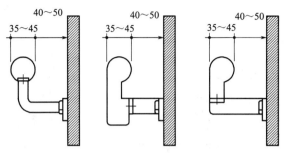

图 7.6.1-3　扶手截面及托件

7.6.2　安装在墙面的扶手托件应为 L 形，扶手和托件的总高度宜为 70～80mm。

7.6.3　交通建筑、医疗建筑和政府接待部门等公共建筑，在扶手的起点与终点处应设盲文说明牌（图 7.6.3）。

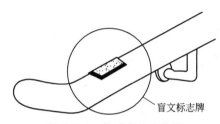

盲文标志牌

图 7.6.3　扶手盲文牌位置

见《老年人居住建筑设计标准》(GB/T 50340—2003)。

4.4.3　扶手安装高度为 0.80～0.85m，应连续设置。扶手应与走廊的扶手相连接。

4.4.4　扶手端部宜水平延伸 0.30m 以上。

七、电梯和升降平台

见《城市道路和建筑物无障碍设计规范》(JGJ 50—2001)。

7.7.1　在公共建筑中配备电梯时，必须设无障碍电梯。

7.7.2　候梯厅的无障碍设施与设计要求应符合表 7.7.2 的规定（图 7.7.2）。

表 7.7.2　候梯厅无障碍设施与设计要求

设施类别	设计要求
深度	候梯厅深度大于或等于 1.80m。
按钮	高度 0.9～1.10m。
电梯门洞	净宽度大于或等于 0.90m。
显示与音响	清晰显示轿厢上、下运行方向和层数位置及电梯抵达音响。
标志	1. 每层电梯口应安装楼层标志。 2. 电梯口应设提示盲道。

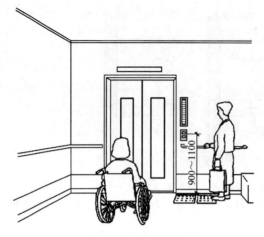 

图 7.7.2　候梯厅　　　　　　　图 7.7.3　电梯轿厢选层按钮

7.7.3　残疾人使用的电梯轿厢无障碍设施与设计要求应符合表 7.7.3 的规定（图 7.7.3）

表 7.7.3　电梯轿厢无障碍设施与设计要求

设施类别	设计要求
电梯门	开启净宽度大于或等于 0.80m。
面积	1. 轿厢深度大于或等于 1.40m。 2. 轿厢宽度大于或等于 1.10m。
扶手	轿厢正面和侧面应设高 0.80～0.85m 的扶手。
选层按钮	轿厢侧面应设高 0.90～1.10m 带盲文的选层按钮。
镜子	轿厢正面高 0.90m 处至顶部应安装镜子。
显示与音响	轿厢上、下运行及到达应有清晰显示和报层音响。

7.7.4　只设有人、货两用电梯时，应为残疾人、老年人提供服务。

7.7.5　供乘轮椅者使用的升降平台应符合下列规定（图 7.7.5）：

图 7.7.5　升降平台

1　建筑入口、大厅、通道等地面高差处，进行无障碍建设或改造有困难时，应选用升降平台取代轮椅坡道；

2　升降平台的面积不应小于1.20m×0.90m，平台应设扶手或挡板及启动按钮。

八、公共厕所、专用厕所和公共浴室

见《城市道路和建筑物无障碍设计规范》(JGJ 50—2001)。

7.8.1　公共厕所无障碍设施与设计要求应符合表7.8.1的规定。

表 7.8.1　公共厕所无障碍设施与设计要求

设施类别	设计要求
入口	应符合本规范第7章第1节的有关规定
门扇	应符合本规范第7章第4节的有关规定
通道	地面应防滑和不积水，宽度不应小于1.50m
洗手盆	1. 距洗手盆两侧和前缘50mm应设安全抓杆 2. 洗手盆前应有1.10m×0.80m乘轮椅者使用面积
男厕所	1. 小便器两侧和上方，应设宽0.60～0.70m、高1.20m的安全抓杆(图7.8.1-1) 2. 小便器下口距地面不应大于0.50m(图7.8.1-2)
无障碍厕位	1. 男、女公共厕所应各设一个无障碍隔间厕位 2. 新建无障碍厕位面积不应小于1.80mm×1.40m(图7.8.1-3) 3. 改建无障碍厕位面积不应小于2.00mm×1.00m(图7.8.1-4) 4. 厕位门扇向外开启后，入口净宽不应小于0.80m，门扇内侧应设关门拉手 5. 坐便器高0.45m，两侧应设高0.70m水平抓杆，在墙面一侧应设高1.40m的垂直抓杆(图7.8.1-5)
安全抓杆	1. 安全抓杆直径应为30～40mm 2. 安全抓杆内侧应距墙面40mm 3. 抓杆应安装坚固

7.8.2　专用厕所无障碍设施与设计要求应符合表7.8.2的规定（图7.8.2）

表 7.8.2　专用厕所无障碍设施与设计要求

设施类别	设计要求
设置位置	政府机关和大型公共建筑及城市的主要地段，应设无障碍专用厕所
入口	应符合本规范第7章第1节的有关规定
门扇	1. 应符合本规范第7章第4节的有关规定 2. 应采用门外可紧急开启的门插销
面积	≥2.00m×2.00m(图7.8.2)
坐便器	坐便器高应为0.45m，两侧应设高0.70m水平抓杆，在墙面一侧应加设高1.40m的垂直抓杆
洗手盆	两侧和前缘50mm处应设置安全抓杆
放物台	长、宽、高为0.80m×0.50m×0.60m，台面宜采用木制品或革制品
挂衣钩	可设高1.20m的挂衣钩
呼叫按钮	距地面高0.40～0.50m处应设求助呼叫按钮
安全抓杆	符合本规范第7.8.1条的有关规定

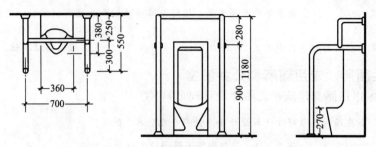

图 7.8.1-1 落地式小便器安全抓杆

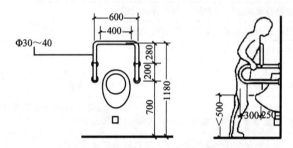

图 7.8.1-2 悬臂式小便器安全抓杆

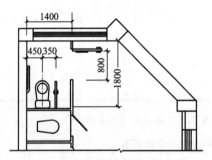

图 7.8.1-3 新建无障碍厕位

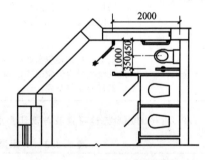

图 7.8.1-4 改建无障碍厕位

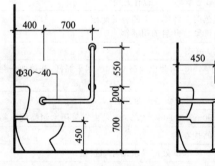

图 7.8.1-5 坐便器两侧固定式安全抓杆

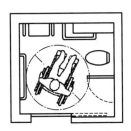
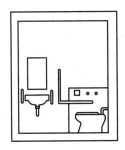

图 7.8.2　专用厕所（2.00m×2.00m）

7.8.3　公共浴室无障碍设施与设计要求应符合表 7.8.3 的规定（图 7.8.3-1，图 7.8.3-2）。

表 7.8.3　公共浴室无障碍设施与设计要求

设施类别	设　计　要　求
入口	应符合本规范第 7 章第 1 节的有关规定
通道	地面应防滑和不积水，宽度不应小于 1.50m
门扇	1. 应符合第 7 章第 4 节的有关规定 2. 无障碍浴间应采用门外可紧急开启的门插销
无障碍沐浴间	1. 淋浴间不应小于 3.50m²（门扇向外开启） 2. 淋浴间应设高 0.45m 的洗浴坐椅 3. 浴间短边净宽度不应小于 1.50m² 4. 淋浴间应设高 0.70m 的水平抓杆和高 1.40m 的垂直抓杆
无障碍盆浴间	1. 盆浴间不应小于 4.50m²（门扇向外开启） 2. 浴盆一端设深度不应小于 0.40m 的洗浴坐台，浴盆一侧应设洗面盆 3. 在浴盆内侧应设高 0.60m 和 0.90m 的水平抓杆，水平抓杆长度应大于或等于 0.80m 4. 浴间短边净宽度不应小于 2.00m²
呼叫按钮	无障碍浴间距地面高 0.40~0.50m 处应设求助呼叫按钮
安全抓杆	应符合本规范第 7.8.1 条的有关规定

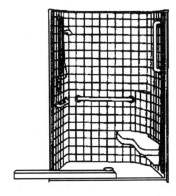

图 7.8.3-1　残疾人淋浴间

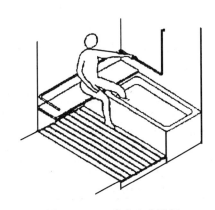

图 7.8.3-2　残疾人盆浴间

九、轮椅席位

见《城市道路和建筑物无障碍设计规范》(JGJ 50—2001)。

7.9.1 设有观众席和听众席的公共建筑，应设轮椅席位。

7.9.2 轮椅席位设计应符合下列规定：

1 轮椅席位应设在便于到达和疏散及通道的附近（图7.9.2-1)；

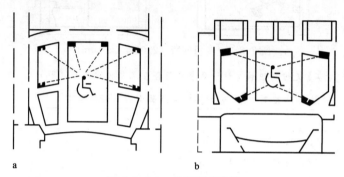

图 7.9.2-1 轮椅席的位置

2 不得将轮椅席设在公共通道范围内；

3 每个轮椅位占地面积不应小于1.10m×0.80m（图7.9.2-2)；

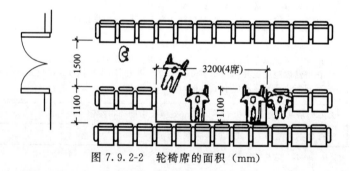

图 7.9.2-2 轮椅席的面积（mm）

4 轮椅席位的地面应平坦，在边缘处应安装栏杆或栏板；

5 在轮椅席上观看演出和比赛的视线不应受到遮挡，但也不应遮挡他人视线。

7.9.3 公共建筑中的观众席和听众席的轮椅席位数，宜按表7.9.3的规模设置。

表 7.9.3 轮椅席位

建 筑 类 别	观众席座位数	轮椅席座位数
影剧院、音乐厅、礼堂、文化馆等	500～1500	≥2～4
体育馆、游泳馆(场)	2000～6000	≥4～6
体 育 场	20000～60000	≥6～10
小型场所、阅览室等	500 以下	≥1～2

7.9.4 轮椅席位可集中设置，也可分地段设置，但应设无障碍标志，平时可用作安放活动

座椅等使用。

十、无障碍客房

见《城市道路和建筑物无障碍设计规范》(JGJ 50—2001)。

7.10.1 设有客房的公共建筑应设无障碍客房,其设施与设计要求应符合表 7.10.1 的规定。

表 7.10.1 无障碍设施与设计要求

类 别	设 计 要 求
客房位置	1. 应便于到达、疏散和进出方便 2. 餐厅、购物和康乐等设施的公共通道应方便轮椅到达
客房数量 (标准间)	1. 100 间以下,应设 1~2 间无障碍客房 2. 100~400 间,应设 2~4 间无障碍客房 3. 400 间以上,应设 3 间以上无障碍客房
客房内过道	1. 出口及床前过道的宽度不应小于 1.50m(图 7.10.1) 2. 床间距离不应小于 1.20m
客房门	应符合本规范第 7 章第 4 节有关规定
卫生间	1. 门扇向外开启,净宽不应小于 0.80m 2. 轮椅回转直径不应小于 1.50m 3. 浴盆、坐便器、洗面盆及安全抓杆等应符合本规范第 7 章第 8 节的有关规定
电器与家具	1. 位置和高度应方便乘轮椅者靠近和使用 2. 床、坐便器、浴盆高度应为 0.45m 3. 客房及卫生间应设求助呼叫按钮

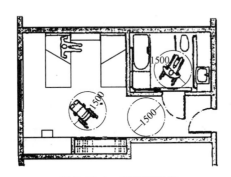

图 7.10.1 无障碍客房

十一、停车车位

见《城市道路和建筑物无障碍设计规范》(JGJ 50—2001)。

7.11.1 距建筑入口及车库最近的停车位置,应划为残疾人专用停车车位。

7.11.2 残疾人停车车位的地面应平整、坚固和不积水,地面坡度不应大于 1∶50。

7.11.3 停车车位的一侧,应设宽度不小于 1.20m 的轮椅通道,应使乘轮椅者从轮椅通道直接进入人行通道到达建筑入口(图 7.11.3)。

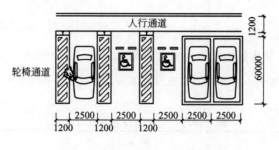

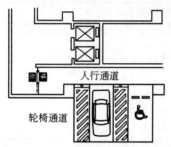

图 7.11.3 停车车位及轮椅通道

7.11.4 停车车位一侧的轮椅通道与人行通道地面有高差时,应设宽 1.00m 的轮椅坡道。

7.11.5 停车车位的地面,应涂有停车线、轮椅通道线和无障碍标志,在停车车位的尽端宜设无障碍标志牌。

十二、无障碍住房

见《城市道路和建筑物无障碍设计规范》(JGJ 50—2001)。

7.12.1 无障碍住房应适用于乘轮椅残疾人和老年人居住。

7.12.2 无障碍住房应按套型设计,每套住房应设起居室(厅)、卧室、厨房和卫生间等基本空间,卫生间宜靠近卧室。

7.12.3 无障碍居室与设计要求应符合表 7.12.3 的规定。

7.12.4 厨房无障碍设施与设计要求应符合表 7.12.4 的规定。

表 7.12.3 无障碍居室与设计要求

名称	设计要求
卧室	1. 单人卧室,应大于或等于 10.50m² 2. 双人卧室,应大于或等于 7.00m² 3. 兼起居室的卧室,应大于或等于 16m² 4. 橱柜挂衣杆高度,应小于或等于 1.40m;其深度应小于或等于 0.60m 5. 应有直接采光和自然通风
起居室(厅)	1. 起居室应大于或等于 14.00m² 2. 墙面、门洞及家具位置,应符合轮椅通行、停留及回转的使用要求 3. 橱柜高度,应小于或等于 1.20m;深度应小于或等于 0.40m 4. 应有良好的朝向和视野

表 7.12.4　无障碍设施与设计要求

部位	设计要求（使用面积）
位置	厨房应布置在门口附近，以方便轮椅进出，要有直接采光和自然通风
面积	1. 一类和二类住宅厨房应大于或等于 6.00m² 2. 三类和四类住宅厨房应大于或等于 7.00m² 3. 应设冰箱位置和二人就餐位置
宽度	1. 厨房净宽应大于或等于 2.00m 2. 双排布置设备的厨房通道净宽应大于或等于 1.50m
操作台	1. 高度宜为 0.75～0.80m 2. 深度宜为 0.50～0.55m 3. 台面下方净宽应大于或等于 0.60m；高度应大于或等于 0.60m；深度应大于或等于 0.25m 4. 吊柜柜底高度，应小于或等于 1.20m；深度应小于或等于 0.25m
其他	1. 燃气门及热水器方便轮椅靠近，阀门及观察孔的高度，应小于或等于 1.10m 2. 应设排烟及拉线式机械排油烟装置 3. 炉灶应设安全防火、自动灭火及燃气泄漏报警装置

7.12.5　卫生间无障碍设施与设计要求应符合表 7.12.5 的规定（图 7.12.5）。

表 7.12.5　无障碍设施与设计要求

部位	设计要求
位置	卫生间应方便轮椅进出
面积 （按洁具组合）	1. 坐便器、浴盆、洗面盆（三件洁具），应大于或等于 4.50m² 2. 坐便器、浴盆、洗面盆（三件洁具），应大于或等于 4.00m² 3. 坐便器、浴盆（二件洁具），应大于或等于 3.50m² 4. 坐便器、浴盆（二件洁具），应大于或等于 3.00m² 5. 坐便器、洗面器（二件洁具），应大于或等于 2.50m² 6. 单设坐便器，应大于或等于 2.00m²
坐便器 浴盆 淋浴 安全抓杆	应符合本规范第 7 章第 8 节的有关规定
水龙头	冷热水龙头应选用混合式调节的杠杆或掀压式恒温水龙头

7.12.6　门、窗和墙面无障碍设计应符合下列规定：

1. 门扇应首先采用推拉门，其次是折叠门或平开门；

2. 门扇开启后最小净宽度及门把手一侧墙面的最小宽度应符合表 7.12.6 的规定；

3　门扇应采用横执把手；

4　外窗窗台距地面的净高不应大于 0.80m，同时应设防护设施；

5　窗扇开启把手的高度不应大于 1.20m，开启窗口应设纱窗。

7.12.7　过道与阳台无障碍设计应符合下列规定：

1. 户内门厅轮椅通行宽度不应小于 1.50m；

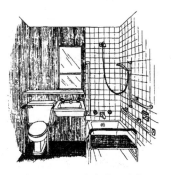

图 7.12.5　无障碍卫生间

表 7.12.6　门扇无障碍设计要求

类别	门扇开启净宽度(m)	门把手—例场面宽度(m)	平开门
公用外门	1.00～1.10	≥0.50	—
户门	0.80	≥0.45	设关门拉手
起居室(厅)门	0.80	≥0.45	—
卧室门	0.80	≥0.40	设关门拉手
厨房门	0.80	≥0.40	—
卫生间门	0.80	≥0.40	1. 设观察窗 2. 设关门拉手
阳台门	0.80	≥0.40	设关门拉手

2. 通往卧室、起居室（厅）、厨房、卫生间、贮藏室的过道宽度不应小于1.20m，墙体阳角部位宜做成圆角或切角；

3. 在过道一侧或两侧应设高0.80～0.85m的扶手；

4. 阳台深度不应小于1.50m，向外开启的平开门应设关门拉手；

5. 阳台与居室地面高差不应大于15mm，并以斜面过渡；

6. 阳台应设可升降的晒晾衣物设施。

7.12.8　电气设计应符合下列规定：

1. 户内门厅、通道、卧室应设双控照明开关；

2. 电器照明开关应选用搬把式，高度应为0.90～1.10m；

3. 起居室、卧室插座高度应为0.40m，厨房、卫生间插座高度宜为0.70～0.80m；

4. 电器、天线和电话插座高度应为0.40～0.50m；

5. 居室和卫生间应设呼叫按钮，阳台应设灯光照明；

6. 对讲机按钮与通话器高度应为1m；

7. 无障碍住房用电负荷标准及电表规格，不应小于表7.12.8-1的规定；

表 7.12.8-1　用电负荷及电表规格

套型	用电负荷(kW)	电度表规格(A)
一类	3.0	5(20)
二类	3.0	5(20)
三类	4.0	10(40)
四类	4.0	10(40)

8　卡式电表安装的高度不应大于1.20m；

9　每套住房电源插座数量，应符合表7.12.8-2的规定。

表 7.12.8-2　电源插座数量

部　位	设　置　数　量
卧室、起居室(厅)	两个单相三线和一个单相二线的插座两组
厨房、卫生间	防溅水型两个单相二线和一个单相二线的组合插座一组
布置洗衣机、冰箱、排气机械和空调器等处	专用单相三线插座各一个

第八章 楼梯间和楼梯

第一节 封闭楼梯间

一、设置要求

见《建筑设计防火规范》(GB 50016—2006)。

5.3.5 下列公共建筑的室内疏散楼梯应采用封闭楼梯间（包括首层扩大封闭楼梯间）或室外疏散楼梯：

1 医院、疗养院的病房楼；

2 旅馆；

3 超过2层的商店等人员密集的公共建筑；

4 设置有歌舞娱乐放映游艺场所且建筑层数超过2层的建筑；

5 超过5层的其他公共建筑。

5.3.11 居住建筑的楼梯间设置形式应符合下列规定：

1 通廊式居住建筑当建筑层数超过2层时，户门应采用乙级防火门；

2 其他形式的居住建筑当建筑层数超过6层或任一层建筑面积大于500m² 时，应设置封闭楼梯间，当户门或通向疏散走道、楼梯间的门、窗为乙级防火门、窗时，可不设置封闭楼梯间。

居住建筑的楼梯间宜通至屋顶，通向平屋面的门或窗应向外开启。

当住宅中的电梯井与疏散楼梯相邻布置时，应设置封闭楼梯间，当户门采用乙级防火门时，可不设置封闭楼梯间。当电梯直通住宅楼层下部的汽车库时，应设置电梯候梯厅并采用防火分隔措施。

5.3.12.5 地下商店和设置歌舞娱乐放映游艺场所的地下建筑（室），当地下层数为3层及3层以上或地下室内地面与室外出入口地坪高差大于10m时，应设置防烟楼梯间；其他地下商店和设置歌舞娱乐放映游艺场所的地下建筑，应设置封闭楼梯间；

3.7.6 高层厂房和甲、乙，丙类多层厂房应设置封闭楼梯间或室外楼梯。建筑高度大于32m且任一层人数超过10人的高层厂房，应设置防烟楼梯间或室外楼梯。

室外楼梯、封闭楼梯间、防烟楼梯间的设计，应符合本规范第7.4节的有关规定。

3.8.7 高层仓库应设置封闭楼梯间。

见《人民防空工程设计防火规范》(GB 50098—2009)。

5.2.1 设有下列公共活动场所的人防工程，当底层室内地面与室外出入口地坪高差大于10m时，应设置防烟楼梯间；当地下为两层，且地下第二层的室内地面与室外出入口地坪高差不大于10m时，应设置封闭楼梯间。

1 电影院、礼堂；

2 建筑面积大于 500m² 的医院、旅馆;

3 建筑面积大于 1000m² 的商场、餐厅、展览厅、公共娱乐场所、健身体育场所。

见《高层民用建筑设计防火规范（2005 年版）》(GB 50045—95)。

6.2.2 裙房和除单元式和通廊式住宅外的建筑高度不超过 32m 的二类建筑应设封闭楼梯间。

6.2.3.1 十一层及十一层以下的单元式住宅可不设封闭楼梯间,但开向楼梯间的户门应为乙级防火门,且楼梯间应靠外墙,并应直接天然采光和自然通风。

6.2.3.2 十二层及十八层的单元式住宅应设封闭楼梯间。

6.2.4 十一层及十一层以下的通廊式住宅应设封闭楼梯间;超过十一层的通廊式住宅应设防烟楼梯间。

见《汽车库、修车库、停车场设计防火规范》(GB 50067—1997)。

6.0.3 汽车库、修车库的室内疏散楼梯应设置封闭楼梯间。建筑高度超过 32m 的高层汽车库的室内疏散楼梯应设置防烟楼梯间,楼梯间和前室的门应向疏散方向开启。地下汽车库和高层汽车库以及设在高层建筑裙房内的汽车库,其楼梯间、前室的门应采用乙级防火门。

疏散楼梯的宽度不应小于 1.1m。

见《综合医院建筑设计规范》(JGJ 49—1988)。

第 4.0.4 条 楼梯、电梯

二、病房楼的疏散楼梯间,不论层数多少,均应为封闭式楼梯间;高层病房楼应为防烟楼梯间。

见《图书馆建筑设计规范》(JGJ 38—1999)。

6.2.8 书库、非书资料库,藏阅合一的藏书空间,当内部设有上下层连通的工作楼梯或走廊时,应按上下连通层作为一个防火分区,当建筑面积超过本规范第 6.2.2 条的规定时,应设计成封闭楼梯间,并采用乙级防火门。

6.2.2 基本书库、非书资料库,藏阅合一的阅览空间防火分区最大允许建筑面积:当为单层时,不应大于 1500m²;当为多层,建筑高度不超过 24.00m 时,不应大于 1000m²;当高度超过 24.00m 时,不应大于 700m²;地下室或半地下室的书库,不应大于 300m²。

当防火分区设有自动灭火系统时,其允许最大建筑面积可按上述规定增加 1.00 倍,当局部设置自动灭火系统时,增加面积可按该局部面积的 1.00 倍计算。

6.4.3 书库、非书资料库的疏散楼梯,应设计为封闭楼梯间或防烟楼梯间,宜在库门外邻近设置。

见《宿舍建筑设计规范》(JGJ 36—2005)。

4.5.2 通廊式宿舍和单元式宿舍楼梯间的设置应符合下列规定:

1 七层至十一层的通廊式宿舍应设封闭楼梯间,十二层及十二层以上的应设防烟楼梯间。

2 十二层至十八层的单元式宿舍应设封闭楼梯间,十九层及十九层以上的应设防烟楼梯间。七层及七层以上各单元的楼梯间均应通至屋顶。但十层以下的宿舍,在每层居室通向楼梯间的出入口处有乙级防火门分隔时,则该楼梯间可不通至屋顶。

3 楼梯间应直接采光、通风。

二、设计要求

见《建筑设计防火规范》(GB 50016—2006)。

7.4.1 疏散用的楼梯间应符合下列规定：

1 楼梯间应能天然采光和自然通风，并宜靠外墙设置；

2 楼梯间内不应设置烧水间、可燃材料储藏室、垃圾道；

3 楼梯间内不应有影响疏散的凸出物或其他障碍物；

4 楼梯间内不应敷设甲、乙、丙类液体管道；

5 公共建筑的楼梯间内不应敷设可燃气体管道；

6 居住建筑的楼梯间内不应敷设可燃气体管道和设置可燃气体计量表。当住宅建筑必须设置时，应采用金属套管和设置切断气源的装置等保护措施。

7.4.2 封闭楼梯间除应符合本规范第7.4.1条的规定外，尚应符合下列规定：

1 当不能天然采光和自然通风时，应按防烟楼梯间的要求设置；

2 楼梯间的首层可将走道和门厅等包括在楼梯间内，形成扩大的封闭楼梯间，但应采用乙级防火门等措施与其他走道和房间隔开；

3 除楼梯间的门之外，楼梯间的内墙上不应开设其他门窗洞口；

4 高层厂房（仓库）、人员密集的公共建筑、人员密集的多层丙类厂房设置封闭楼梯间时，通向楼梯间的门应采用乙级防火门，并应向疏散方向开启；

5 其他建筑封闭楼梯间的门可采用双向弹簧门。

见《高层民用建筑设计防火规范（2005 年版）》(GB 50045—95)。

6.2.2 裙房和除单元式和通廊式住宅外的建筑高度不超过32m的二类建筑应设封闭楼梯间。封闭楼梯间的设置应符合下列规定：

6.2.2.1 楼梯间应靠外墙，并应直接天然采光和自然通风，当不能直接天然采光和自然通风时，应按防烟楼梯间规定设置。

6.2.2.2 楼梯间应设乙级防火门，并应向疏散方向开启。

6.2.2.3 楼梯间的首层紧接主要出口时，可将走道和门厅等包括在楼梯间内，形成扩大的封闭楼梯间，但应采用乙级防火门等防火措施与其他走道和房间隔开。

第二节 防烟楼梯间

一、设置要求

见《建筑设计防火规范》(GB 50016—2006)。

5.3.12.5 条和 3.7.6 条，同本书第八章第一节"一、设置要求"相关内容。

见《人民防空工程设计防火规范》(GB 50098—2009)。

5.2.1条，同本书第八章第一节"一、设置要求"相关内容。

见《高层民用建筑设计防火规范（2005 年版）》(GB 50045—95)。

6.2.1 一类建筑和除单元式和通廊式住宅外的建筑高度超过32m的二类建筑以及塔式住

宅，均应设防烟楼梯间。

6.2.2.1 楼梯间应靠外墙，并应直接天然采光和自然通风，当不能直接天然采光和自然通风时，应按防烟楼梯间规定设置。

6.2.3.3 十九层及十九层以上的单元式住宅应设防烟楼梯间。

6.2.4 十一层及十一层以下的通廊式住宅应设封闭楼梯间；超过十一层的通廊式住宅应设防烟楼梯间。

见《汽车库、修车库、停车场设计防火规范》(GB 50067—1997)。

6.0.3条，同本书第八章第一节"一、设置要求"相关内容。

见《综合医院建筑设计规范》(JGJ 49—1988)。

4.0.4条，同本书第八章第一节"一、设置要求"相关内容。

见《图书馆建筑设计规范》(JGJ 38—1999)。

6.4.3条，同本书第八章第一节"一、设置要求"相关内容。

见《宿舍建筑设计规范》(JGJ 36—2005)。

4.5.2条，同本书第八章第一节"一、设置要求"相关内容。

二、设计要求

见《建筑设计防火规范》(GB 50016—2006)。

7.4.3 防烟楼梯间除应符合本规范第7.4.1条的有关规定外，尚应符合下列规定：

1 当不能天然采光和自然通风时，楼梯间应按本规范第9章的规定设置防烟或排烟设施，应按本规范第11章的规定设置消防应急照明设施；

2 在楼梯间入口处应设置防烟前室、开敞式阳台或凹廊等。防烟前室可与消防电梯间前室合用；

3 前室的使用面积：公共建筑不应小于6.0m²，居住建筑不应小于4.5m²；合用前室的使用面积：公共建筑、高层厂房以及高层仓库不应小于10.0m²，居住建筑不应小于6.0m²；

4 疏散走道通向前室以及前室通向楼梯间的门应采用乙级防火门；

5 除楼梯间门和前室门外，防烟楼梯间及其前室的内墙上不应开设其他门窗洞口（住宅除外）；

6 楼梯间的首层可将走道和门厅等包括在楼梯间前室内，形成扩大的防烟前室，但应采用乙级防火门等措施与其他走道和房间隔开。

7.4.1条，见本书第八章第一节"二、设计要求"相关内容。

见《高层民用建筑设计防火规范（2005年版）》(GB 50045—95)。

6.2.1 一类建筑和除单元式和通廊式住宅外的建筑高度超过32m的二类建筑以及塔式住宅均应设防烟楼梯间。防烟楼梯间的设置应符合下列规定：

6.2.1.1 楼梯间入口处应设前室、阳台或凹廊。

6.2.1.2 前室的面积，公共建筑不应小于6.00m²，居住建筑不应小于4.50m²。

6.2.1.3 前室和楼梯间的门均应为乙级防火门，并应向疏散方向开启。

6.2.5 楼梯间及防烟楼梯间前室应符合下列规定：

6.2.5.1 楼梯间及防烟楼梯间前室的内墙上，除开设通向公共走道的疏散门和本规范第6.1.3条规定的户门外，不应开设其他门、窗、洞口。

6.2.5.2 楼梯间及防烟楼梯间前室内不应敷设可燃气体管道和甲、乙、丙类液体管道，并不应有影响疏散的突出物。

6.2.5.3 居住建筑内的煤气管道不应穿过楼梯间，当必须局部水平穿过楼梯间时，应穿钢套管保护，并应符合现行国家标准《城镇燃气设计规范》的有关规定。

8.2.2 采用自然排烟的开窗面积应符合下列规定：

8.2.2.1 防烟楼梯间前室、消防电梯间前室可开启外窗面积不应小于 $2.00m^2$，合用前室不应小于 $3.00m^2$。

8.2.2.2 靠外墙的防烟楼梯间每五层内可开启外窗总面积之和不应小于 $2.00m^2$。

8.2.3 防烟楼梯间前室或合用前室，利用敞开的阳台、凹廊或前室内有不同朝向的可开启外窗自然排烟时，该楼梯间可不设防烟设施。

8.3.1 下列部位应设置独立的机械加压送风的防烟设施：

8.3.1.1 不具备自然排烟条件的防烟楼梯间、消防电梯间前室或合用前室。

8.3.1.2 采用自然排烟措施的防烟楼梯间，其不具备自然排烟条件的前室。

见《人民防空工程设计防火规范》(GB 50098—2009)。

5.2.4 防烟楼梯间前室的面积不应小于 $6m^2$；当与消防电梯间合用前室时，其面积不应小于 $10m^2$。

第三节 疏散楼梯的设计要求

一、一般要求

见《建筑设计防火规范》(GB 50016—2006)。

5.3.13.3 楼梯间的首层应设置直通室外的安全出口或在首层采用扩大封闭楼梯间。当层数不超过 4 层时，可将直通室外的安全出口设置在离楼梯间小于等于 15.0m 处；

7.4.7 疏散用楼梯和疏散通道上的阶梯不宜采用螺旋楼梯和扇形踏步。当必须采用时，踏步上下两级所形成的平面角度不应大于 $10°$，且每级离扶手 25cm 处的踏步深度不应小于 22cm。

7.4.8 公共建筑的室内疏散楼梯两梯段扶手间的水平净距不宜小于 15cm。

7.4.9 高度大于 10.0m 的三级耐火等级建筑应设置通至屋顶的室外消防梯。室外消防梯不应面对老虎窗，宽度不应小于 0.6m，且宜从离地面 3.0m 高处设置。

7.4.1条，同本书第八章第一节"二、设计要求"相关内容

见《高层民用建筑设计防火规范（2005 年版）》(GB 50045—95)。

6.2.5 楼梯间及防烟楼梯间前室应符合下列规定：

6.2.5.1 楼梯间及防烟楼梯间前室的内墙上，除开设通向公共走道的疏散门和本规范第6.1.3 条规定的户门外，不应开设其他门、窗、洞口。

6.2.5.2 楼梯间及防烟楼梯间前室内不应敷设可燃气体管道和甲、乙、丙类液体管道，并不应有影响疏散的突出物。

6.2.6 除通向避难层错位的楼梯外，疏散楼梯间在各层的位置不应改变，首层应有直通室外的出口。

疏散楼梯和走道上的阶梯不应采用螺旋楼梯和扇形踏步，但踏步上下两级所形成的平面角

不超过10°，且每级离扶手0.25m处的踏步宽度超过0.22m时，可不受此限。

6.2.7 除本规范第6.1.1条第6.1.1.1款的规定以及顶层为外通廊式住宅外的高层建筑，通向屋顶的疏散楼梯不宜少于两座，且不应穿越其他房间，通向屋顶的门应向屋顶方向开启。

见《民用建筑设计通则》(GB 50352—2005)。

6.6.3 阳台、外廊、室内回廊、内天井、上人屋面及室外楼梯等临空处应设置防护栏杆，并应符合下列规定：

1 栏杆应以坚固、耐久的材料制作，并能承受荷载规范规定的水平荷载；

2 临空高度在24m以下时，栏杆高度不应低于1.05m，临空高度在24m及24m以上（包括中高层住宅）时，栏杆高度不应低于1.10m；

注：栏杆高度应从楼地面或屋面至栏杆扶手顶面垂直高度计算，如底部有宽度大于或等于0.22m，且高度低于或等于0.45m的可踏部位，应从可踏部位顶面起计算。

3 栏杆离楼面或屋面0.10m高度内不宜留空；

4 住宅、托儿所、幼儿园、中小学及少年儿童专用活动场所的栏杆必须采用防止少年儿童攀登的构造，当采用垂直杆件做栏杆时，其杆件净距不应大于0.11m；

5 文化娱乐建筑、商业服务建筑、体育建筑、园林景观建筑等允许少年儿童进入活动的场所，当采用垂直杆件做栏杆时，其杆件净距也不应大于0.11m。

6.7.4 每个梯段的踏步不应超过18级，亦不应少于3级。

6.7.5 楼梯平台上部及下部过道处的净高不应小于2m，梯段净高不宜小于2.20m。

注：梯段净高为自踏步前缘（包括最低和最高一级踏步前缘线以外0.30m范围内）量至上方突出物下缘间的垂直高度。

6.7.7 室内楼梯扶手高度自踏步前缘线量起不宜小于0.90m。靠楼梯井一侧水平扶手长度超过0.50m时，其高度不应小于1.05m。

6.7.8 踏步应采取防滑措施。

6.7.10 楼梯踏步的高宽比应符合表6.7.10的规定。

表6.7.10 楼梯踏步最小宽度和最大高度（m）

楼梯类别	最小宽度	最大高度
住宅共用楼梯	0.26	0.175
幼儿园、小学校等楼梯	0.26	0.15
电影院、剧场、体育馆、商场、医院、旅馆和大中学校等楼梯	0.28	0.16
其他建筑楼梯	0.26	0.17
专用疏散楼梯	0.25	0.18
服务楼梯、住宅套内楼梯	0.22	0.20

注：无中柱螺旋楼梯和弧形楼梯离内侧扶手中心0.25m处的踏步宽度不应小于0.22m。

二、地下、半地下建筑（室）

见《人民防空工程设计防火规范》(GB 50098—2009)。

5.2.2 封闭楼梯间应采用不低于乙级的防火门；封闭楼梯间的地面出口可用于天然采光和自然通风，当不能采用自然通风时，应采用防烟楼梯间。

见《建筑设计防火规范》(GB 50016—2006)。

7.4.4　建筑物中的疏散楼梯间在各层的平面位置不应改变。

地下室、半地下室的楼梯间，在首层应采用耐火极限不低于2.00h的不燃烧体隔墙与其他部位隔开并应直通室外，当必须在隔墙上开门时，应采用乙级防火门。

地下室、半地下室与地上层不应共用楼梯间，当必须共用楼梯间时，在首层应采用耐火极限不低于2.00h的不燃烧体隔墙和乙级防火门将地下、半地下部分与地上部分的连通部位完全隔开，并应有明显标志。

见《高层民用建筑设计防火规范（2005年版)》(GB 50045—95)。

＊6.2.8　地下室、半地下室的楼梯间，在首层应采用耐火极限不低于2.00h的隔墙与其他部位隔开并应直通室外，当必须在隔墙上开门时，应采用不低于乙级的防火门。

地下室或半地下室与地上层不应共用楼梯间，当必须共用楼梯间时，应在首层与地下或半地下层的出入口处，设置耐火极限不低于2.00h的隔墙和乙级的防火门隔开，并应有明显标志。

地下室或半地下室与地上层不宜共用楼梯间，当必须共用楼梯间时，宜在首层与地下或半地下层的出入口处，设置耐火极限不低于2.00h的隔墙和乙级防火门隔开，并应有明显标志。

三、住宅建筑

见《建筑设计防火规范》(GB 50016—2006)。

5.3.11　居住建筑的楼梯间宜通至屋顶，通向平屋面的门或窗应向外开启。

见《高层民用建筑设计防火规范（2005年版)》(GB 50045—95)。

6.1.1.1　十八层及十八层以下，每层不超过8户、建筑面积不超过650m²，且设有一座防烟楼梯间和消防电梯的塔式住宅。

6.1.1.2　每个单元设有一座通向屋顶的疏散楼梯，单元与单元之间设有防火墙，单元之间的楼梯能通过屋顶连通、且户门为甲级防火门，窗间墙宽度、窗槛墙高度为大于1.2m的实体墙的单元式住宅。

6.1.2　塔式高层建筑，两座疏散楼梯宜独立设置，当确有困难时，可设置剪刀楼梯，并应符合下列规定：

6.1.2.1　剪刀楼梯间应为防烟楼梯间。

6.1.2.2　剪刀楼梯的梯段之间，应设置耐火极限不低于1.00h的不燃烧体墙分隔。

6.1.2.3　剪刀楼梯应分别设置前室。塔式住宅确有困难时可设置一个前室，但两座楼梯应分别设加压送风系统。

＊6.1.3A　商住楼中住宅的疏散楼梯应独立设置。

6.2.3　单元式住宅每个单元的疏散楼梯均应通至屋顶，其疏散楼梯间的设置应符合下列规定：

6.2.3.1　十一层及十一层以下的单元式住宅可不设封闭楼梯间，但开向楼梯的户门应为乙级防火门，且楼梯间应靠外墙，并应直接天然采光和自然通风。

6.2.3.2　十二层及十八层的单元式住宅应设封闭楼梯间。

6.2.3.3　十九层及十九层以上的单元式住宅应设防烟楼梯间。

6.2.4　十一层及十一层以下的通廊式住宅应设封闭楼梯间；超过十一层的通廊式住宅应设防烟楼梯间。

见《住宅建筑规范》(GB 50368—2005)。

9.4.2 楼梯间窗口与套房窗口最近边缘之间的水平间距不应小于1.0m。

9.5.4 住宅建筑楼梯间顶棚、墙面和地面均应采用不燃性材料。

见《住宅设计规范》(GB 50096—2011)。

6.3.1 楼梯梯段净宽不应小于1.10m,不超过六层的住宅,一边设有栏杆的梯段净宽不应小于1.00m。

注:楼梯梯段净宽系指墙面装饰面至扶手中心之间的水平距离。

6.3.2 楼梯踏步宽度不应小于0.26m,踏步高度不应大于0.175m,扶手高度不应小于0.90m,楼梯水平段栏杆长度大于0.50m时,其扶手高度不应小于1.05m,楼梯栏杆垂直杆件间净空不应大于0.11m。

6.3.3 楼梯平台净宽不应小于楼梯梯段净宽,且不得小于1.20m,楼梯平台的结构下缘至人行通道的垂直高度不应低于2.00m,入口处地坪与室外地面应有高差,并不应小于0.10m。

注:1. 楼梯平台净宽系指墙面装饰面至扶手中心之间的水平距离;

2. 楼梯平台的结构下缘至人行通道的垂直高度系指结构梁(板)的装饰面至地面装饰面的垂直距离。

6.3.4 住宅楼梯为剪刀梯时,楼梯平台的净宽不得小于1.30m。

6.3.5 楼梯井净宽大于0.11m时,必须采取防止儿童攀滑的措施。

见《宿舍建筑设计规范》(JGJ 36—2005)。

4.5.2条,同本书第八章第一节"一、设置要求"相关内容。

四、体育建筑

见《体育建筑设计规范》(JGJ 31—2003)。

8.2.5 疏散楼梯应符合下列要求:

1 踏步深度不应小于0.28m,踏步高度不应大于0.16m,楼梯最小宽度不得小于1.2m,转折楼梯平台深度不应小于楼梯宽度。直跑楼梯的中间平台深度不应小于1.2m;

2 不得采用螺旋楼梯和扇形踏步。踏步上下两级形成的平面角度不超过10°,且每级离扶手0.25m处踏步宽度超过0.22m时,可不受此限。

五、医院

见《综合医院建筑设计规范》(JGJ 49—1988)。

第3.1.5条 楼梯

一、楼梯的位置,应同时符合防火疏散和功能分区的要求。

二、主楼梯宽度不得小于1.65m,踏步宽度不应小于0.28m,高度不应大于0.16m。

三、主楼梯和疏散楼梯的平台深度,不宜小于2m。

第3.1.6条 三层及三层以下无电梯的病房楼以及观察室与抢救室不在同一层又无电梯的急诊部,均应设置坡道,其坡度不宜大于1/10,并应有防滑措施。

第4.0.4条 楼梯、电梯

一、病人使用的疏散楼梯至少应有一座为天然采光和自然通风的楼梯。

二、病房楼的疏散楼梯间,不论层数多少,均应为封闭式楼梯间;高层病房楼应为防烟楼梯间。

三、每层电梯间应设前室，由走道通向前室的门，应为向疏散方向开启的乙级防火门。

六、托儿所、幼儿园、中小学校

见《民用建筑设计通则》(GB 50352—2005)。

6.7.9 托儿所、幼儿园、中小学及少年儿童专用活动场所的楼梯，梯井净宽大于0.20m时，必须采取防止少年儿童攀滑的措施，楼梯栏杆应采取不易攀登的构造，当采用垂直杆件做栏杆时，其杆件净距不应大于0.11m。

见《中小学校设计规范》(GB 50099—2011)。

8.2.3 中小学校建筑的安全出口、疏散走道、疏散楼梯和房间疏散门等处每100人的净宽度应按表8.2.3计算。同时，教学用房的内走道净宽度不应小于2.40m，单侧走道及外廊的净宽度不应小于1.80m。

表8.2.3 安全出口、疏散走道、疏散楼梯和房间疏散门每100人的净宽度 (m)

所在楼层位置	耐火等级		
	一、二级	三级	四级
地上一、二层	0.70	0.80	1.05
地上三层	0.80	1.05	—
地上四、五层	1.05	1.30	—
地下一、二层	0.80	—	—

七、老年人建筑、疗养院

见《老年人建筑设计规范》(JGJ 122—1999)。

4.4.2 老年人使用的楼梯间，其楼梯段净宽不得小于1.20m，不得采用扇形踏步，不得在平台区内设踏步。

4.4.3 缓坡楼梯踏步踏面宽度，居住建筑不应小于300mm，公共建筑不应小于320mm；踏面高度，居住建筑不应大于150mm，公共建筑不应大于130mm。踏面前缘宜设高度不大于3mm的异色防滑警示条，踏面前缘前凸不宜大于10mm。

见《疗养院建筑设计规范》(JGJ 40—1987)。

第3.6.3条 疗养院主要建筑物安全出口或疏散楼梯不应少于两个，并应分散布置。室内疏散楼梯应设置楼梯间。

第3.6.4条 建筑物内人流使用集中的楼梯，其净宽不应小于1.65m。

八、电影院、剧场

见《电影院建筑设计规范》(JGJ 58—2008)。

6.2.5 疏散楼梯应符合下列规定：

1 对于有候场需要的门厅，门厅内供入场使用的主楼梯不应作为疏散楼梯；

2 疏散楼梯踏步宽度不应小于0.28m，踏步高度不应大于0.16m，楼梯最小宽度不得小于

1.20m，转折楼梯平台深度不应小于楼梯宽度；直跑楼梯的中间平台深度不应小于1.20m；

3 疏散楼梯不得采用螺旋楼梯和扇形踏步；当踏步上下两级形成的平面角度不超过10°，且每级离扶手0.25m处踏步宽度超过0.22m时，可不受此限；

4 室外疏散梯净宽不应小于1.10m；下行人流不应妨碍地面人流。

见《剧场建筑设计规范》(JGJ 57—2000)。

8.2.4 主要疏散楼梯应符合下列规定：

1 踏步宽度不应小于0.28m，踏步高度不应大于0.16m，连续踏步不超过18级，超过18级时，应加设中间休息平台，楼梯平台宽度不应小于梯段宽度，并不得小于1.10m；

2 不得采用螺旋楼梯，采用扇形梯段时，离踏步窄端扶手水平距离0.25m处踏步宽度不应小于0.22m，宽端扶手处不应大于0.50m，休息平台窄端不小于1.20m；

3 楼梯应设置坚固、连续的扶手，高度不应低于0.85m。

九、港口客运站、铁路旅客车站、汽车客运站

见《港口客运站建筑设计规范》(JGJ 86—1992)。

第6.0.5条 底层疏散外门和疏散楼梯的最小宽度不应小于1.40m。疏散外门不应设门槛、门锁，紧靠门口1.40m范围内不应设踏步。如设坡道，其坡度不应大于1/10。

见《铁路旅客车站建筑设计规范》(GB 50226—2007)。

7.1.5 疏散安全出口、走道和楼梯的净宽度除应符合现行国家标准《建筑设计防火规范》GB 50016的有关规定外，尚应符合下列要求：

1 站房楼梯净宽度不得小于1.6m；

2 安全出口和走道净宽度不得小于3m。

见《汽车客运站建筑设计规范》(JGJ 60—1999)。

7.2.5 楼层设置候车厅时，疏散楼梯不得小于两个，疏散楼梯应直接通向室外，室外通道净宽不得小于3m。

十、图书馆、文化馆

见《图书馆建筑设计规范》(JGJ 38—1999)。

6.4.3 书库、非书资料库的疏散楼梯，应设计为封闭楼梯间或防烟楼梯间，宜在库门外邻近设置。

见《文化馆建筑设计规范》(JGJ 41—1987)。

第4.0.8条 文化馆屋顶作为屋顶花园或室外活动场所时，其护栏高度不应低于1.20m。设置金属护栏时，护栏内设置的支撑不得影响群众活动。

十一、汽车库、修车库

见《汽车库、修车库、停车场设计防火规范》(GB 50067—1997)。

6.0.3条，同本书第八章第一节"一、设置要求"相关内容。

十二、厂房、仓库、设备用房

见《建筑设计防火规范》(GB 50016—2006)。

3.7.6 条和 3.7.6 条,同本书第八章第一节"一、设置要求"相关内容。

3.8.6 仓库、筒仓的室外金属梯,当符合本规范第 7.4.5 条的规定时可作为疏散楼梯,但筒仓室外楼梯平台的耐火极限不应低于 0.25h。

十三、室外疏散楼梯

见《建筑设计防火规范》(GB 50016—2006)。

7.4.5 室外楼梯符合下列规定时可作为疏散楼梯:

1 栏杆扶手的高度不应小于 1.1m,楼梯的净宽度不应小于 0.9m;

2 倾斜角度不应大于 45°;

3 楼梯段和平台均应采取不燃材料制作。平台的耐火极限不应低于 1.00h,楼梯段的耐火极限不应低于 0.25h;

4 通向室外楼梯的门宜采用乙级防火门,并应向室外开启;

5 除疏散门外,楼梯周围 2.0m 内的墙面上不应设置门窗洞口。疏散门不应正对楼梯段。

见《高层民用建筑设计防火规范(2005 年版)》(GB 50045—95)。

6.2.10 室外楼梯可作为辅助的防烟楼梯,其最小净宽不应小于 0.90m。当倾斜角度不大于 45°,栏杆扶手的高度不小于 1.10m 时,室外楼梯宽度可计入疏散楼梯总宽度内。

室外楼梯和每层出口处平台,应采用不燃材料制作。平台的耐火极限不应低于 1.00h。在楼梯周围 2.00m 内的墙面上,除设疏散门外,不应开设其他门、窗、洞口。疏散门应采用乙级防火门、且不应正对梯段。

第四节 自动扶梯、自动人行道

见《民用建筑设计通则》(GB 50352—2005)。

6.8.2 自动扶梯、自动人行道应符合下列规定:

1 自动扶梯和自动人行道不得计作安全出口;

2 出入口畅通区的宽度不应小于 2.50m,畅通区有密集人流穿行时,其宽度应加大;

3 栏板应平整、光滑和无突出物;扶手带顶面距自动扶梯前缘、自动人行道踏板面或胶带面的垂直高度不应小于 0.90m;扶手带外边至任何障碍物不应小于 0.50m,否则应采取措施防止障碍物引起人员伤害;

4 扶手带中心线与平行墙面或楼板开口边缘间的距离、相邻平行交叉设置时两梯(道)之间扶手带中心线的水平距离不宜小于 0.50m,否则应采取措施防止障碍物引起人员伤害;

5 自动扶梯的梯级、自动人行道的踏板或胶带上空,垂直净高不应小于 2.30m;

6 自动扶梯的倾斜角不应超过 30°,当提升高度不超过 6m,额定速度不超过 0.50m/s 时,倾斜角允许增至 35°;倾斜式自动人行道的倾斜角不应超过 12°;

7 自动扶梯和层间相通的自动人行道单向设置时,应就近布置相匹配的楼梯;

8 设置自动扶梯或自动人行道所形成的上下层贯通空间,应符合防火规范所规定的有关防火分区等要求。

见《建筑设计防火规范》(GB 50016—2006)。

5.3.6　自动扶梯和电梯不应作为安全疏散设施。

见《商店建筑设计规范》(JGJ 48—1988)。

第3.1.7条　大型商店营业部分层数为四层及四层以上时，宜设乘客电梯或自动扶梯；商店的多层仓库可按规模设置载货电梯或电动提升机、输送机。

第九章 电梯

第一节 普通电梯

一、设置要求

（一）办公建筑 见《办公建筑设计规范》(JGJ 67—2006)。

4.1.3 五层及五层以上办公建筑应设电梯。

（二）住宅建筑 见《宿舍建筑设计规范》(JGJ 36—2005)。

4.5.6 七层及七层以上宿舍或居室最高入口层楼面距室外设计地面的高度大于 21m 时，应设置电梯。

见《住宅设计规范》(GB 50096—2011)。

6.4.1 七层及七层以上住宅或住户入口层楼面距室外设计地面的高度超过 16m 的住宅必须设置电梯。

6.4.2 十二层及十二层以上的住宅，每栋楼设置电梯不应少于两台，其中应设置一台可容纳担架的电梯。

（三）医院 见《综合医院建筑设计规范》(JGJ 49—1988)。

第 3.1.4 条 电梯

一、四层及四层以上的门诊楼或病房楼应设电梯，且不得少于二台；当病房楼高度超过 24m 时，应设污物梯。

二、供病人使用的电梯和污物梯，应采用"病床梯"。

三、电梯井道不得与主要用房贴邻。

（四）剧场 见《剧场建筑设计规范》(JGJ 57—2000)。

6.1.4 主台上空应设栅顶和安装各种滑轮的专用梁，并应符合下列规定：

4 由主台台面去栅顶的爬梯如超过 2.00m 以上，不得采用垂直铁爬梯。甲、乙等剧场上栅顶的楼梯不得少于 2 个，有条件的宜设工作电梯，电梯可由主仓通往各层天桥直达栅顶；

7.1.1 化妆室应靠近舞台布置，主要化妆室应与舞台同层。当在其他层设化妆室时，楼梯应靠近出场口，甲、乙剧场有条件的应设置电梯。

7.2.9 硬景库宜设在侧台后部，如设在侧台或后舞台下部，应设置大型运景电梯。

（五）港口客运站 见《港口客运站建筑设计规范》(JGJ 86—1992)。

第5.2.3条　候船厅的设计应符合下列要求：

七、当候船厅设于楼层时，一、二级站宜设置电梯；

第5.6.5条　出境和入境同一种联检程序用房宜布置在同一层内。当布置在不同楼层时，宜设电梯。

（六）铁路旅客车站 见《铁路旅客车站建筑设计规范》(GB 50226—2007)。

5.2.3　特大型、大型站的站房内应设置自动扶梯和电梯，中型站的站房宜设置自动扶梯和电梯。

（七）图书馆、文化馆 见《图书馆建筑设计规范》(JGJ 38—1999)。

4.1.4　图书馆的四层及四层以上设有阅览室时，宜设乘客电梯或客货两用电梯。

见《文化馆建筑设计规范》(JGJ 41—1987)。

第3.1.6条　五层及五层以上设有群众活动、学习辅导用房的文化馆建筑应设置电梯。

（八）老年人建筑、疗养院 见《老年人建筑设计规范》(JGJ 122—1999)。

4.1.4　老年人建筑层数宜为三层及三层以下；四层及四层以上设电梯。

见《疗养院建筑设计规范》(JGJ 40—1987)。

第3.1.2条　疗养院建筑不宜超过四层，若超过四层应设置电梯。

（九）商店建筑 见《商店建筑设计规范》(JGJ 48—1988)。

第3.1.7条　大型商店营业部分层数为四层及四层以上时，宜设乘客电梯或自动扶梯；商店的多层仓库可按规模设置载货电梯或电动提升机、输送机。

（十）旅馆建筑 见《旅馆建筑设计规范》(JGJ 62—1990)。

第5.1.8条　电梯。

一、一、二级旅馆建筑3层及3层以上，三级旅馆建筑4层及4层以上，四级旅馆建筑6层及6层以上，五、六级旅馆建筑7层及7层以上，应设乘客电梯。

（十一）汽车库 见《汽车库建筑设计规范》(JGJ 100—1998)。

4.1.17　三层以上的多层汽车库或二层以下地下汽车库应设置供载人电梯。

（十二）人防工程地下室 见《人民防空地下室设计规范》(GB 50038—2005)。

3.3.26　当电梯通至地下室时，电梯必须设置在防空地下室的防护密闭区以外。

二、设计要求

见《民用建筑设计通则》(GB 50352—2005)。

6.8.1　电梯设置应符合下列规定：

1 电梯不得计作安全出口；

2 以电梯为主要垂直交通的高层公共建筑和12层及12层以上的高层住宅，每栋楼设置电梯的台数不应少于2台；

3 建筑物每个服务区单侧排列的电梯不宜超过4台，双侧排列的电梯不宜超过2×4台；电梯不应在转角处贴邻布置；

4 电梯候梯厅的深度应符合表6.8.1的规定，并不得小于1.50m；

表 6.8.1 候梯厅深度

电梯类别	布置方式	候梯厅深度
住宅电梯	单 台	≥B
	多台单侧排列	≥B*
	多台双侧排列	≥相对电梯B*之和并＜3.50m
公共建筑电梯	单 台	≥1.5B
	多台单侧排列	≥1.5B*，当电梯群为4台时应≥2.40m
	多台双侧排列	≥相对电梯B*之和并＜4.50m
病床电梯	单 台	≥1.5B
	多台单侧排列	≥1.5B*
	多台双侧排列	≥相对电梯B*之和

注：B为轿厢深度，B^*为电梯群中最大轿厢深度。

5 电梯井道和机房不宜与有安静要求的用房贴邻布置，否则应采取隔振、隔声措施；

6 机房应为专用的房间，其围护结构应保温隔热，室内应有良好通风、防尘，宜有自然采光，不得将机房顶板作水箱底板及在机房内直接穿越水管或蒸汽管；

7 消防电梯的布置应符合防火规范的有关规定。

见《建筑设计防火规范》(GB 50016—2006)。

3.8.8 除一、二级耐火等级的多层戊类仓库外，其他仓库中供垂直运输物品的提升设施宜设置在仓库外，当必须设置在仓库内时，应设置在井壁的耐火极限不低于2.00h的井筒内。室内外提升设施通向仓库入口上的门应采用乙级防火门或防火卷帘。

5.3.6 自动扶梯和电梯不应作为安全疏散设施。

见《住宅设计规范》(GB 50096—2011)。

6.4.3 十二层及十二层以上的住宅每单元只设一部电梯时，从第十二层起应设置与相邻住宅单元联通的联系廊。联系廊可隔层设置，上下联系廊之间的间隔不应超过五层。联系廊的净宽不应小于1.10m，局部净高不应低于2.00m。

6.4.4 十二层及十二层以上的住宅由二个及二个以上的住宅单元组成，且其中有一个或一个以上住宅单元未设置可容纳担架的电梯时，应从第十二层起应设置与可容纳担架的电梯联通的联系廊，联系廊可隔层设置，上下联系廊之间的间隔不应超过五层，联系廊的净宽不应小于1.10m，局部净高不应低于2.00m。

6.4.5 七层及七层以上住宅电梯应在设有户门或公共走廊的每层设站。住宅电梯宜成组集中布置。

6.4.6 候梯厅深度不应小于多台电梯中最大轿箱的深度，且不应小于1.50m。

6.4.7 电梯不应紧邻卧室布置。

见《电影院建筑设计规范》(JGJ 58—2008)。

4.1.8 电影院设置电梯或自动扶梯不宜贴邻观众厅设置。当贴邻设置时，应采取隔声、减振等措施。

见《图书馆建筑设计规范》(JGJ 38—1999)。

4.1.8 电梯井道及产生噪声的设备机房，不宜与阅览室毗邻。并应采取消声、隔声及减振措施，减少其对整个馆区的影响。

见《老年人居住建筑设计标准》(GB/T 50340—2003)。

4.5.2 电梯配置中，应符合下列条件：

1 轿厢尺寸应可容纳担架。

2 厅门和轿门宽度应不小于 0.80m；对额定载重量大的电梯，宜选宽度 0.90m 的厅门和轿门。

3 候梯厅的深度不应小于 1.60m，呼梯按钮高度为 0.90~1.10m。

4 操作按钮和报警装置应安装在轿厢侧壁易于识别和触及处，宜横向布置，距地高度 0.90~1.20m，距前壁、后壁不得小于 0.40m。有条件时，可在轿厢两侧壁上都安装。

第二节　消防电梯

一、设置要求

见《建筑设计防火规范》(GB 50016—2006)。

3.7.7 建筑高度大于 32.0m 且设置电梯的高层厂房，每个防火分区内宜设置一部消防电梯。消防电梯可与客、货梯兼用，消防电梯的防火设计应符合本规范第 7.4.10 条的规定。

符合下列条件的建筑可不设置消防电梯：

1 高度大于 32.0m 且设置电梯，任一层工作平台人数不超过 2 人的高层塔架；

2 局部建筑高度大于 32.0m，且升起部分的每层建筑面积小于等于 50m² 的丁、戊类厂房。

3.8.9 建筑高度大于 32.0m 且设置电梯的高层仓库，每个防火分区内宜设置一台消防电梯。消防电梯可与客、货梯兼用，消防电梯的防火设计应符合本规范第 7.4.10 条的规定。

见《高层民用建筑设计防火规范（2005 年版）》(GB 50045—95)。

6.3.1 下列高层建筑应设消防电梯：

6.3.1.1 一类公共建筑。

6.3.1.2 塔式住宅。

6.3.1.3 十二层及十二层以上的单元式住宅或通廊式住宅。

6.3.1.4 高度超过 32m 的其他二类公共建筑。

6.3.2 高层建筑消防电梯的设置数量应符合下列规定：

6.3.2.1 当每层建筑面积不大于 1500m² 时，应设 1 台。

6.3.2.2 当大于 1500m² 但不大于 4500m² 时，应设 2 台。

6.3.2.3 当大于 4500m² 时，应设 3 台。

6.3.2.4　消防电梯可与客梯或工作电梯兼用，但应符合消防电梯的要求。

二、设计要求

见《建筑设计防火规范》(GB 50016—2006)。

7.4.10　消防电梯的设置应符合下列规定：

1　消防电梯间应设置前室。前室的使用面积应符合本规范第7.4.3条的规定，前室的门应采用乙级防火门；

注：设置在仓库连廊、冷库穿堂或谷物筒仓工作塔内的消防电梯，可不设置前室。

2　前室宜靠外墙设置，在首层应设置直通室外的安全出口或经过长度小于等于30.0m的通道通向室外；

3　消防电梯井、机房与相邻电梯井、机房之间，应采用耐火极限不低于2.00h的不燃烧体隔墙隔开；当在隔墙上开门时，应设置甲级防火门；

4　在首层的消防电梯井外壁上应设置供消防队员专用的操作按钮。消防电梯轿厢的内装修应采用不燃烧材料且其内部应设置专用消防对讲电话；

5　消防电梯的井底应设置排水设施，排水井的容量不应小于$2m^3$，排水泵的排水量不应小于10L/s。消防电梯间前室门口宜设置挡水设施；

6　消防电梯的载重量不应小于800kg；

7　消防电梯的行驶速度，应按从首层到顶层的运行时间不超过60s计算确定；

8　消防电梯的动力与控制电缆、电线应采取防水措施。

7.4.11　建筑中的封闭楼梯间、防烟楼梯间、消防电梯间前室及合用前室，不应设置卷帘门。

疏散走道在防火分区处应设置甲级常开防火门。

见《高层民用建筑设计防火规范（2005年版）》(GB 50045—95)。

6.3.3　消防电梯的设置应符合下列规定：

6.3.3.1　消防电梯宜分别设在不同的防火分区内。

6.3.3.2　消防电梯间应设前室，其面积：居住建筑不应小于$4.50m^2$；公共建筑不应小于$6.00m^2$。当与防烟楼梯间合用前室时，其面积：居住建筑不应小于$6.00m^2$；公共建筑不应小于$10m^2$。

6.3.3.3　消防电梯间前室宜靠外墙设置，在首层应直设通室外的出口或经过长度不超过30m的通道通向室外。

6.3.3.4　消防电梯间前室的门，应采用乙级防火门或具有停滞功能的防火卷帘。

6.3.3.5　消防电梯的载重量不应小于800kg。

6.3.3.6　消防电梯井、机房与相邻其他电梯井、机房之间，应采用耐火极限不低于2.00h的隔墙隔开，当在隔墙上开门时，应设甲级防火门。

6.3.3.7　消防电梯的行驶速度，应按从首层到顶层的运行时间不超过60s计算确定。

6.3.3.8　消防电梯轿厢的内装修应采用不燃烧材料。

6.3.3.9　动力与控制电缆、电线应采取防水措施。

6.3.3.10　消防电梯轿厢内应设专用电话；并应在首层设供消防队员专用的操作按钮。

6.3.3.11　消防电梯间前室门口宜设挡水设施。

消防电梯的井底应设排水设施，排水井容量不应小于$2.00m^3$，排水泵的排水量不应小于10L/s。

第十章 卫生间

第一节 一般要求

见《民用建筑设计通则》(GB 50352—2005)。

6.5.1 厕所、盥洗室、浴室应符合下列规定：

1 建筑物的厕所、盥洗室、浴室不应直接布置在餐厅、食品加工、食品贮存、医药、医疗、变配电等有严格卫生要求或防水、防潮要求用房的上层；除本套住宅外，住宅卫生间不应直接布置在下层的卧室、起居室、厨房和餐厅的上层；

2 卫生设备配置的数量应符合专用建筑设计规范的规定，在公用厕所男女厕位的比例中，应适当加大女厕位比例；

3 卫生用房宜有天然采光和不向邻室对流的自然通风，无直接自然通风和严寒及寒冷地区用房宜设自然通风道；当自然通风不能满足通风换气要求时，应采用机械通风；

4 楼地面、楼地面沟槽、管道穿楼板及楼板接墙面处应严密防水、防渗漏；

5 楼地面、墙面或墙裙的面层应采用不吸水、不吸污、耐腐蚀、易清洗的材料；

6 楼地面应防滑，楼地面标高宜略低于走道标高，并应有坡度坡向地漏或水沟；

7 室内上下水管和浴室顶棚应防冷凝水下滴，浴室热水管应防止烫人；

8 公用男女厕所宜分设前室，或有遮挡措施；

9 公用厕所宜设置独立的清洁间。

6.5.2 厕所和浴室隔间的平面尺寸不应小于表6.5.2的规定。

表 6.5.2 厕所和浴室隔间平面尺寸

类别	平面尺寸（宽度 m×深度 m）
外开门的厕所隔间	0.90×1.20
内开门的厕所隔间	0.90×1.40
医院患者专用厕所隔间	1.10×1.40
无障碍厕所隔间	1.40×1.80（改建用 1.00×2.00）
外开门淋浴隔间	1.00×1.20
内设更衣凳的淋浴隔间	1.00×（1.00+0.60）
无障碍专用浴室隔间	盆浴（门扇向外开启）2.00×2.25 淋浴（门扇向外开启）1.50×2.35

6.5.3 卫生设备间距应符合下列规定：

1 洗脸盆或盥洗槽水嘴中心与侧墙面净距不宜小于0.55m；

2 并列洗脸盆或盥洗槽水嘴中心间距不应小于 0.70m；

3 单侧并列洗脸盆或盥洗槽外沿至对面墙的净距不应小于 1.25m；

4 双侧并列洗脸盆或盥洗槽外沿之间的净距不应小于 1.80m；

5 浴盆长边至对面墙面的净距不应小于 0.65m；无障碍盆浴间短边净宽度不应小于 2m；

6 并列小便器的中心距离不应小于 0.65m；

7 单侧厕所隔间至对面墙面的净距：当采用内开门时，不应小于 1.10m；当采用外开门时不应小于 1.30m；双侧厕所隔间之间的净距：当采用内开门时，不应小于 1.10m；当采用外开门时不应小于 1.30m；

8 单侧厕所隔间至对面小便器或小便槽外沿的净距：当采用内开门时，不应小于 1.10m；当采用外开门时，不应小于 1.30m。

见《城市公共厕所设计标准》(CJJ 14—2005)。

3.1.8 公共厕所应适当增加女厕的建筑面积和厕位数量。厕所男蹲（坐、站）位与女蹲（坐）位的比例宜为 1∶1～2∶3。独立式公共厕所宜为 1∶1，商业区域内公共厕所宜为 2∶3。

3.4.2 公共厕所卫生洁具的使用空间应符合表 3.4.2 的规定。

表 3.4.2 常用卫生洁具平面尺寸和使用空间

洁具	平面尺寸(mm)	使用空间(宽×进深 mm)
洗手盆	500×400	800×600
坐便器(低位、整体水箱)	700×500	800×600
蹲便器	800×500	800×600
卫生间便盆(靠墙式或悬挂式)	600×400	800×600
碗型小便器	400×400	700×500
水槽(桶/清洁工用)	500×400	800×800
擦手器(电动或毛巾)	400×300	650×600

注：使用空间是指除了洁具占用的空间，使用者在使用时所需空间及日常清洁和维护所需空间。使用空间与洁具尺寸是相互联系的。洁具的尺寸将决定使用空间的位置。

第二节 设置要求

一、办公建筑

见《办公建筑设计规范》(JGJ 67—2006)。

4.2.3 普通办公室应符合下列要求：

7 值班办公室可根据使用需要设置；设有夜间值班室时，宜设专用卫生间；

4.3.6 公用厕所应符合下列要求：

1 对外的公用厕所应设供残疾人使用的专用设施；

2 距离最远工作点不应大于 50m；

3 应设前室；公用厕所的门不宜直接开向办公用房、门厅、电梯厅等主要公共空间；

4 宜有天然采光、通风；条件不允许时，应有机械通风措施；

5　卫生洁具数量应符合现行行业标准《城市公共厕所设计标准》CJJ 14 的规定。

注：1　每间厕所大便器三具以上者，其中一具宜设坐式大便器；

2　设有大会议室（厅）的楼层应相应增加厕位。

见《城市公共厕所设计标准》(CJJ 14—2005)。

3.2.7　办公、商场、工厂和其他公用建筑为职工配置的卫生设施数量的确定应符合表 3.2.7 的规定：

表 3.2.7　办公、商场、工厂和其他公用建筑为职工配置的卫生设施

适合任何种类职工使用的卫生设施：		
数量（人）	大便器数量	洗手盆数量
1～5	1	1
6～25	2	2
26～50	3	3
51～75	4	4
76～100	5	5
＞100	增建卫生间的数量或按每 25 人的比例增加设施	
其中男职工的卫生设施		
男性人数	大便器	小便器
1～15	1	1
16～30	2	1
31～45	2	2
46～60	3	2
61～75	3	3
76～90	4	3
91～100	4	4
＞100	增建卫生间的数量或按每 50 人的比例增加设施	

注：1　洗手盆设置：50 人以下，每 10 人配 1 个，50 人以上每增加 20 人增配 1 个；

2　男女性别的厕所必需各设 1 个；

3　无障碍厕所应符合本标准第 7 章的规定；

4　该表卫生设施的配置适合任何种类职工使用；

5　该表如考虑外部人员使用，应按多少人可能使用一次的概率来计算。

二、住宅建筑

见《住宅建筑规范》(GB 50368—2005)。

5.1.3　卫生间不应直接布置在下层住户的卧室、起居室（厅）、厨房、餐厅的上层。卫生间地面和局部墙面应有防水构造。

5.1.4　卫生间应设置便器、洗浴器、洗面器等设施或预留位置；布置便器的卫生间的门不应直接开在厨房内。

见《住宅设计规范》(GB 50096—2011)。

5.4　卫生间

5.4.1　每套住宅应设卫生间，至少应配置便器、洗浴器、洗面器三件卫生设备或为其预留位置。三件卫生设备集中配置的卫生间的使用面积不应小于2.50m²。

5.4.2　卫生间可根据使用功能要求组合不同的设备。不同组合的空间使用面积不应小于下列规定：

1. 设便器、洗面器的为1.80m²；
2. 设便器、洗浴器的为2.00m²；
3. 设洗面器、洗浴器的为2.00m²；
4. 设洗面器、洗衣机的为1.80m²；
5. 单设便器的为1.10m²。

5.4.3　无前室的卫生间的门不应直接开向起居室（厅）或厨房。

5.4.4　卫生间不应直接布置在下层住户的卧室、起居室（厅）、厨房和餐厅的上层。

5.4.5　当卫生间布置在本套内的卧室、起居室（厅）、厨房和餐厅的上层时，均应有防水和便于检修的措施。

5.4.6　套内应设置洗衣机的位置。

三、体育建筑

见《体育建筑设计规范》(JGJ 31—2003)。

4.4.2　观众用房应符合下列要求：

5　应设观众使用的厕所。厕所应设前室，厕所门不得开向比赛大厅，卫生器具应符合表4.4.2-2、表4.4.2-3的规定。

表4.4.2-2　贵宾厕所厕位指标（厕位/人数）

贵宾席规模	100人以内	100～200人	200～500人	500人以上
每一厕位使用人数	20	25	30	35
注：1 男女比例1：1,男厕大小便厕位比例1：2。				

表4.4.2-3　观众厕所厕位指标

项目 指标	男厕			女厕
	大便器(个/1000人)	小便器(个/1000人)	小便槽(m/1000人)	大便器(个/1000人)
指标	8	20	12	30
备注	二者取一			
注：男女比例1：1。				

6　男女厕内均应设残疾人专用便器或单独设置专用厕所。

4.4.3　运动员用房应符合下列规定：

2　运动员休息室应由更衣室、休息室、厕所盥洗室，淋浴等成套组合布置，根据需要设置按摩台等；

6　运动员用房最低标准应符合表4.4.3规定。

表4.4.3 运动员用房标准

等级	运动员休息室（m²）			兴奋剂检查室（m²）			医务急救（m²）	检录处（m²）
	更衣	厕所	淋浴	工作室	候检室	厕所		
特级	4套每套不少于80	不少于2个厕位	不少于4个淋浴位	不少于18	10	男女各一间，每间约4.5	不少于25	不小于500
甲级								不小于300
乙级	2套每套不少于60		不少于2个淋浴位				不小于15	不小于100
丙级	2套每套不少于40	不少于1个厕位		无				室外

注：兴奋剂检查厕所须用坐式便器。

4.4.4 竞赛管理用房应符合下列要求：

2 竞赛管理用房最低标准应符合表4.4.4-1和表4.4.4-2的规定。

表4.4.4-2 竞赛管理用房标准（二）

等级	数据处理			竞赛指挥室	裁判员休息室			赛后控制中心	
	电脑室	前室	更衣		更衣室	厕所	淋浴	男	女
特级	140m²	8m²	10m²	20m²	2套，每套不少于40m²			20m²	20m²
甲级	100m²	8m²	10m²		2套，每套不少于40m²				
乙级	60m²	5m²	8m²	10m²	2套，每套不少于40m²			20m²	
丙级	临时设置				2间，每间10m²		无	无	

5.8.6 室内田径练习馆还应符合以下要求：

6 训练馆应附有厕所、更衣、淋浴、库房等附属设施；

6.4.3 训练房除应根据设施级别、使用对象、训练项目等合理决定场地大小、高度、地面材料和使用方式，并应符合下列要求：

5 训练房应附有必需的厕所、更衣、淋浴、库房等附属设施，根据需要设置按摩室等；

7.3.1 辅助用房与设施应符合以下要求：

1 应设有淋浴，更衣和厕所用房，其设置应满足比赛时和平时的综合利用，淋浴数目不应小于表7.3.1的规定。

表7.3.1 淋浴数目

使用人数	性别	淋浴数目
100人以下	男	1个/20人
	女	1个/15人
100～300人	男	1个/25人
	女	1个/20人
300人以上	男	1个/30人
	女	1个/25人

10.1.10 体育场馆运动员和贵宾的卫生间以及场馆内的浴室应设热水供应装置或系统。淋浴热水的加热设备，当采用燃气加热器时，不得设于淋浴室内（平衡式燃气热水器除外），并应设置可靠的通风排气设备。根据需要可以适当设置水按摩池或浴盆。

四、医院

见《综合医院建筑设计规范》(JGJ 49—1988)。

第3.1.14条 厕所

一、病人使用的厕所隔间的平面尺寸，不应小于1.10m×1.40m，门朝外开，门闩应能里外开启。

二、病人使用的坐式大便器的坐圈宜采用"马蹄式"，蹲式大便器宜采用"下卧式"，大便器旁应装置"助立拉手"。

三、厕所应设前室，并应设非手动开关的洗手盆。

四、如采用室外厕所，宜用连廊与门诊、病房楼相接。

第3.2.4条 妇、产科和计划生育

二、妇科和产科的检查室和厕所，应分别设置。

第3.2.5条 儿科

五、应分设一般厕所和隔离厕所。

第3.2.6条 肠道科应自成一区，应设单独出入口、观察室、小化验室和厕所。宜设专用挂号、收费、取药处和医护人员更衣换鞋处。

第3.2.9条 厕所按日门诊量计算，男女病人比例一般为6：4，男厕每120人设大便器1个，小便器2个；女厕每75人设大便器1个。设置要求见第3.1.14条。

第3.4.3条 护理单元用房的配备

一、必须配备的：

病房、重病房；

病人厕所、盥洗室、浴室；

配餐室、库房、污洗室；

护士室、医生办公室、治疗室、男女更衣值班室、医护人员厕所。

第3.4.7条 护理单元的盥洗室和浴厕

一、设置集中使用厕所的护理单元，男女病人比例一般为6：4，男厕每16床设1个大便器和1个小便器；女厕每12床设1个大便器。

二、医护人员厕所应单独设置。

三、设置集中使用盥洗室和浴室的护理单元，每12～15床各设1个盥洗水嘴和淋浴器，但每一护理单元均不应少于2个。盥洗室和淋浴室应设前室。

四、附设于病房中的浴厕面积和卫生洁具的数量，根据使用要求确定。并宜有紧急呼叫设施。

第3.4.11条 儿科病房

三、应设隔离病房和专用厕所，每病房不得多于2床。

六、浴厕设施应适合儿童使用。

第3.4.12条 妇、产科病房

一、妇、产二科合为一个单元时，妇科的病房、治疗室、浴厕应与产科的产休室、产前检查室、浴厕分别设置。

二、产房应自成一区，入口处应设卫生通过室和浴厕。

三、待产室应邻近产房，宜设专用厕所。

第3.4.17条 灼伤病房

四、入口处应设医护人员卫生通过室，应有换鞋、更衣、厕所和淋浴设施；宜设风淋。

五、重点护理病房和康复病房每间不应多于3床，设专用厕所，并应有防止交叉感染措施。

第3.4.18条 血液病房可设于内科护理单元内，亦可自成一区。可根据需要设置洁净病房。

洁净病房应自成一区，并符合下列要求：

一、由准备和康复病床、病人浴厕、净化室、护士室、洗涤消毒处和消毒品贮藏柜等组成；

二、入口处应设医护人员卫生通过室，应有换鞋、更衣、厕所和淋浴设施；宜设风淋。

三、病人浴厕应同时设有淋浴器和浴盆；

第3.5.3条 病房

五、完全隔离房应设缓冲前室；盥洗、浴厕应附设于病房之内；并应有单独对外出口。

六、每一病区都应设医护人员的更衣室和浴厕，并应设家属探视处。

第3.6.1条 用房组成

一、必须配备的：

一般手术室、无菌手术室、洗手室；

护士室、换鞋处、男女更衣室、男女浴厕；

消毒敷料和消毒器械贮藏室、清洗室、消毒室、污物室、库房。

第3.7.1条 X线诊断

三、设有肠胃检查室者，应设调钡处和专用厕所。

第3.8.3条 治疗病房

一、应自成一区，每病室不得多于3床，平行两床的净距不应小于1.50m，病房内宜单设浴厕。

五、托儿所、幼儿园

见《托儿所、幼儿园建筑设计规范》(JGJ 39—1987)。

第3.2.1条 幼儿园生活用房面积不应小于表3.2.1的规定。

表3.2.1 生活用房的最小使用面积（m²）

房间名称 ＼ 规模	大型	中型	小型	备注
活动室	50	50	50	指每班面积
寝室	50	50	50	指每班面积
卫生间	15	15	15	指每班面积
衣帽贮藏室	9	9	9	指每班面积
音体活动室	150	120	90	指全园共用面积

注：1. 全日制幼儿园活动室与寝室合并设置时，其面积按两者面积之和的80%计算。

2. 全日制幼儿园（或寄宿制幼儿园集中设置洗浴设施时）每班的卫生间面积可减少2m²。寄宿制托儿所、幼儿园集中设置洗浴室时，面积应按规模的大小确定。

3. 实验性或示范性幼儿园，可适当增设某些专业用房和设备，其使用面积按设计任务书的要求设置。

第3.2.2条 寄宿制幼儿园的活动室、寝室、卫生间、衣帽贮藏室应设计成每班独立使用的生活单元。

第3.2.4条 幼儿卫生间应满足下列规定：

一、卫生间应临近活动室和寝室，厕所和盥洗应分间或分隔，并应有直接的自然通风。

二、盥洗池的高度为0.50～0.55m，宽度为0.40～0.45m，水龙头的间距为0.35～0.4m。

三、无论采用沟槽式或坐蹲式大便器均应有1.2m高的架空隔板，并加设幼儿扶手。每个厕位的平面尺寸为0.80m×0.70m，沟槽式的槽宽为0.16～0.18m，坐式便器高度为0.25～0.30m。

四、炎热地区各班的卫生间应设冲凉浴室。热水洗浴设施宜集中设置，凡分设于班内的应为独立的浴室。

第3.2.5条 每班卫生间的卫生设备数量不应少于表3.2.5的规定。

表3.2.5 每班卫生间内最少设备数量

污水池（个）	大便器或沟槽（个或位）	小便槽（位）	盥洗台（水龙头、个）	淋浴（位）
1	4	4	6～8	2

第3.2.6条 供保教人员使用的厕所宜就近集中，或在班内分隔设置。

第3.3.1条 托儿所分为乳儿班和托儿班。乳儿班的房间设置和最小使用面积应符合表3.3.1的规定，托儿班的生活用房面积及有关规定与幼儿园相同。

表3.3.1 乳儿班每班房间最小使用面积（m²）

房间名称	使用面积
乳儿室	50
喂奶室	15
配乳室	8
卫生间	10
贮藏室	6

第3.3.4条 乳儿班卫生间应设洗涤池二个，污水池一个及保育人员的厕位一个（兼作倒粪池）。

六、中小学校

见《中小学校设计规范》(GB 50099—2011)。

5.9.2 舞蹈教室应附设更衣室，宜附设卫生间、浴室和器材储藏室。

6.2.5 教学用建筑每层均应分设男、女学生卫生间及男、女教师卫生间。学校食堂宜设工作人员专用卫生间。当教学用建筑中每层学生少于3个班时，男、女生卫生间可隔层设置。

6.2.6 卫生间位置应方便使用且不影响其周边教学环境卫生。

6.2.7 在中小学校内，当体育场地中心与最近的卫生间的距离超过90.00m时，可设室外厕所。所建室外厕所的服务人数可依学生总人数的15%计算。室外厕所宜预留扩建的条件。

6.2.8 学生卫生间卫生洁具的数量应按下列规定计算：

1 男生至少为每40人设1个大便器或1.20m长大便槽；每20人设1个小便斗或0.60m长小便槽；

女生应至少为每13人设1个大便器或1.20m长大便槽；

2 每40人～45人设1个洗手盆或0.60m长盥洗槽；

3　卫生间内或卫生间附近应设污水池。

6.2.9　中小学校的卫生间内，厕位蹲位距后墙不应小于0.30m。

6.2.10　各类小学大便槽的蹲位宽度不应大于0.18m。

6.2.11　厕位间宜设隔板，隔板高度不应低于1.20m。

6.2.12　中小学校的卫生间应设前室。男、女生卫生间不得共用一个前室。

6.2.13　学生卫生间应具有天然采光、自然通风的条件，并应安装排气管道。

6.2.14　中小学校的卫生间外窗距室内楼地面1.70m以下部分应设视线遮挡措施。

6.2.15　中小学校应采用水冲式卫生间。当设置旱厕时，应按学校专用无害化卫生厕所设计。

七、电影院、剧场

见《电影院建筑设计规范》(JGJ 58—2008)。

4.3.8　电影院内应设厕所，厕所的设置应符合现行行业标准《城市公共厕所设计标准》CJJ 14中的有关规定。

4.4.1　放映机房内应设置放映、还音、倒片、配电等设备或设施，机房内宜设维修、休息处及专用厕所。

4.5.5　员工用房应符合下列规定：

1　员工用房宜包括行政办公、会议、职工食堂、更衣室、厕所等用房，应根据电影院的实际需要设置；

见《城市公共厕所设计标准》(CJJ 14—2005)。

3.2.4　体育场馆、展览馆、影剧院、音乐厅等公共文体活动场所公共厕所卫生设施数量的确定应符合表3.2.4的规定：

表3.2.4　公共文体活动场所配置的卫生设施

设施	男	女
大便器	影院、剧场、音乐厅和相似活动的附属场所，250人以下设1个，每增加1～500人增设1个	影院、剧场、音乐厅和相似活动的附属场所： 不超过40人的设1个 41～70人设3个 71～100人设4个 每增1～40人增设1个
小便器	影院、剧场、音乐厅和相似活动的附属场所，100人以下设2个，每增加1～80人增设1个	无
洗手盆	每1个大便器1个，每1～5个小便器增设1个	每1个大便器1个，每增2个大便器增设1个
清洁池	不少于1个，用于保洁	

注：1　上述设置按男女各为50%计算，若男女比倒有变化应进行调整；
2　若附有其他服务设施内容（如餐饮等），应按相应内容增加配置；
3　公共娱乐建筑、体育场馆和展览馆无障碍卫生设施配置应符合本标准第7章的规定；
4　有人员聚集场所的广场内，应增建外人员使用的附属或独立厕所。

见《剧场建筑设计规范》(JGJ 57—2000)。

4.0.6　剧场应设观众使用的厕所，厕所应设前室。厕所门不得开向观众厅。男女厕所厕位数比率为1∶1，卫生器具应符合下列规定：

1 男厕：应按每100座设一个大便器，每40座设一个小便器或0.60m长小便槽，每150座设一个洗手盆；

2 女厕：应按每25座设一个大便器，每150座设一个洗手盆；

3 男女厕均应设残疾人专用蹲位。

7.1.1 化妆室应靠近舞台布置，主要化妆室应与舞台同层。当在其他层设化妆室时，楼梯应靠近出场口，甲、乙等剧场有条件的应设置电梯，并应符合下列规定：

4 甲、乙等剧场供主要演员使用的小化妆室应附设卫生间。

7.1.6 盥洗室、浴室、厕所不应靠近主台，并应符合下列规定：

1 盥洗室洗脸盆应按每6～10人设一个；

2 淋浴室喷头应按每6～10人设一个；

3 后台每层均应设男、女厕所。男大便每10～15人设一个，男小便器每7～15人设一个，女大便器每10～12人设一个。

八、港口客运站

见《港口客运站建筑设计规范》(JGJ 86—1992)。

第5.5.7条 厕所和盥洗室设计应符合下列要求：

一、站内应设厕所。二等舱候船厅和母子候船厅宜单独设厕所。站内工作人员厕所应与旅客厕所分设，四级站可合设；

二、厕所应有天然采光和良好通风；

三、厕所应设前室。一、二级站应单独设盥洗室；

四、旅客厕所应采用水冲式，厕所内应设挂物钩；

五、旅客厕所及盥洗设备应符合表5.5.7的规定。

表5.5.7 厕所盥洗设备数量指标

房间名称	指标	说明
男厕	每80人设大便器一个、小便斗一个(或小便槽0.60m长)	大便器至少设两个
女厕	每50人设大便器一个	1. 母子候船室有专用厕所，应扣除其数量 2. 大便器至少设两个
母子厕所	每25～30人设大便器一个	1. 母子候船人数按设计旅客聚集量的5%计 2. 另设部分男孩小便槽
盥洗槽	每150人设洗手盆一个(或盥洗槽0.70m长)	炎热地区按每125人计

注：①总人数按设计旅客聚集量计算；
②男女旅客比例为2:1。

第5.6.7条 候船厅、联检厅均应单独设置厕所和盥洗室。可根据需要设置旅客餐厅等服务设施。

九、铁路旅客车站

见《铁路旅客车站建筑设计规范》(GB 50226—2007)。

5.7.1 旅客站房应设厕所和盥洗间。

5.7.2 旅客站房厕所和盥洗间的设计应符合下列规定：

1 设置位置明显，标志易于识别。

2 厕位数宜按最高聚集人数或高峰小时发送量2个/100人确定，男女人数比例应按1∶1、厕位按1∶1.5确定，且男、女厕所大便器数量均不应少于2个，男厕应布置与大便器数量相同的小便器。

3 厕位间应设隔板和挂钩。

4 男女厕所宜分设盥洗间，盥洗间应设面镜，水龙头应采用卫生、节水型，数量宜按最高聚集人数或高峰小时发送量1个/150人设置，并不得少于2个。

5 候车室内最远地点距厕所距离不宜大于50m。

6 厕所应有采光和良好通风。

7 厕所或盥洗间应设污水池。

5.7.3 特大型、大型站的厕所应分散布置。

见《城市公共厕所设计标准》(CJJ 14—2005)。

3.2.6 机场、火车站、公共汽（电）车和长途汽车始末站、地下铁道的车站、城市轻轨车站、交通枢纽站、高速路休息区、综合性服务楼和服务性单位公共厕所卫生设施数量的确定应符合表3.2.6的规定：

表3.2.6 机场、（火）车站、综合性服务楼和服务性单位为顾客配置的卫生设施

设施	男	女
大便器	每1~150人配1个	1~12人配1个；13~30人配2个；30人以上，每增加1~25人增设1个
小便器	75人以下配2个；75人以上每增加1~75人增设1个	无
洗手盆	每个大便器配1个，每1~5个小便器增设1个	每2个大便器配1个
清洁池	至少配1个，用于清洗设施和地面	

注：1 为职工提供的卫生间设施应按本标准第3.2.7条的规定取值；
2 机场、（火）车站、综合性服务楼和服务性单位无障碍卫生间要求应符合本标准第7章的规定；
3 综合性服务楼设饭馆的，饭馆的卫生设施应按本标准第3.2.3条的规定取值；
4 综合性服务楼设音乐、歌舞厅的，音乐、歌舞厅内部卫生设施应按本标准第3.2.4条的规定取值。

十、汽车客运站

见《汽车客运站建筑设计规范》(JGJ 60—1999)。

5.2.8 候车厅内应设饮水点；候车厅附近应设男女厕所及盥洗室。

5.7.7 旅客使用的厕所及盥洗台除应按表5.7.7计算其设备数量外，尚应符合下列规定：

表5.7.7 厕所及盥洗设备指标

房间名称	设备内容（按旅客最高聚集人数计）
男厕	每80人设大便器一个和小便斗一个（或小便槽700mm长）
女厕	每50人设大便器一个
盥洗台	每150人设1个盥洗位（夏热冬冷、夏热冬暖地区按每125人计）

注：1. 男旅客按旅客最高聚集人数的60%计；
2. 母婴候车室设有专用厕所时应扣除其数量；
3. 大便器至少设2个。

1 应设置前室，一、二级站应单独设盥洗室；

2 厕所应有天然采光和良好通风，当采用自然通风时应防止异味串入其他空间。

5.7.8 一、二、三级站应设到站旅客使用的厕所。

十一、旅馆建筑

见《旅馆建筑设计规范》(JGJ 62—1990)。

第3.2.3条 卫生间。

一、客房附设卫生间应符合表 3.2.3-1 的规定。

表 3.2.3-1 客房附设卫生间

建筑等级	一级	二级	三级	四级	五级	六级
净面积(m²)	≥5.0	≥3.5	≥3.0	≥3.0	≥2.5	—
占客房总数百分比(%)	100	100	100	50	25	—
卫生器具件数(件)	不应少于 3			不应小于 2		—

二、对不设卫生间的客房，应设置集中厕所和淋浴室。每件卫生器具使用人数不应大于表 3.2.3-2 的规定。

表 3.2.3-2 每件卫生器具使用人数

每件卫生器具使用人数 使用人数变化范围 / 卫生器具名称		洗脸盆或水龙头	大便器	小便器或0.6m长小便槽	淋浴喷头	
					严寒地区寒冷地区	温暖地区炎热地区
男	使用人数 60 人以下	10	12	12	20	15
	超过 60 人部分	12	15	15	25	18
女	使用人数 60 人以下	8	10	—	15	10
	超过 60 人部分	10	12	—	18	12

三、当卫生间无自然通风时，应采取有效的通风排气措施。

四、卫生间不应设在餐厅、厨房、食品贮藏、变配电室等有严格卫生要求或防潮要求用房的直接上层。

五、卫生间不应向客房或走道开窗。

六、客房上下层直通的管道井，不应在卫生间内开设检修门。

七、卫生间管道应有可靠的防漏水、防结露和隔声措施，并便于检修。

见《城市公共厕所设计标准》(CJJ 14—2005)。

3.2.5 饭店（宾馆）公共厕所卫生设施数量的确定应符合表 3.2.5 的规定：

表 3.2.5 饭店（宾馆）为顾客配置的卫生设施

招待类型	设备（设施）	数量	要求
附有整套卫生设施的饭店	整套卫生设施	每套客房1套	含澡盆(淋浴)，坐便器和洗手盆
	公用卫生间	男女各1套	设置底层大厅附近
	职工洗澡间	每9名职员配1个	
	清洁池	每30个客房1个	每层至少1个

续表

招待类型	设备(设施)	数 量	要 求
不带卫生套间的饭店和客房	大便器	每9人1个	
	公用卫生间	男女各1套	设置底层大厅附近
	洗澡间	每9位客人1个	含浴盆(淋浴)、洗手盆和大便器
	清洁池	每层1个	

十二、商业建筑

见《商店建筑设计规范》(JGJ 48—1988)。

第3.2.13条 大中型商店顾客卫生间设计应符合下列规定:

一、男厕所应按每100人设大便位1个、小便斗2个或小便槽1.20m长;

二、女厕所应按每50人设大便位1个,总数内至少有座便位1~2个;

三、男女厕所应设前室,内设污水池和洗脸盆,洗脸盆按每6个大便位设1个,但至少设1个;如合用前室则各厕所间入口应加遮挡屏;

四、卫生间应有良好通风排气;

五、商店宜单独设置污洗、清洁工具间。

见《城市公共厕所设计标准》(CJJ 14—2005)。

3.2.2 商场、超市和商业街公共厕所卫生设施数量的确定应符合表3.2.2的规定:

表3.2.2 商场、超市和商业街为顾客服务的卫生设施

商店购物面积(m²)	设施	男	女
1000~2000	大便器	1	2
	小便器	1	—
	洗手盆	1	1
	无障碍卫生间	1	
2001~4000	大便器	1	4
	小便器	2	—
	洗手盆	2	4
	无障碍卫生间	1	
≥4000	按照购物场所面积成比例增加		

注:1. 该表推荐顾客使用的卫生设施是对净购物面积1000m²以上的商场;

2. 该表假设男、女顾客各为50%,当接纳性别比例不同时应进行调整;

3. 商业街应按各商店的面积合并计算后,按上表比例配置;

4. 商场和商业街卫生设施的设置应符合本标准第5章的规定;

5. 商场和商业街无障碍卫生间的设置应符合本标准第7章的规定;

6. 商店带饭馆的设施配置应按本标准表3.2.3的规定取值。

3.2.3 饭馆、咖啡店、小吃店、快餐店和茶艺馆公共厕所卫生设施的确定应符合表3.2.3的规定:

表 3.2.3　饭馆、咖啡店、小吃店、茶艺馆、快餐店为顾客配置的卫生设施

设施	男	女
大便器	400 人以下，每 100 人配 1 个；超过 400 人每增加 250 人增设 1 个	200 人以下，每 50 人配 1 个，超过 200 人每增加 250 人增设 1 个
小便器	每 50 人 1 个	无
洗手盆	每个大便器配 1 个，每 5 个小便器增设 1 个	每个大便器配 1 个
清洗池	至少配 1 个	

注：1　一般情况下，男、女顾客按各为 50% 考虑；
2　有关无障碍卫生间的设置应符合本标准第 7 章的规定。

十三、图书馆、文化馆

见《图书馆建筑设计规范》(JGJ 38—1999)。

4.2.7　书库库区可设工作人员更衣室、清洁室和专用厕所，但不得设在书库内。

4.5.5　报告厅应符合下列规定：

2　报告厅，宜设专用的休息处、接待处及厕所；

4.5.7　公用和专用厕所宜分别设置。公共厕所卫生洁具按使用人数男女各半计算，并应符合下列规定：

1　成人男厕按每 60 人设大便器一具，每 30 人设小便斗一具；

2　成人女厕按每 30 人设大便器一具；

3　儿童男厕按每 50 人设大便器一具，小便器两具；

4　儿童女厕按每 25 人设大便器一具；

5　洗手盆按每 60 人设一具；

6　公用厕所内应设污水池一个；

7　公用厕所中应设供残疾人使用的专门设施。

见《文化馆建筑设计规范》(JGJ 41—1987)。

第 3.1.3 条　文化馆设置儿童、老年人专用的活动房间时，应布置在当地最佳朝向和出入安全、方便的地方，并分别设有适于儿童和老年人使用的卫生间。

第 3.3.2 条　综合排练室

二、室内应附设卫生间、器械贮藏间。有条件者可设淋浴间。

第 5.1.3 条　文化馆建筑应分层设置厕所。

十四、老年人建筑、疗养院

见《老年人建筑设计规范》(JGJ 122—1999)。

4.1.3　老年人公共建筑，其出入口、老年所经由的水平通道和垂直交通设施，以及卫生间和休息室等部位，应为老年人提供方便设施和服务条件。

4.7.1　老年住宅、老年公寓、老人院应设紧邻卧室的独用卫生间，配置三件卫生洁具，其面积不宜小于 5.00m²。

4.7.2　老人院、托老所应分别设公用卫生间、公用浴室和公用洗衣间。托老所备有全托时，全托者卧室宜设紧邻的卫生间。

4.7.3 老人疗养室、老人病房，宜设独用卫生间。

4.7.4 老年人公共建筑的卫生间，宜临近休息厅，并应设便于轮椅回旋的前室，男女各设一具轮椅进出的厕位小间，男卫生间应设一具立式小便器。

4.7.5 独用卫生间应设坐便器、洗面盆和浴盆淋浴器。坐便器高度不应大于0.40m，浴盆及淋浴坐椅高度不应大于0.40m。浴盆一端应设不小于0.30m宽度座台。

4.7.6 公用卫生间厕位间平面尺寸不宜小于1.20m×2.00m，内设0.40m高的坐便器。

4.7.7 卫生间内与坐便器相邻墙面应设水平高0.70m的"L"形安全扶手或"Π"形落地式安全扶手。贴墙浴盆的墙面应设水平高度0.60m的"L"形安全扶手，入盆一侧贴墙设安全扶手。

4.7.8 卫生间宜选用白色卫生洁具，平底防滑式浅浴盆。冷、热水混合式龙头宜选用杠杆式或掀压式开关。

4.7.9 卫生间、厕位间宜设平开门，门扇向外开启，留有观察窗口，安装双向开启的插销。

见《老年人居住建筑设计标准》(GB/T 50340—2003)。

4.8.1 卫生间与老人卧室宜近邻布置。

4.8.3 卫生间入口的有效宽度不应小于0.80m。

4.8.6 卫生洁具的选用和安装位置应便于老年人使用。便器安装高度不应低于0.40m；浴盆外缘距地高度宜小于0.45m。浴盆一端宜设坐台。

4.9.1 公用卫生间和公用浴室入口的有效宽度不应小于0.90m，地面应平整并选用防滑材料。

4.9.2 公用卫生间中应至少有一个为轮椅使用者设置的厕位。公用浴室应设轮椅使用者专用的淋浴间或盆浴间。

4.9.3 坐便器安装高度不应低于0.40m，坐便器两侧应安装扶手。

4.9.4 厕位内宜设高1.20m的挂衣物钩。

4.9.5 宜设置适合轮椅坐姿的洗面器，洗面器高度0.80m，侧面宜安装扶手。

4.9.6 淋浴间内应设高0.45m的洗浴座椅，周边应设扶手。

见《疗养院建筑设计规范》(JGJ 40—1987)。

第3.2.1条 疗养部分按病种及规模分成若干个互不干扰的护理单元，一般由以下房间组成：

一、疗养室、疗养员活动室；

二、医生办公室、护士站、治疗室、监护室（心血管疗区设）、护士值班室；

三、污洗室、库房、疗养员用厕所、浴室及舆洗室、开水间、医护人员专用厕所。

第3.2.6条 疗养室附设卫生间时，卫生间的门宜向外开启，门锁装置应内外均可开启。

第3.2.11条 公共设施

二、公用舆洗室应按6～8人设一个洗脸盆（或0.70m长舆洗槽）。

三、公用厕所应按男每15人设一个大便器和一个小便器（或0.60m长的小便槽），女每12人设一个大便器。大便器旁宜装助立拉手。

四、公用淋浴室应男女分别设置。炎热地区按8～10人设一个淋浴器，寒冷地区按15～20人设一个淋浴器。

五、凡疗养员使用的厕所和淋浴隔间的门扇宜向外开启。

第3.3.4条　水疗室

一、水疗室由等候空间、医护办公室、浴室、更衣休息室、厕所、贮存室等组成。

第3.3.7条　泥疗室

一、泥疗室由治疗、贮泥、泥搅拌、泥加温、调泥、淋浴、厕所、洗涤等部分组成。治疗部分应男女分别设室。

十五、城市公共场所

见《城市公共厕所设计标准》(CJJ 14—2005)。

3.2.1　公共场所公共厕所卫生设施数量的确定应符合表 3.2.1 的规定：

表 3.2.1　公共场所公共厕所每一卫生器具服务人数设置标准

卫生器具 设置位置	大便器		小便器
	男	女	
广场、街道	1000	700	1000
车站、码头	300	200	300
公园	400	300	400
体育场外	300	200	300
海滨活动场所	70	50	60

注：1　洗手盆应按本标准第 3.3.15 的规定采用；
　　2　无障碍厕所卫生器具的设置应符合本标准第 7 章的规定。

第十一章 门 窗

第一节 普通门窗要求

一、一般要求

见《建筑设计防火规范》(GB 50016—2006)。

7.4.12 建筑中的疏散用门应符合下列规定：

1 民用建筑和厂房的疏散用门应向疏散方向开启。除甲、乙类生产房间外，人数不超过60人的房间且每樘门的平均疏散人数不超过30人时，其门的开启方向不限；

2 民用建筑及厂房的疏散用门应采用平开门，不应采用推拉门、卷帘门、吊门、转门；

3 仓库的疏散用门应为向疏散方向开启的平开门，首层靠墙的外厕可设推拉门或卷帘门，但甲、乙类仓库不应采用推拉门或卷帘门；

4 人员密集场所平时需要控制人员随意出入的疏散用门，或设有门禁系统的居住建筑外门，应保证火灾时不需使用钥匙等任何工具即能从内部易于打开，并应在显著位置设置标识和使用提示。

见《民用建筑设计通则》(GB 50352—2005)。

6.10.1 门窗产品应符合下列要求：

1 门窗的材料、尺寸、功能和质量等应符合使用要求，并应符合建筑门窗产品标准的规定；

2 门窗的配件应与门窗主体相匹配，并应符合各种材料的技术要求；

3 应推广应用具有节能、密封、隔声、防结露等优良性能的建筑门窗。

注：门窗加工的尺寸，应按门窗洞口设计尺寸扣除墙面装修材料的厚度，按净尺寸加工。

6.10.2 门窗与墙体应连接牢固，且满足抗风压、水密性、气密性的要求，对不同材料的门窗选择相应的密封材料。

6.10.3 窗的设置应符合下列规定：

1 窗扇的开启形式应方便使用。安全和易于维修、清洗；

2 当采用外开窗时应加强牢固窗扇的措施；

3 开向公共走道的窗扇，其底面高度不应低于2m；

4 临空的窗台低于0.80m时，应采取防护措施，防护高度由楼地面起计算不应低于0.80m；

5 防火墙上必须开设窗洞时，应按防火规范设置；

6 天窗应采用防破碎伤人的透光材料；

7 天窗应有防冷凝水产生或引泄冷凝水的措施；

8　天窗应便于开启、关闭、固定、防渗水，并方便清洗。

注：1　住宅窗台低于 0.90m 时，应采取防护措施；

2　低窗台、凸窗等下部有能上人站立的宽窗台面时，贴窗护栏或固定窗的防护高度应从窗台面起计算。

6.10.4　门的设置应符合下列规定：

1　外门构造应开启方便，坚固耐用；

2　手动开启的大门扇应有制动装置，推拉门应有防脱轨的措施；

3　双面弹簧门应在可视高度部分装透明安全玻璃；

4　旋转门、电动门、卷帘门和大型门的邻近应另设平开疏散门，或在门上设疏散门；

5　开向疏散走道及楼梯间的门扇开足时，不应影响走道及楼梯平台的疏散宽度；

6　全玻璃门应选用安全玻璃或采取防护措施，并应设防撞提示标志；

7　门的开启不应跨越变形缝。

见《民用建筑热工设计规范》(GB 50176—1993)。

第4.4.4条　居住建筑和公共建筑窗户的气密性，应符合下列规定：

一、在冬季室外平均风速大于或等于 3.0m/s 的地区，对于 1~6 层建筑，不应低于现行国家标准《建筑外窗空气渗透性能分级及其检测方法》GB 7107 规定的Ⅲ级水平；对于 7~30 层建筑，不应低于上述标准规定的Ⅱ级水平。

二、在冬季室外平均风速小于 3.0m/s 的地区，对于 1~6 层建筑，不应低于上述标准规定的Ⅳ级水平；对于 7~30 层建筑，不应低于上述标准规定的Ⅲ级水平。

二、高层民用建筑

见《高层民用建筑设计防火规范（2005 年版）》(GB 50045—95)。

6.1.16　高层建筑的公共疏散门均应向疏散方向开启，且不应采用侧拉门、吊门和转门。人员密集场所防止外部人员随意进入的疏散用门，应设置火灾时不需使用钥匙等任何器具即迅速开启的装置，并应在明显位置设置使用提示。

8.2.2.4　需要排烟的房间可开启外窗面积不应小于该房间面积的 2%。

8.2.2.5　净空高度小于 12m 的中庭可开启的大窗或高侧窗的面积不应小于该中庭地面积的 5%。

三、办公建筑

见《办公建筑设计规范》(JGJ 67—2006)。

4.1.6　办公建筑的窗应符合下列要求：

1　底层及半地下室外窗宜采取安全防范措施；

2　高层及超高层办公建筑采用玻璃幕墙时应设有清洁设施，并必须有可开启部分，或设有通风换气装置；

3　外窗不宜过大，可开启面积不应小于窗面积的 30%，并应有良好的气密性、水密性和保温隔热性能，满足节能要求。全空调的办公建筑外窗开启面积应满足火灾排烟和自然通风要求。

4.1.7　办公建筑的门应符合下列要求：

1　门洞口宽度不应小于 1.00m，高度不应小于 2.10m；

2　机要办公室、财务办公室、重要档案库、贵重仪表间和计算机中心的门应采取防盗措施，室内宜设防盗报警装置。

四、住宅建筑

见《住宅建筑规范》(GB 50368—2005)。

5.1.5 外窗窗台距楼面、地面的净高低于0.90m时，应有防护设施。六层及六层以下住宅的阳台栏杆净高不应低于1.05m，七层及七层以上住宅的阳台栏杆净高不应低于1.10m。阳台栏杆应有防护措施。防护栏杆的垂直杆件间净距不应大于0.11m。

9.4.1 住宅建筑上下相邻套房开口部位间应设置高度不低于0.8m的窗槛墙或设置耐火极限不低于1.00h的不燃性实体挑檐，其出挑宽度不应小于0.5m，长度不应小于开口宽度。

见《住宅设计规范》(GB 50096—2011)。

5.8.1 外窗窗台距楼面、地面的净高低于0.90m时，应有防护设施。

注：窗外有阳台或平台时可不受此限制。窗台的净高或防护栏杆的高度均应从可踏面起算，保证净高达到0.90m。

5.8.2 当设置凸窗时应符合下列规定：

1. 窗台高度低于或等于0.45m时，防护高度从窗台面起算不应低于0.90m；

2. 可开启窗扇窗洞口底距窗台面的净高低于0.90m时，窗洞口处应有防护措施。其防护高度从窗台面起算不应低于0.90m；

3. 严寒和寒冷地区不宜设置凸窗。

5.8.5 住宅户门应采用具备防盗、隔音功能的防护门，向外开启的户门不应妨碍公共交通及相邻户门开启。

5.8.6 厨房和卫生间的门应在下部设有效截面积不小于0.02m² 的固定百叶，或距地面留出不小于30mm的缝隙。

五、体育建筑

见《体育建筑设计规范》(JGJ 31—2003)。

8.2.3 疏散内门及疏散外门应符合下列要求：

1 疏散门的净宽度不应小于1.4m，并应向疏散方向开启；

2 疏散门不得做门槛，在紧靠门口1.4m范围内不应设置踏步；

3 疏散门应采用推门外开门，不应采用推拉门，转门不得计入疏散门的总宽度。

六、医院

见《综合医院建筑设计规范》(JGJ 49—1988)。

第3.6.4条 手术室的门窗

一、通向清洁走道的门净宽，不应小于1.10m。

二、通向洗手室的门净宽，不应大于0.80m；应设弹簧门。当洗手室和手术室不贴邻时，则手术室通向清洁走道的门必须设弹簧门或自动启闭门。

三、手术室可采用天然光源或人工照明。当采用天然光源时，窗洞口面积与地板面积之比不得大于1/7，并应采取有效遮光措施。

七、托儿所、幼儿园

见《托儿所、幼儿园建筑设计规范》(JGJ 39—1987)。

第3.7.3条 外窗应符合下列要求：

一、活动室、音体活动室的窗台距地面高度不宜大于0.60m。楼层无室外阳台时，应设护栏。距地面1.30m内不应设平开窗。

二、所有外窗均应加设纱窗。活动室、寝室、音体活动室及隔离室的窗应有遮光设施。

八、中小学校

见《中小学校设计规范》(GB 50099—2011)。

8.1.5 临空窗台的高度不应低于0.90m。

8.1.8 教学用房的门窗设置应符合下列规定：

1 疏散通道上的门不得使用弹簧门、旋转门、推拉门、大玻璃门等不利于疏散通畅、安全的门；

2 各教学用房的门均应向疏散方向开启，开启的门扇不得挤占走道的疏散通道；

3 靠外廊及单内廊一侧教室内隔墙的窗开启后，不得挤占走道的疏散通道，不得影响安全疏散；

4 二层及二层以上的临空外窗的开启扇不得外开。

九、电影院、剧场

见《电影院建筑设计规范》(JGJ 58—2008)。

6.2.2 观众厅疏散门不应设置门槛，在紧靠门口1.40m范围内不应设置踏步。疏散门应为自动推闩式外开门，严禁采用推拉门、卷帘门、折叠门、转门等。

见《剧场建筑设计规范》(JGJ 57—2000)。

6.1.7 主台应分别设上场门和下场门，门的位置应使演员上下场和跑场方便，但应避免在天幕后墙开门。门的净宽不应小于1.50m，净高不应低于2.40m。

6.1.8 侧台应符合下列规定：

5 侧台进出景物的门，净宽不应小于2.40m，净高不应低于3.60m，门应隔声、不漏光。严寒和寒冷地区的侧台外门应设保温门斗，门外应设装卸平台和雨篷；当条件允许时，门外宜做成坡道；

7.1.2 服装室的门，净宽不应小于1.20m，净高不应低于2.40m。

7.1.3 候场室应靠近出场口，门净宽不应小于1.20m，净高不应低于2.40m。

7.2.6 木工间长不应小于15m，宽不应小于10m，净高不应低于7m，门净宽不应小于2.40m，净高不应小于3.60m。

7.2.10 硬景库净高不应低于6m，门净宽不应小于2.40m，门净高不应低于3.60m。

十、港口客运站

见《港口客运站建筑设计规范》(JGJ 86—1992)。

第5.2.3条 候船厅的设计应符合下列要求：

三、应充分利用天然采光，其窗洞口面积与地面面积比不宜小于1：6；

第5.3.3条 售票厅的设计应符合下列要求：

三、应充分利用天然采光，其窗口面积与地面面积比不宜小于1：6；

第6.0.5条 底层疏散外门和疏散楼梯的最小宽度不应小于1.40m。疏散外门不应设门槛、门锁，紧靠门口1.40m范围内不应设踏步。如设坡道，其坡度不应大于1/10。

十一、铁路旅客车站

见《铁路旅客车站建筑设计规范》(GB 50226—2007)。

5.3.4 候车区(室)设计应符合下列规定:

3 窗地比不应小于1:6,上下窗宜设开启扇,并应有开闭设施。

十二、汽车客运站

见《汽车客运站建筑设计规范》(JGJ 60—1999)。

5.2.5 候车厅应充分利用天然采光,窗地面积比不应小于1/7。

7.2.3 候车厅安全出口净宽不得小于1.40m;太平门应向疏散方向开启,严禁设锁,不得设门槛。如设踏步应距门线1.40m处起步,如设坡道,坡度不得大于1/12,并应有防滑措施。

十三、旅馆建筑

见《旅馆建筑设计规范》(JGJ 62—1990)。

第3.2.1条 客房。

七、天然采光的客房间,其采光窗洞口面积与地面面积之比不应小于1:8。

第3.2.6条 门、阳台。

一、客房入口门洞宽度不应小于0.9m,高度不应低于2.1m。

二、客房内卫生间门洞宽度不应小于0.75m,高度不应低于2.1m。

十四、商店建筑

见《商店建筑设计规范》(JGJ 48—1988)。

第3.1.5条 营业和仓储用房的外门窗应符合下列规定:

一、连通外界的底(楼)层门窗应采取防盗设施;

二、根据具体要求,外门窗应采取通风、防雨、防晒、保温等措施。

十五、图书馆、文化馆

见《图书馆建筑设计规范》(JGJ 38—1999)。

4.1.6 各类用房的天然采光标准,不应小于表4.1.6中的规定。

表 4.1.6 图书馆各类用房天然采光标准值

房间名称	采光等级	室内天然光照度 (1x)	采光系数最低值 C_{min}(%)	窗、地面积比 A_c/A_d				
				侧面采光	顶部采光			
				侧窗	矩形天窗	锯齿形天窗	平天窗
少年儿童阅览室 普通阅览室 珍善本舆图阅览室 开架书库 行政办公、业务用房 会议室(厅) 出纳厅 研究室 装裱整修,美工	Ⅲ	100	2	1/5	1/6	1/8	1/11

续表

房间名称	采光等级	室内天然光照度（1x）	采光系数最低值 C_{min}（%）	窗、地面积比 A_c/A_d			
				侧面采光	顶部采光		
				侧窗	矩形天窗	锯齿形天窗	平天窗
目录厅 陈列室 视听室 电子阅览室 缩微阅读室 报告厅（多功能厅） 复印室 读者休息	Ⅳ	50	1	1/7	1/10	1/12	1/18
闭架书库 门厅，走廊，楼梯间 厕所 其他	Ⅴ	25	0.5	1/12	1/14	1/19	1/27

注：1. 此表为Ⅲ类光气候区的单层普通钢窗的采光标准，其他光气候区和窗型者应按现行国家标准《建筑采光设计标准》GB 50033 中的有关规定修正；

2. 陈列室系指展示面的照度。电子阅览室、视听室、舆图室的描图台需设遮光设施。

5.7.4　门下沿与楼地面之间的缝隙不得大于5mm，鼠患严重地区宜采用金属门或下沿包铁皮的木门。墙身通风口应用耐腐蚀的金属网封罩。

5.8.4　位于底层之重要部门的外门窗均应加设防盗设施；当有外遮阳时，亦应做防盗处理；有地下室时，地下室的窗户及采光井应另加设防护设施。

见《文化馆建筑设计规范》(JGJ 41—1987)。

第3.1.7条　各类用房的窗洞口与该房间地面面积之比，不应低于表3.1.7的规定。

第3.3.2条　综合排练室

七、综合排练室的主要出入口宜设隔声门。

第3.4.5条　录音工作室

五、录音室和控制室均应采用隔声门窗。

表 3.1.7　窗洞口与房间地面面积之比

房 间 名 称	窗 地 比
展览、阅览用房 美术书法工作室、美术书法教室	1/4
游艺、交谊用房 文艺、音乐、舞蹈、戏曲等工作室 站点指导、群众文化研究部 普通教室，大教室，综合排练室	1/5

注：本表按单层钢侧窗计算，采用其他类型窗应调整窗地比。

第4.0.5条　文化馆群众活动部分、学习辅导部分的门均不得设置门槛。

第4.0.6条　凡在安全疏散走道的门，一律向疏散方向开启，并不得使用旋转门、推拉门和吊门。

第4.0.7条　展览厅、舞厅、大游艺室的主要出入口宽度不应小于1.50m。

十六、老年人建筑、疗养院

见《老年人建筑设计规范》(JGJ 122—1999)。

4.9.1 老年人建筑公用外门净宽不得小于 1.10m。

4.9.2 老年人住宅户门和内门（含厨房门、卫生间门、阳台门）通行净宽不得小于 0.80m。

4.9.3 起居室、卧室、疗养室、病房等门扇应采用可观察的门。

4.9.4 窗扇宜镶用无色透明玻璃。开启窗口应设防蚊蝇纱窗。

见《疗养院建筑设计规范》(JGJ 40—1987)。

第3.1.4条 主要用房应直接天然采光，其采光窗洞口面积与该房间地板面积之比（窗地比）不应小于表 3.1.4 的规定。

表 3.1.4 主要用房窗地比

房 间 名 称	窗地比
疗养员活动室	1/4
疗养室、调剂制剂室、医护办公室及治疗、诊断、检验等用房	1/6
浴室、舆洗室、厕所(不包括疗养室附设的卫生间)	1/10

注：窗洞口面积按单层钢侧窗计算，如采用其他类型窗应按窗结构挡光折减系数调整。

第3.1.5条 疗养院主要建筑物的坡道、出入口、走道应满足使用轮椅者的要求。

第3.1.6条 疗养、理疗、医技用房及营养食堂的外门、窗宜安装纱门纱窗。

十七、锅炉房、变配电室

见《锅炉房设计规范》(GB 50041—2008)。

第5.3.7条 锅炉通向室外的门应向外开启，锅炉房内的工作间或生活间直通锅炉间的门应向锅炉间内开启。

见《10kV 及以下变电所设计规范》(GB 50053—1994)。

第6.2.1条 高压配电室宜设不能开启的自然采光窗，窗台距室外地坪不宜低于 1.8m；低压配电室可设能开启的自然采光窗。配电室临街的一面不宜开窗。

第6.2.2条 变压器室、配电室、电容器室的门应向外开启。相邻配电室之间有门时，此门应能双向开启。

十八、人防工程

见《人民防空地下室设计规范》(GB 50038—2005)。

3.3.6 防空地下室出入口人防门的设置应符合下列规定

1 人防门的设置数量应符合表 3.3.6 的规定，并按由外到内的顺序，设置防护密闭门、密闭门；

2 防护密闭门应向外开启；

表 3.3.6 出入口人防门设置数量

人防门	工程类别			
	医疗救护工程、专业队队员掩蔽部、一等人员掩蔽所、生产车间、食品站		二等人员掩蔽所、电站控制室、物资库、区域供水站	专业队装备掩蔽部、汽车库、电站发电机房
	主要口	次要口		
防护密闭门	1	1	1	1
密闭门	2	1	1	0

3 密闭门宜向外开启。

注：人防门系防护密闭门和密闭门的统称。

3.3.7 防护密闭门和密闭门的门前通道，其净宽和净高应满足门扇的开启和安装要求。当通道尺寸小于规定的门前尺寸时，应采取通道局部加宽，加高的措施（图 3.3.7）。

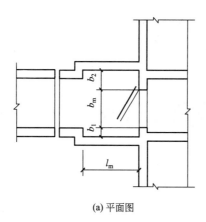

(a) 平面图

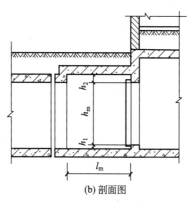

(b) 剖面图

图 3.3.7 门前通道尺寸示意

b_1—闭锁侧墙宽；b_2—铰页侧墙宽；b_m—洞口宽；l_m—门扇开启最小长度；
h_1—门槛高度；h_2—门楣高度；h_m—洞口高

3.3.18 设置在出入口的防护密闭门和防爆波活门。其设计压力值应符合下列规定：

1 乙类防空地下室应按表3.3.18-1确定；

表3.3.18-1 乙类防空地下室出入口防护密闭门的设计压力值（MPa）

防常规武器抗力级别			常5级	常6级
室外出入口	直通式	通道长度≤15(m)	0.30	0.15
		通道长度＞15(m)	0.20	0.10
	单向式、穿廊式、楼梯式、竖井式			
室内出入口				

注：通道长度：直通式出入口按有防护顶盖段通道中心线在平面上的投影长计。

2 甲类防空地下室应按表3.3.18-2确定。

表3.3.18-2 甲类防空地下室出入口防护密闭门的设计压力值（MPa）

防核武器抗力级别		核4级	核4B级	核5级	核6级	核6B级
室外出入口	直通式、单向式	0.90	0.60	0.30	0.15	0.10
	穿廊式、楼梯式、竖井式	0.60	0.40			
室内出入口						

第二节 防火门、防火卷帘

一、设置要求

（一）一般要求　见《建筑设计防火规范》（GB 50016—2006）。

5.1.11 防火分区之间应采用防火墙分隔。当采用防火墙确有困难时，可采用防火卷帘等防火分隔设施分隔。采用防火卷帘时应符合本规范第7.5.3条的规定。

5.1.13.5 当地下商店总建筑面积大于20000m²时，应采用不开设门窗洞口的防火墙分隔。相邻区域确需局部连通时，应选择采取下列措施进行防火分隔：

1）下沉式广场等室外开敞空间。该室外开敞空间的设置应能防止相邻区域的火灾蔓延和便于安全疏散；

2）防火隔间。该防火隔间的墙应为实体防火墙，在隔间的相邻区域分别设置火灾时能自行关闭的常开式甲级防火门；

3）避难走道。该避难走道除应符合现行国家标准《人民防空工程设计防火规范》GB 50098的有关规定外，其两侧的墙应为实体防火墙，且在局部连通处的墙上应分别设置火灾时能自行关闭的常开式甲级防火门；

4）防烟楼梯间。该防烟楼梯间及前室的门应为火灾时能自行关闭的常开式甲级防火门。

5.1.15 当歌舞厅、录像厅、夜总会、放映厅、卡拉OK厅（含具有卡拉OK功能的餐厅）、游艺厅（含电子游艺厅）、桑拿浴室（不包括洗浴部分）、网吧等歌舞娱乐放映游艺场所必须布置在袋形走道的两侧或尽端时，最远房间的疏散门至最近安全出口的距离不应大于9m。当必须布置在建筑物内首层、二层或三层外的其他楼层时，尚应符合下列规定：

2 一个厅、室的建筑面积不应大于200m²，并应采用耐火极限不低于2.00h的不燃烧体隔墙和1.00h的不燃烧体楼板与其他部位隔开，厅、室的疏散门应设置乙级防火门；

5.4.2 燃油或燃气锅炉、油浸电力变压器、充有可燃油的高压电容器和多油开关等用房受条件限制必须布置在民用建筑内时，不应布置在人员密集场所的上一层、下一层或贴邻，并应符合下列规定：

2 锅炉房、变压器室的门均应直通室外或直通安全出口；外墙开口部位的上方应设置宽度不小于1.0m的不燃烧体防火挑檐或高度不小于1.2m的窗槛墙；

3 锅炉房、变压器室与其他部位之间应采用耐火极限不低于2.00h的不燃烧体隔墙和1.50h的不燃烧体楼板隔开。在隔墙和楼板上不应开设洞口，当必须在隔墙上开设门窗时，应设置甲级防火门窗；

4 当锅炉房内设置储油间时，其总储存量不应大于1m³，且储油间应采用防火墙与锅炉间隔开；当必须在防火墙上开门时，应设置甲级防火门；

5 变压器室之间、变压器室与配电室之间，应采用耐火极限不低于2.00h的不燃烧体墙隔开。

5.4.3 柴油发电机房布置在民用建筑内时应符合下列规定：

2 应采用耐火极限不低于2.00h的不燃烧体隔墙和1.50h的不燃烧体楼板与其他部位隔开，门应采用甲级防火门；

3 机房内应设置储油间，其总储存量不应大于8.0h的需要量，且储油间应采用防火墙与发电机间隔开；当必须在防火墙上开门时，应设置甲级防火门；

7.1.5 防火墙上不应开设门窗洞口.当必须开设时，应设置固定的或火灾时能自动关闭的甲级防火门窗。

7.2.1 剧院等建筑的舞台与观众厅之间的隔墙应采用耐火极限不低于3.00h的不燃烧体。

舞台上部与观众厅闷顶之间的隔墙可采用耐火极限不低于1.50h的不燃烧体，隔墙上的门应采用乙级防火门。

7.2.2 医院中的洁净手术室或洁净手术部、附设在建筑中的歌舞娱乐放映游艺场所以及附设在居住建筑中的托儿所、幼儿园的儿童用房和儿童游乐厅等儿童活动场所、老年人建筑，应采用耐火极限不低于2.00h的不燃烧体墙和耐火极限不低于1.00h的楼板与其他场所或部位隔开，当墙上必须开门时应设置乙级防火门。

7.2.3 下列建筑或部位的隔墙应采用耐火极限不低于2.00h的不燃烧体，隔墙上的门窗应为乙级防火门窗：

1 甲、乙类厂房和使用丙类液体的厂房；

2 有明火和高温的厂房；

3 剧院后台的辅助用房；

4 一、二级耐火等级建筑的门厅；

5 除住宅外，其他建筑内的厨房；

6 甲、乙、丙类厂房或甲、乙、丙类仓库内布置有不同类别火灾危险性的房间。

7.2.5 附设在建筑物内的消防控制室、固定灭火系统的设备室、消防水泵房和通风空气调节机房等，应采用耐火极限不低于2.00h的隔墙和1.50h的楼板与其他部位隔开。设置在丁、戊类厂房中的通风机房应采用耐火极限不低于1.00h的隔墙和0.50h的楼板与其他部位隔开。隔墙上的门除本规范另有规定者外，均应采用乙级防火门。

7.2.9 电缆井、管道井、排烟道、排气道、垃圾道等竖向管道井，应分别独立设置；其井壁应为耐火极限不低于1.00h的不燃烧体；井壁上的检查门应采用丙级防火门。

7.4.2条，同8.1.2节相关内容。

7.4.3 条，同 8.2.2 节相关内容。

7.4.4 建筑物中的疏散楼梯间在各层的平面位置不应改变。

地下室、半地下室的楼梯间，在首层应采用耐火极限不低于 2.00h 的不燃烧体隔墙与其他部位隔开并应直通室外，当必须在隔墙上开门时，应采用乙级防火门。

地下室、半地下室与地上层不应共用楼梯间，当必须共用楼梯间时，在首层应采用耐火极限不低于 2.00h 的不燃烧体隔墙和乙级防火门将地下、半地下部分与地上部分的连通部位完全隔开，并应有明显标志。

7.4.10.3 消防电梯井、机房与相邻电梯井、机房之间，应采用耐火极限不低于 2.00h 的不燃烧体隔墙隔开；当在隔墙上开门时，应设置甲级防火门；

7.4.11 建筑中的封闭楼梯间、防烟楼梯间、消防电梯间前室及合用前室，不应设置卷帘门。疏散走道在防火分区处应设置甲级常开防火门。

8.6.4 消防水泵房的门应采用甲级防火门。

见《民用建筑设计通则》（GB 50352—2005）。

8.3.2 配变电所防火门的级别应符合下列要求：

1 设在高层建筑内的配变电所，应采用耐火极限不低于 2h 的隔墙、耐火极限不低于 1.50h 的楼板和甲级防火门与其他部位隔开；

2 可燃油油浸变压器室通向配电室或变压器室之间的门应为甲级防火门；

3 配变电所内部相通的门，宜为丙级的防火门；

4 配变电所直接通向室外的门，应为丙级防火门。

（二）高层民用建筑　见《高层民用建筑设计防火规范（2005 年版）》（GB 50045—95）。

4.1.2.3 锅炉房、变压器室与其他部位之间应采用耐火极限不低于 2.00h 的不燃烧体隔墙和 1.50h 的楼板隔开。在隔墙和楼板上不应开设洞口，当必须在隔墙上开门窗时，应设置耐火极限不低于 1.20m 的防火门窗；

4.1.3 柴油发电机房布置在高层建筑和裙房内时，应符合下列规定：

4.1.3.2 应采用耐火极限不低于 2.00h 的隔墙和 1.50h 的楼板与其他部位隔开，门应采用甲级防火门；

4.1.3.3 机房内应设置储油间，其总储存量不应超过 8.00h 的需要量，且储油间应采用防火墙与发电机间隔开；当必须在防火墙上开门时，应设置能自动关闭的甲级防火门；

4.1.5A 高层建筑内的歌舞厅、卡拉 OK 厅（含具有卡拉 OK 功能的餐厅）、夜总会、录像厅、放映厅、桑拿浴室（除洗浴部分外）、游艺厅（含电子游艺厅）、网吧等歌舞娱乐放映游艺场所（以下简称歌舞娱乐放映游艺场所），应设在首层或二、三层；宜靠外墙设置，不应布置在袋形走道的两侧和尽端，其最大容纳人数按录像厅、放映厅为 1.0 人/m²，其他场所为 0.5 人/m² 计算，面积按厅室建筑面积计算；并应采用耐火极限不低于 2.00h 的隔墙和 1.00h 的楼板与其他场所隔开，当墙上必须开门时应设置不低于乙级的防火门。

4.1.10 高层建筑使用丙类液体作燃料时，应符合下列规定：

4.1.10.2 中间罐的容积不应大于 1.00m³，并应设在耐火等级不低于二级的单独房间内，该房间的门应采用甲级防火门。

5.1.5 高层建筑中庭防火分区面积应按上、下层连通的面积叠加计算，当超过一个防火分区面积时，应符合下列规定：

5.1.5.1　房间与中庭回廊相通的门、窗、应设自行关闭的乙级防火门、窗。

5.1.5.2　与中庭相通的过厅、通道等，应设乙级防火门或耐火极限大于3.00h的防火卷帘分隔。

5.2.1　防火墙不宜设在U、L形等高层建筑的内转角处。当设在转角附近时，内转角两侧墙上的门、窗、洞口之间最近边缘的水平距离不应小于4.00m；当相邻一侧装有固定乙级防火窗时，距离可不限。

5.2.2　紧靠防火墙两侧的门、窗、洞口之间最近边缘的水平距离不应小于2.00m；当水平间距小于2.00m时，应设置固定乙级防火门、窗。

5.2.3　防火墙上不应开设门、窗、洞口，当必须开设时，应设置能自行关闭的甲级防火门、窗。

5.2.7*　设在高层建筑内的自动灭火系统的设备室、通风、空调机房，应采用耐火极限不低于2.00h的隔墙，1.50h的楼板和甲级防火门与其他部位隔开。

5.2.8　地下室内存放可燃物平均重量超过30kg/m²的房间隔墙，其耐火极限不应低于2.00h，房间的门应采用甲级防火门。

5.3.2　电缆井、管道井、排烟道、排气道、垃圾道等竖向管道井，应分别独立设置；其井壁应为耐火极限不低于1.00h的不燃烧体；井壁上的检查门应采用丙级防火门。

5.3.4　垃圾道宜靠外墙设置，不应设在楼梯间内。垃圾道的排气口应直接开向室外。垃圾斗宜设在垃圾道前室内，该前室应采用丙级防火门。垃圾斗应采用不燃烧材料制作，并能自行关闭。

6.2.1　一类建筑和除单元式和通廊式住宅外的建筑高度超过32m的二类建筑以及塔式住宅，均应设防烟楼梯间。防烟楼梯间的设置应符合下列规定：

6.2.1.3　前室和楼梯间的门均应为乙级防火门，并应向疏散方向开启。

6.2.2　裙房和除单元式和通廊式住宅外的建筑高度不超过32m的二类建筑应设封闭楼梯间。封闭楼梯间的设置应符合下列规定：

6.2.2.3　楼梯间的首层紧接主要出口时，可将走道和门厅等包括在楼梯间内，形成扩大的封闭楼梯间，但应采用乙级防火门等防火措施与其他走道和房间隔开。

6.2.3　单元式住宅每个单元的疏散楼梯均应通至屋顶，其疏散楼梯间的设置应符合下列规定：

6.2.3.1　十一层及十一层以下的单元式住宅可不设封闭楼梯间，但开向楼梯间的户门应为乙级防火门，且楼梯间应靠外墙，并应直接天然采光和自然通风。

*6.2.8　地下室、半地下室的楼梯间，在首层应采用耐火极限不低于2.00h的隔墙与其他部位隔开并应直通室外，当必须在隔墙上开门时。应采用不低于乙级的防火门。

地下室或半地下室与地上层不应共用楼梯间，当必须共用楼梯间时，应在首层与地下或半地下层的出入口处，设置耐火极限不低于2.00h的隔墙和乙级的防火门隔开，并应有明显标志。

地下室或半地下室与地上层不宜共用楼梯间，当必须共用楼梯间时，宜在首层与地下或半地下层的入口处，设置耐火极限不低于2.00h的隔墙和乙级防火门隔开，并应有明显标志。

6.2.10　室外楼梯可作为辅助的防烟楼梯，其最小净宽不应小于0.90m。当倾斜角度不大于45°，栏杆扶手的高度不小于1.10m时，室外楼梯宽度可计入疏散楼梯总宽度内。

室外楼梯和每层出口处平台，应采用不燃材料制作。平台的耐火极限不应低于1.00h。在楼梯周围2.00m内的墙面上，除设疏散门外，不应开设其他门、窗、洞口。疏散门应采用乙级防火门、且不应正对梯段。

6.3.3.4　消防电梯间前室的门，应采用乙级防火门或具有停滞功能的防火卷帘。

7.5.1　独立设置的消防水泵房，其耐火等级不应低于二级。在高层建筑内设置消防水泵房时，应采用耐火极限不低于 2.00h 的隔墙和 1.50h 的楼板与其他部位隔开，并应设甲级防火门。

（三）办公建筑　见《办公建筑设计规范》(JGJ 67—2006)。

5.0.5　机要室、档案室和重要库房等隔墙的耐火极限不应小于 2h，楼板不应小于 1.5h，并应采用甲级防火门。

（四）住宅建筑　见《住宅建筑规范》(GB 50368—2005)。

9.4.3　住宅建筑中竖井的设置应符合下列要求：

4　电缆井和管道井设置在防烟楼梯间前室、合用前室时，其井壁上的检查门应采用丙级防火门。

（五）体育建筑　见《体育建筑设计规范》(JGJ 31—2003)。

8.1.3.2　观众厅、比赛厅或训练厅的安全出口应设置乙级防火门。

（六）医院　见《综合医院建筑设计规范》(JGJ 49—1988)。

第 4.0.3 条　防火分区

二、防火分区的面积除按建筑耐火等级和建筑物高度确定外；病房部分每层防火分区内，尚应根据面积大小和疏散路线进行防火再分隔；同层有二个及二个以上护理单元时，通向公共走道的单元入口处，应设乙级防火门。

第 4.0.4 条　楼梯、电梯

三、每层电梯间应设前室，由走道通向前室的门，应为向疏散方向开启的乙级防火门。

（七）电影院、剧场　见《电影院建筑设计规范》(JGJ 58—2008)。

6.2.3　观众厅疏散门的数量应经计算确定，且不应少于 2 个，门的净宽度应符合现行国家标准《建筑设计防火规范》GB50016 及《高层民用建筑设计防火规范》GB50045 的规定，且不应小于 0.90m。应采用甲级防火门，并应向疏散方向开启。

　　见《剧场建筑设计规范》(JGJ 57—2000)。

6.1.8　侧台应符合下列规定：

6　甲等剧场的侧台与主台之间的洞口宜设防火幕。

8.1.2　舞台主台通向各处洞口均应设甲级防火门，或按本规范第 8.3.2 条规定设置水幕。

8.1.5　变电间之高、低压配电室与舞台、侧台、后台相连时，必须设置面积不小于 6m² 的前室，并应设甲级防火门。

（八）殡仪馆　见《殡仪馆建筑设计规范》(JGJ 124—1999)。

7.2.6　骨灰寄存用房防火墙上的门，应为甲级防火门。骨灰寄存室防火门应向外开启，其净宽不应小于 1.4m，且不应设置门槛。

（九）图书馆　见《图书馆建筑设计规范》(JGJ 38—1999)。

6.2.5　书库、非书资料库、珍善本书库、特藏书库等防火墙上的防火门应为甲级防火门。

（十）厂房、仓库　见《建筑设计防火规范》(GB 50016—2006)。

3.3.11　厂房中的丙类液体中间储罐应设置在单独房间内，其容积不应大于1m³。设置该中间储罐的房间，其围护构件的耐火极限不应低于二级耐火等级建筑的相应要求，房间的门应采用甲级防火门。

3.3.14　乙类厂房的配电所必须在防火墙上开窗时，应设置密封固定的甲级防火窗。

3.8.8　除一、二级耐火等级的多层戊类仓库外，其他仓库中供垂直运输物品的提升设施宜设置在仓库外，当必须设置在仓库内时，应设置在井壁的耐火极限不低于2.00h的井筒内。室内外提升设施通向仓库入口上的门应采用乙级防火门或防火卷帘。

（十一）汽车库　见《汽车库、修车库、停车场设计防火规范》(GB 50067—1997)。

5.2.6　防火墙或防火隔墙上不宜开设门、窗、洞口，当必须开设时，应设置甲级防火门、窗或耐火极限不低于3.00h的防火卷帘。

5.3.2　电缆井，管道井应每隔2～3层在楼板处采用相当于楼板耐火极限的不燃烧体作防火分隔，井壁上的检查门应采用丙级防火门。

5.3.3　除敞开式汽车库、斜楼板式汽车库以外的多层、高层、地下汽车库，汽车坡道两侧应用防火墙与停车区隔开。坡道的出入口应采用水幕、防火卷帘或设置甲级防火门等措施与停车区隔开。当汽车库和汽车坡道上均设有自动灭火系统时，可不受此限。

6.0.3　汽车库、修车库的室内疏散楼梯应设置封闭楼梯间。建筑高度超过32m的高层汽车库的室内疏散楼梯应设置防烟楼梯间，楼梯间和前室的门应向疏散方向开启。地下汽车库和高层汽车库以及设在高层建筑裙房内的汽车库，其楼梯间、前室的门应采用乙级防火门。

（十二）变配电室　见《10kV及以下变电所设计规范》(GB 50053—1994)。

第6.1.2条　有下列情况之一时，可燃油油浸变压器室的门应为甲级防火门：
一、变压器室位于车间内；
二、变压器室位于容易沉积可燃粉尘、可燃纤维的场所；
三、变压器室附近有粮、棉及其他易燃物大量集中的露天堆场；
四、变压器室位于建筑物内；
五、变压器室下面有地下室。

第6.1.8条　在多层和高层主体建筑物的底层布置装有可燃性油的电气设备时，其底层外墙开口部位的上方应设置宽度不小于1.0m的防火挑檐。多油开关室和高压电容器室均应设有防止油品流散的设施。

见《民用建筑电气设计规范》(JGJ/T 16—2008)。

4.9.2　配变电所的门，应为防火门，并应符合以下要求：
1　配变电所位于高层主体建筑（或裙房）内，通向其他相邻房间的门应为甲级防火门，通向过道的门应为乙级防火门。
2　配变电所位于建筑物的二层或更高层通向其他相邻房间的门，应为甲级防火门，通向走道的门应为乙级防火门。
3　配变电所位于地下层时，通向相邻房间或走道的门应为甲级防火门。
4　配变电所位于普通多层民用建筑内，通向相邻房间或走道的门应为丙级防火门。

5　配变电所附近堆有易燃物品或通向汽车库的门应为甲级防火门。

6　可燃性油浸变压器室通向配电装置室或变压器室之间的门应为甲级防火门。

7　配变电所直接通向室外的门，应为丙级防火门。

（十三）人防工程　见《人民防空工程设计防火规范》(GB 50098—2009)。

3.1.6　地下商店应符合下列规定：

4)　防烟楼梯间，该防烟楼梯间及前室的门应为火灾时能自动关闭的常开式甲级防火门。

3.1.10　柴油发电机房和燃油或燃气锅炉房的设置除应符合现行国家标准《建筑设计防火规范》GB 50016 的有关规定外，尚应符合下列规定：

2　柴油发电机房与电站控制室之间的密闭观察窗除应符合密闭要求外，还应达到甲级防火窗的性能；

3　柴油发电机房与电站控制室之间的连接通道处，应设置一道具有甲级防火门耐火性能的门，并应常闭；

4.1.6　当人防工程地面建有建筑物，且与地下一、二层有中庭相通或地下一、二层有中庭相通时。防火分区面积应按上下多层相连通的面积叠加计算；当超过本规范规定的防火分区最大允许建筑面积时，应符合下列规定：

1　房间与中庭相通的开口部位应设置火灾时能自行关闭的甲级防火门窗；

2　与中庭相通的过厅、通道等处，应设置甲级防火门或耐火极限不低于 3h 的防火卷帘；防火门或防火卷帘应能在火灾时自动关闭或降落；

4.2.2　防火墙上不宜开设门、窗、洞口，当需要开设时，应设置能自行关闭的甲级防火门、窗。

4.2.4　下列场所应采用耐火极限不低于 2h 的隔墙和 1.5h 的楼板与其他场所隔开，并应符合下列规定：

1　消防控制室、消防水泵房、排烟机房、灭火剂储瓶室、变配电室、通信机房、通风和空调机房、可燃物存放量平均值超过 30kg/m² 火灾荷载密度的房间等，墙上应设置常闭的甲级防火门；

2　柴油发电机房的储油间。墙上应设置常闭的甲级防火门，并应设置高 150mm 的不燃烧、不渗漏的门槛，地面不得设置地漏；

3　同一防火分区内厨房、食品加工等用火用电用气场所，墙上应设置不低于乙级的防火门，人员频繁出入的防火门应设置火灾时能自动关闭的常开式防火门；

4　歌舞娱乐放映游艺场所，且一个厅、室的建筑面积不应大于 200m²，隔墙上应设置不低于乙级的防火门。

4.4.2　防火门的设置应符合下列规定：

1　位于防火分区分隔处安全出口的门应为甲级防火门；当使用功能上确实需要采用防火卷帘分隔时，应在其旁设置与相邻防火分区的疏散走道相通的甲级防火门；

2　公共场所的疏散门应向疏散方向开启，并在关闭后能从任何一侧手动开启；

3　公共场所人员频繁出入的防火门，应采用能在火灾时自动关闭的常开式防火门；平时需要控制人员随意出入的防火门，应设置火灾时不需使用钥匙等任何工具即能从内部易于打开的常闭防火门，并应在明显位置设置标识和使用提示；其他部位的防火门，宜选用常闭的防火门；

4　用防护门、防护密闭门、密闭门代替甲级防火门时，其耐火性能应符合甲级防火门的要求；且不得用于平战结合公共场所的安全出口处；

4.4.3　用防火墙划分防火分区有困难时，可采用防火卷帘分隔，并应符合下列规定：

1 当防火分隔部位的宽度不大于30m时，防火卷帘的宽度不应大于10m；当防火分隔部位的宽度大于30m时，防火卷帘的宽度不应大于防火分隔部位宽度的1/3，且不应大于20m；

2 防火卷帘的耐火极限不应低于3h；

5.2.2 封闭楼梯间应采用不低于乙级的防火门；

5.2.3 人民防空地下室的疏散楼梯间，在主体建筑地面首层应采用耐火极限不低于2h的隔墙与其他部位隔开并应直通室外；当必须在隔墙上开门时，应采用不低于乙级的防火门。

人民防空地下室与地上层不应共用楼梯间；当必须共用楼梯间时，应在地面首层与地下室的入口处，设置耐火极限不低于2h的隔墙和不低于乙级的防火门隔开，并应有明显标志。

二、设计要求

见《建筑设计防火规范》(GB 50016—2006)。

7.5.2 防火门的设置应符合下列规定：

1 应具有自闭功能。双扇防火门应具有按顺序关闭的功能；

2 常开防火门应能在火灾时自行关闭，并应有信号反馈的功能；

3 防火门内外两侧应能手动开启（本规范第7.4.12条第4款规定除外）；

4 设置在变形缝附近时，防火门开启后，其门扇不应跨越变形缝，并应设置在楼层较多的一侧。

7.5.3 防火分区间采用防火卷帘分隔时，应符合下列规定：

1 防火卷帘的耐火极限不应低于3.00h。当防火卷帘的耐火极限符合现行国家标准《门和卷帘耐火试验方法》GB 7633有关背火面温升的判定条件时，可不设置自动喷水灭火系统保护；符合现行国家标准《门和卷帘耐火试验方法》GB 7633有关背火面辐射热的判定条件时，应设置自动喷水灭火系统保护。自动喷水灭火系统的设计应符合现行国家标准《自动喷水灭火系统设计规范》GB 50084的有关规定，但其火灾延续时间不应小于3.0h；

2 防火卷帘应具有防烟性能，与楼板、梁和墙、柱之间的空隙应采用防火封堵材料封堵。

见《高层民用建筑设计防火规范（2005年版)》(GB 50045—95)。

5.4.2 防火门应为向疏散方向开启的平开门，并在关闭后应能从任何一侧手动开启。用于疏散的走道、楼梯间和前室的防火门，应具有自行关闭的功能。双扇和多扇防火门，还应具有按顺序关闭的功能。常开的防火门，当发生火灾时，应具有自行关闭和信号反馈的功能。

5.4.3 设在变形缝处附近的防火门，应设在楼层数较多的一侧，且门开启后不应跨越变形缝。

5.4.4* 在设置防火墙确有困难的场所，可采用防火卷帘作防火分区分隔。当采用包括背火面温升作耐火极限判定条件的防火卷帘时，其耐火极限不低于3.00h；当采用不包括背火面温升作耐火极限判定条件的防火卷帘时，其卷帘两侧应设独立的闭式自动喷水系统保护，系统喷水延续时间不应小于3.00h。

5.4.5 设在疏散走道上的防火卷帘应在卷帘的两侧设置启闭装置，并应具有自动、手动和机械控制的功能。

第十二章 建筑节能

第一节 评价与等级划分

一、基本要求

见《节能建筑评价标准》(GB/T 50668—2011)。

3.1.1 节能建筑评价应包括节能建筑设计评价和节能建筑工程评价两个阶段。

3.1.2 节能建筑的评价应以单栋建筑或建筑小区为对象。评价单栋建筑时，凡涉及室外部分的指标应以该栋建筑所处的室外条件的评价结果为准；建筑小区的节能评价应在单栋建筑评价的基础上进行，建筑小区的节能等级应根据小区中全部单栋建筑均达到或超过的节能等级来确定。

3.1.3 节能建筑设计评价应在建筑设计图纸通过相关部门的节能审查并合格后进行；节能建筑工程评价应在建筑通过相关部门的节能工程竣工验收并运行一年后进行。

3.1.4 申请节能建筑设计评价的建筑应提供下列资料：
1 建筑节能技术措施；
2 规划与建筑设计文件；
3 规划与建筑节能设计文件；
4 建筑节能设计审查批复文件。

3.1.5 申请节能建筑工程评价除应提供设计评价阶段的资料外，尚应提供下列资料：
1 材料质量证明文件或检测报告；
2 建筑节能工程竣工验收报告；
3 检测报告、专项分析报告、运营管理制度文件、运营维护资料等相关的资料。

二、等级划分

见《节能建筑评价标准》(GB/T 50668—2011)。

3.2.1 节能建筑设计评价指标体系应由建筑规划、建筑围护结构、采暖通风与空气调节、给水排水、电气与照明、室内环境六类指标组成；节能建筑工程评价指标体系应由建筑规划、建筑围护结构、采暖通风与空气调节、给水排水、电气与照明、室内环境和运营管理七类指标组成。每类指标应包括控制项、一般项和优选项。

3.2.2 节能建筑应满足本标准第4章或第5章中所有控制项的要求，并应按满足一般项数和优选项数的程度，划分为A、AA和AAA三个等级。节能建筑等级划分应符合表3.2.2-1或表3.2.2-2的规定。

3.2.3 AAA节能建筑除应满足本标准第3.2.2条的规定外，尚应符合下列规定：

表 3.2.2-1　居住建筑节能等级的划分

等级	一般项数							一般项数 （共42项）
	建筑规划 （共7项）	围护结构 （共7项）	暖通空调 （共8项）	给水排水 （共5项）	电气与照明 （共4项）	室内环境 （共4项）	运营管理 （共7项）	
A	2	2	2	2	1	1	3	
AA	3	3	3	3	2	2	4	
AAA	5	5	4	4	3	3	5	

等级	优选项数							优选项数 （共25项）
	建筑规划 （共3项）	围护结构 （共6项）	暖通空调 （共7项）	给水排水 （共2项）	电气与照明 （共3项）	室内环境 （共2项）	运营管理 （共2项）	
A	5							
AA	9							
AAA	13							

表 3.2.2-2　公共建筑节能等级的划分

等级	一般项数							一般项数 （共58项）
	建筑规划 （共5项）	围护结构 （共8项）	暖通空调 （共15项）	给水排水 （共6项）	电气与照明 （共12项）	室内环境 （共4项）	运营管理 （共8项）	
A	2	2	4	2	3	1	3	
AA	3	4	6	5	5	2	4	
AAA	4	6	10	4	8	3	6	

等级	优选项数							优选项数 （共34项）
	建筑规划 （共3项）	围护结构 （共6项）	暖通空调 （共14项）	给水排水 （共2项）	电气与照明 （共4项）	室内环境 （共2项）	运营管理 （共3项）	
A	6							
AA	12							
AAA	18							

　　1　在围护结构指标方面，居住建筑满足的优选项数不应少于2项，公共建筑满足的优选项数不应少于3项；

　　2　在暖通空调指标方面，居住建筑满足的优选项数不应少于2项，公共建筑满足的优选项数不应少于4项；

　　3　在电气与照明指标方面，居住建筑满足的优选项数不应少于1项，公共建筑满足的优选项数不应少于2项。

　　3.2.4　当本标准中一般项和优选项中的某条文不适应建筑所在地区、气候、建筑类型和评价阶段等条件时，该条文可不参与评价，参评的总项数可相应减少，等级划分时对项数的要求应按原比例调整确定。对项数的要求按原比例调整后，每类指标满足的一般项数不得少于1条。

　　3.2.5　本标准中各条款的评价结论应为通过或不通过；对有多项要求的条款，不满足各款的全部要求时评价结论不得为通过。

　　3.2.6　温和地区节能建筑的评价宜根据最邻近的气候分区的相应条款进行。

第二节　居住建筑节能

见《住宅建筑规范》(GB 50368—2005)。

10.2.1　住宅节能设计的规定性指标主要包括：建筑物体形系数、窗墙面积比、各部分围护结构的传热系数、外窗遮阳系数等。各建筑热工设计分区的具体规定性指标应根据节能目标分别确定。

见《夏热冬冷地区居住建筑节能设计标准》(JGJ 134—2010)。

4.0.3　夏热冬冷地区居住建筑的体形系数不应大于表4.0.3规定的限值。当体形系数大于表4.0.3规定的限值时，必须按照本标准第5章的要求进行建筑围护结构热工性能的综合判断。

表4.0.3　夏热冬冷地区居住建筑的体形系数限值

建筑层数	≤3层	(4~11)层	≥12层
建筑的体形系数	0.55	0.40	0.35

4.0.4　建筑围护结构各部分的传热系数和热惰性指标不应大于表4.0.4规定的限值。当设计建筑的围护结构中的屋面、外墙、架空或外挑楼板、外窗不符合表4.0.4的规定时，必须按照本标准第5章的规定进行建筑围护结构热工性能的综合判断。

表4.0.4　建筑围护结构各部分的传热系数(K)和热惰性指标(D)的限值

围护结构部位		传热系数 $K[W/(m^2 \cdot K)]$	
		热惰性指标 $D \leqslant 2.5$	热惰性指标 $D > 2.5$
体形系数 ≤0.40	屋面	0.8	1.0
	外墙	1.0	1.5
	底面接触室外空气的架空或外挑楼板	1.5	
	分户墙、楼板、楼梯间隔墙、外走廊隔墙	2.0	
	户门	3.0(通往封闭空间) 2.0(通往非封闭空间或户外)	
	外窗(含阳台门透明部分)	应符合本标准表4.0.5-1、表4.0.5-2的规定	
体形系数 >0.40	屋面	0.5	0.6
	外墙	0.80	1.0
	底面接触室外空气的架空或外挑楼板	1.0	
	分户墙、楼板、楼梯间隔墙、外走廊隔墙	2.0	
	户门	3.0(通往封闭空间) 2.0(通往非封闭空间或户外)	
	外窗(含阳台门透明部分)	应符合本标准表4.0.5-1、表4.0.5-2的规定	

4.0.5　不同朝向外窗（包括阳台门的透明部分）的窗墙面积比不应大于表4.0.5-1规定的限值。不同朝向、不同窗墙面积比的外窗传热系数不应大于表4.0.5-2规定的限值；综合遮阳系

数应符合表 4.0.5-2 的规定。当外窗为凸窗时，凸窗的传热系数限值应比表 4.0.5-2 规定的限值小 10%；计算窗墙面积比时，凸窗的面积应按洞口面积计算。当设计建筑的窗墙面积比或传热系数、遮阳系数不符合表 4.0.5-1 和表 4.0.5-2 的规定时，必须按照本标准第 5 章的规定进行建筑围护结构热工性能的综合判断。

表 4.0.5-1 不同朝向外窗的窗墙面积比限值

朝 向	窗墙面积比
北	0.40
东、西	0.35
南	0.45
每套房间允许一个房间(不分朝向)	0.60

表 4.0.5-2 不同朝向、不同窗墙面积比的外窗传热系数和综合遮阳系数限值

建筑	窗墙面积比	传热系数 $K[\mathrm{W}/(\mathrm{m}^2 \cdot \mathrm{K})]$	外窗综合遮阳系数 SC_w (东、西向/南向)
体形系数 ≤0.40	窗墙面积比≤0.20	4.7	—/—
	0.20<窗墙面积比≤0.30	4.0	—/—
	0.30<窗墙面积比≤0.40	3.2	夏季≤0.40/夏季≤0.45
	0.40<窗墙面积比≤0.45	2.8	夏季≤0.35/夏季≤0.40
	0.45<窗墙面积比≤0.60	2.5	东、西、南向设置外遮阳 夏季≤0.25 冬季≥0.60
体形系数 >0.40	窗墙面积比≤0.20	4.0	—/—
	0.20<窗墙面积比≤0.30	3.2	—/—
	0.30<窗墙面积比≤0.40	2.8	夏季≤0.40/夏季≤0.45
	0.40<窗墙面积比≤0.45	2.5	夏季≤0.35/夏季≤0.40
	0.45<窗墙面积比≤0.60	2.3	东、西、南向设置外遮阳 夏季≤0.25 冬季≥0.60

注：1 表中的"东、西"代表从东或西偏北 30°(含 30°)至偏南 60°(含 60°)的范围；"南"代表从南偏东 30°至偏西 30°的范围。

2 楼梯间、外走廊的窗不按本表规定执行。

5.0.1 当设计建筑不符合本标准第 4.0.3、第 4.0.4 和第 4.0.5 条中的各项规定时，应按本章的规定对设计建筑进行围护结构热工性能的综合判断。

5.0.2 建筑围护结构热工性能的综合判断应以建筑物在本标准第 5.0.6 条规定的条件下计算得出的采暖和空调耗电量之和为判据。

5.0.6 设计建筑和参照建筑的采暖和空调年耗电量的计算应符合下列规定：

1 整栋建筑每套住宅室内计算温度，冬季应全天为 18℃，夏季应全天为 26℃；

2 采暖计算期应为当年 12 月 1 日至次年 2 月 28 日，空调计算期应为当年 6 月 15 日至 8 月 31 日；

3 室外气象计算参数应采用典型气象年；

4 采暖和空调时，换气次数应为 1.0 次/h；

5 采暖、空调设备为家用空气源热泵空调器，制冷时额定能效比应取 2.3，采暖时额定能效比应取 1.9；

6 室内得热平均强度应取 $4.3\mathrm{W}/\mathrm{m}^2$。

第三节　公共建筑节能

见《公共建筑节能设计标准》(GB 50189—2005)。

4.1.2　严寒、寒冷地区建筑的体形系数应小于或等于0.40。当不能满足本条文的规定时，必须按本标准第4.3节的规定进行权衡判断。

4.2.1　各城市的建筑气候分区应按表4.2.1确定。

表4.2.1　主要城市所处气候分区

气候分区	代表性城市
严寒地区A区	海伦、博克图、伊春、呼玛、海拉尔、满洲里、齐齐哈尔、富锦、哈尔滨、牡丹江、克拉玛依、佳木斯、安达
严寒地区B区	长春、乌鲁木齐、延吉、通辽、通化、四平、呼和浩特、抚顺、大柴旦、沈阳、大同、本溪、阜新、哈密、鞍山、张家口、酒泉、伊宁、吐鲁番、西宁、银川、丹东
寒冷地区	兰州、太原、唐山、阿坝、喀什、北京、天津、大连、阳泉、平凉、石家庄、德州、晋城、天水、西安、拉萨、康定、济南、青岛、安阳、郑州、洛阳、宝鸡、徐州
夏热冬冷地区	南京、蚌埠、盐城、南通、合肥、安庆、九江、武汉、黄石、岳阳、汉中、安康、上海、杭州、宁波、宜昌、长沙、南昌、株洲、永州、赣州、韶关、桂林、重庆、达县、万州、涪陵、南充、宜宾、成都、贵阳、遵义、凯里、绵阳
夏热冬暖地区	福州、莆田、龙岩、梅州、兴宁、英德、河池、柳州、贺州、泉州、厦门、广州、深圳、湛江、汕头、海口、南宁、北海、梧州

4.2.2　根据建筑所处城市的建筑气候分区，围护结构的热工性能应分别符合表4.2.2-1、表4.2.2-2、表4.2.2-3、表4.2.2-4、表4.2.2-5以及表4.2.2-6的规定，其中外墙的传热系数为包括结构性热桥在内的平均值K_m。当建筑所处城市属于温和地区时，应判断该城市的气象条件与表4.2.1中的哪个城市最接近，围护结构的热工性能应符合那个城市所属气候分区的规定。当本条文的规定不能满足时，必须按本标准第4.3节的规定进行权衡判断。

表4.2.2-1　严寒地区A区围护结构传热系数限值

围护结构部位		体形系数≤0.3 传热系数 K W/(m²·K)	0.3<体形系数≤0.4 传热系数 K W/(m²·K)
屋面		≤0.35	≤0.30
外墙(包括非透明幕墙)		≤0.45	≤0.40
底面接触室外空气的架空或外挑楼板		≤0.45	≤0.40
非采暖房间与采暖房间的隔墙或楼板		≤0.6	≤0.6
单一朝向外窗(包括透明幕墙)	窗墙面积比≤0.2	≤3.0	≤2.7
	0.2<窗墙面积比≤0.3	≤2.8	≤2.5
	0.3<窗墙面积比≤0.4	≤2.5	≤2.2
	0.4<窗墙面积比≤0.5	≤2.0	≤1.7
	0.5<窗墙面积比≤0.7	≤1.7	≤1.5
屋顶透明部分		≤2.5	

表 4.2.2-2　严寒地区 B 区围护结构传热系数限值

围护结构部位		体形系数≤0.3 传热系数 K W/(m²·K)	0.3<体形系数≤0.4 传热系数 K W/(m²·K)
屋面		≤0.45	≤0.35
外墙(包括非透明幕墙)		≤0.50	≤0.45
底面接触室外空气的架空或外挑楼板		≤0.50	≤0.45
非采暖房间与采暖房间的隔墙或楼板		≤0.8	≤0.8
单一朝向外窗(包括透明幕墙)	窗墙面积比≤0.2	≤3.2	≤2.8
	0.2<窗墙面积比≤0.3	≤2.9	≤2.5
	0.3<窗墙面积比≤0.4	≤2.6	≤2.2
	0.4<窗墙面积比≤0.5	≤2.1	≤1.8
	0.5<窗墙面积比≤0.7	≤1.8	≤1.6
	屋顶透明部分	≤2.6	

表 4.2.2-3　寒冷地区围护结构传热系数和遮阳系数限值

围护结构部位		体形系数≤0.3 传热系数 K W/(m²·K)		0.3<体形系数≤0.4 传热系数 K W/(m²·K)	
屋面		≤0.55		≤0.45	
外墙(包括非透明幕墙)		≤0.60		≤0.50	
底面接触室外空气的架空或外挑楼板		≤0.60		≤0.50	
非采暖空调房间与采暖空调房间的隔墙或楼板		≤1.5		≤1.5	
外窗(包括透明幕墙)		传热系数 K W/(m²·K)	遮阳系数 SC (东、南、西向/北向)	传热系数 K W/(m²·K)	遮阳系数 SC (东、南、西向/北向)
单一朝向外窗(包括透明幕墙)	窗墙面积比≤0.2	≤3.5	—	≤3.0	—
	0.2<窗墙面积比≤0.3	≤3.0	—	≤2.5	—
	0.3<窗墙面积比≤0.4	≤2.7	≤0.70/—	≤2.3	≤0.70/—
	0.4<窗墙面积比≤0.5	≤2.3	≤0.60/—	≤2.0	≤0.60/—
	0.5<窗墙面积比≤0.7	≤2.0	≤0.50/—	≤1.8	≤0.50/—
	屋顶透明部分	≤2.7	≤0.50	≤2.7	≤0.50

注:有外遮阳时,遮阳系数=玻璃的遮阳系数×外遮阳的遮阳系数;无外遮阳时,遮阳系数=玻璃的遮阳系数。

表 4.2.2-4　夏热冬冷地区围护结构传热系数和遮阳系数限值

围护结构部位	传热系数 K W/(m²·K)	
屋面	≤0.70	
外墙(包括非透明幕墙)	≤1.0	
底面接触室外空气的架空或外挑楼板	≤1.0	
外窗(包括透明幕墙)	传热系数 K W/(m²·K)	遮阳系数 SC (东、南、西向/北向)
单一朝向外窗(包括透明幕墙) 窗墙面积比≤0.2	≤4.7	—
0.2<窗墙面积比≤0.3	≤3.5	≤0.55/—
0.3<窗墙面积比≤0.4	≤3.0	≤0.50/0.60
0.4<窗墙面积比≤0.5	≤2.8	≤0.45/0.55
0.5<窗墙面积比≤0.7	≤2.5	≤0.40/0.50
屋顶透明部分	≤3.0	≤0.40

注:有外遮阳时,遮阳系数=玻璃的遮阳系数×外遮阳的遮阳系数;无外遮阳时,遮阳系数=玻璃的遮阳系数。

表 4.2.2-5　夏热冬暖地区围护结构传热系数和遮阳系数限值

围护结构部位	传热系数 K W/(m²·K)	
屋面	≤0.90	
外墙(包括非透明幕墙)	≤1.5	
底面接触室外空气的架空或外挑楼板	≤1.5	
外窗(包括透明幕墙)	传热系数 K W/(m²·K)	遮阳系数 SC (东、南、西向/北向)
单一朝向外窗(包括透明幕墙) 窗墙面积比≤0.2	≤6.5	—
0.2<窗墙面积比≤0.3	≤4.7	≤0.50/0.60
0.3<窗墙面积比≤0.4	≤3.5	≤0.45/0.55
0.4<窗墙面积比≤0.5	≤3.0	≤0.40/0.50
0.5<窗墙面积比≤0.7	≤3.0	≤0.35/0.45
屋顶透明部分	≤3.5	≤0.35

注:有外遮阳时,遮阳系数=玻璃的遮阳系数×外遮阳的遮阳系数;无外遮阳时,遮阳系数=玻璃的遮阳系数。

表 4.2.2-6　不同气候区地面和地下室外墙热阻限值

气候分区	围护结构部位	热阻 $R(m^2 \cdot K)/W$
严寒地区 A 区	地面:周边地面 　　非周边地面	≥2.0 ≥1.8
	采暖地下室外墙(与土壤接触的墙)	≥2.0
严寒地区 B 区	地面:周边地面 　　非周边地面	≥2.0 ≥1.8
	采暖地下室外墙(与土壤接触的墙)	≥1.8
寒冷地区	地面:周边地面 　　非周边地面	≥1.5
	采暖、空调地下室外墙(与土壤接触的墙)	≥1.5
夏热冬冷地区	地面	≥1.2
	地下室外墙(与土壤接触的墙)	≥1.2
夏热冬暖地区	地面	≥1.0
	地下室外墙(与土壤接触的墙)	≥1.0

注:周边地面系指距外墙内表面 2m 以内的地面;
地面热阻系指建筑基础持力层以上各层材料的热阻之和;
地下室外墙热阻系指土壤以内各层材料的热阻之和。

4.2.3　外墙与屋面的热桥部位的内表面温度不应低于室内空气露点温度。

4.2.4　建筑每个朝向的窗(包括透明幕墙)墙面积比均不应大于 0.70。当窗(包括透明幕墙)墙面积比小于 0.40 时,玻璃(或其他透明材料)的可见光透射比不应小于 0.4。当不能满足本条文的规定时。必须按本标准第 4.3 节的规定进行权衡判断。

4.2.5　夏热冬暖地区、夏热冬冷地区的建筑以及寒冷地区中制冷负荷大的建筑,外窗(包括透明幕墙)宜设置外部遮阳,外部遮阳的遮阳系数按本标准附录 A 确定。

4.2.6　屋顶透明部分的面积不应大于屋顶总面积的 20%,当不能满足本条文的规定时,必须按本标准第 4.3 节的规定进行权衡判断。

4.2.7　建筑中庭夏季应利用通风降温,必要时设置机械排风装置。

4.2.8　外窗的可开启面积不应小于窗面积的 30%;透明幕墙应具有可开启部分或设有通风换气装置。

4.2.9　严寒地区建筑的外门应设门斗,寒冷地区建筑的外门宜设门斗或应采取其他减少冷风渗透的措施。其他地区建筑外门也应采取保温隔热节能措施。

4.2.10　外窗的气密性不应低于《建筑外窗气密性能分级及其检测方法》GB 7107 规定的 4 级。

4.2.11　透明幕墙的气密性不应低于《建筑幕墙物理性能分级》GB/T 15225 规定的 3 级。

第十三章 绿色建筑

第一节 基本规定

见《民用建筑绿色设计规范》(JGJ/T 229—2010)。

3.0.2　绿色设计应体现共享、平衡、集成的理念。在设计过程中，规划、建筑、结构、给水排水、暖通空调、燃气、电气与智能化、室内设计、景观、经济等各专业应紧密配合。

3.0.3　绿色设计应遵循因地制宜的原则，结合建筑所在地域的气候、资源、生态环境、经济、人文等特点进行。

3.0.4　民用建筑绿色设计应进行绿色设计策划。

3.0.5　方案和初步设计阶段的设计文件应有绿色设计专篇，施工图设计文件中应注明对绿色建筑施工与建筑运营管理的技术要求。

见《绿色建筑评价标准》(GB/T 50378—2006)。

3.1.1　绿色建筑的评价以建筑群或建筑单体为对象。评价单栋建筑时，凡涉及室外环境的指标，以该栋建筑所处环境的评价结果为准。

3.1.2　对新建、扩建与改建的住宅建筑或公共建筑的评价，应在其投入使用一年后进行。

第二节 绿色设计策划内容

见《民用建筑绿色设计规范》(JGJ/T 229—2010)。

4.2.1　绿色设计策划应包括下列内容：

1　前期调研；

2　项目定位与目标分析；

3　绿色设计方案；

4　技术经济可行性分析。

4.2.2　前期调研应包括下列内容：

1　场地调研：包括地理位置、场地生态环境、场地气候环境、地形地貌、场地周边环境、道路交通和市政基础设施规划条件等；

2　市场调研：包括建设项目的功能要求、市场需求、使用模式、技术条件等；

3　社会调研：包括区域资源、人文环境、生活质量、区域经济水平与发展空间、公众意见与建议、当地绿色建筑激励政策等。

4.2.3　项目定位与目标分析应包括下列内容：

1 明确项目自身特点和要求；

2 确定达到现行国家标准《绿色建筑评价标准》GB/T 50378 或其他绿色建筑相关标准的相应等级或要求；

3 确定适宜的实施目标，包括节地与室外环境的目标、节能与能源利用的目标、节水与水资源利用的目标、节材与材料资源利用的目标、室内环境质量的目标、运营管理的目标等。

4.2.4 绿色设计方案的确定宜符合下列要求：

1 优先采用被动设计策略；

2 选用适宜、集成技术；

3 选用高性能建筑产品和设备；

4 当实际条件不符合绿色建筑目标时，可采取调整、平衡和补充措施。

4.2.5 经济技术可行性分析应包括下列内容：

1 技术可行性分析；

2 经济效益、环境效益与社会效益分析；

3 风险评估。

第三节 绿色建筑评价与等级划分

见《绿色建筑评价标准》(GB/T 50378—2006)。

3.2.1 绿色建筑评价指标体系由节地与室外环境、节能与能源利用、节水与水资源利用、节材与材料资源利用、室内环境质量和运营管理六类指标组成。每类指标包括控制项、一般项与优选项。

3.2.2 绿色建筑应满足本标准第 4 章住宅建筑或第 5 章公共建筑中所有控制项的要求，并按满足一般项数和优选项数的程度，划分为三个等级，等级划分按表 3.2.2-1、表 3.2.2-2 确定。

表 3.2.2-1 划分绿色建筑等级的项数要求（住宅建筑）

等级	一般项数（共 40 项）						优选项数（共 9 项）
	节地与室外环境（共 8 项）	节能与能源利用（共 6 项）	节水与水资源利用（共 6 项）	节材与材料资源利用（共 7 项）	室内环境质量（共 6 项）	运营管理（共 7 项）	
★	4	2	3	3	2	4	—
★★	5	3	4	4	3	5	3
★★★	6	4	5	5	4	6	5

表 3.2.2-2 划分绿色建筑等级的项数要求（公共建筑）

等级	一般项数（共 43 项）						优选项数（共 14 项）
	节地与室外环境（共 6 项）	节能与能源利用（共 10 项）	节水与水资源利用（共 6 项）	节材与材料资源利用（共 8 项）	室内环境质量（共 6 项）	运营管理（共 7 项）	
★	3	4	3	5	3	4	—
★★	4	6	4	6	4	5	6
★★★	5	8	5	7	5	6	10

当本标准中某条文不适应建筑所在地区、气候与建筑类型等条件时，该条文可不参与评价，参评的总项数相应减少，等级划分时对项数的要求可按原比例调整确定。

3.2.3　本标准中定性条款的评价结论为通过或不通过；对有多项要求的条款，各项要求均满足时方能评为通过。

第四节　住宅建筑绿色评价

见《绿色建筑评价标准》(GB/T 50378—2006)。

4.1　节地与室外环境

控制项

4.1.1　场地建设不破坏当地文物、自然水系、湿地、基本农田、森林和其他保护区。

4.1.2　建筑场地选址无洪涝灾害、泥石流及含氡土壤的威胁。建筑场地安全范围内无电磁辐射危害和火、爆、有毒物质等危险源。

4.1.3　人均居住用地指标：低层不高于 $43m^2$、多层不高于 $28m^2$、中高层不高于 $24m^2$、高层不高于 $15m^2$。

4.1.4　住区建筑布局保证室内外的日照环境、采光和通风的要求，满足现行国家标准《城市居住区规划设计规范》GB 50180 中有关住宅建筑日照标准的要求。

4.1.5　种植适应当地气候和土壤条件的乡土植物，选用少维护、耐候性强、病虫害少、对人体无害的植物。

4.1.6　住区的绿地率不低于30%，人均公共绿地面积不低于 $1m^2$。

4.1.7　住区内部无排放超标的污染源。

4.1.8　施工过程中制定并实施保护环境的具体措施，控制由于施工引起的大气污染、土壤污染、噪声影响、水污染、光污染以及对场地周边区域的影响。

一般项

4.1.9　住区公共服务设施按规划配建，合理采用综合建筑并与周边地区共享。

4.1.10　充分利用尚可使用的旧建筑。

4.1.11　住区环境噪声符合现行国家标准《城市区域环境噪声标准》GB 3096 的规定。

4.1.12　住区室外日平均热岛强度不高于 1.5℃。

4.1.13　住区风环境有利于冬季室外行走舒适及过渡季、夏季的自然通风。

4.1.14　根据当地的气候条件和植物自然分布特点，栽植多种类型植物，乔、灌、草结合构成多层次的植物群落，每 $100m^2$ 绿地上不少于3株乔木。

4.1.15　选址和住区出入口的设置方便居民充分利用公共交通网络。住区出入口到达公共交通站点的步行距离不超过500m。

4.1.16　住区非机动车道路、地面停车场和其他硬质铺地采用透水地面，并利用园林绿化提供遮阳。室外透水地面面积比不小于45%。

优选项

4.1.17　合理开发利用地下空间。

4.1.18　合理选用废弃场地进行建设。对已被污染的废弃地，进行处理并达到有关标准。

4.2　节能与能源利用

控制项

4.2.1　住宅建筑热工设计和暖通空调设计符合国家批准或备案的居住建筑节能标准的

规定。

4.2.2 当采用集中空调系统时，所选用的冷水机组或单元式空调机组的性能系数、能效比符合现行国家标准《公共建筑节能设计标准》GB 50189 中的有关规定值。

4.2.3 采用集中采暖或集中空调系统的住宅，设置室温调节和热量计量设施。

一般项

4.2.4 利用场地自然条件，合理设计建筑体形、朝向、楼距和窗墙面积比，使住宅获得良好的日照、通风和采光，并根据需要设遮阳设施。

4.2.5 选用效率高的用能设备和系统。集中采暖系统热水循环水泵的耗电输热比，集中空调系统风机单位风量耗功率和冷热水输送能效比符合现行国家标准《公共建筑节能设计标准》GB 50189 的规定。

4.2.6 当采用集中空调系统时，所选用的冷水机组或单元式空调机组的性能系数、能效比比现行国家标准《公共建筑节能设计标准》GB 50189 中的有关规定值高一个等级。

4.2.7 公共场所和部位的照明采用高效光源、高效灯具和低损耗镇流器等附件，并采取其他节能控制措施，在有自然采光的区域设定时或光电控制。

4.2.8 采用集中采暖或集中空调系统的住宅，设置能量回收系统（装置）。

4.2.9 根据当地气候和自然资源条件，充分利用太阳能、地热能等可再生能源。可再生能源的使用量占建筑总能耗的比例大于 5%。

优选项

4.2.10 采暖或空调能耗不高于国家批准或备案的建筑节能标准规定值的 80%。

4.2.11 可再生能源的使用量占建筑总能耗的比例大于 10%。

4.3 节水与水资源利用

控制项

4.3.1 在方案、规划阶段制定水系统规划方案，统筹、综合利用各种水资源。

4.3.2 采取有效措施避免管网漏损。

4.3.3 采用节水器具和设备，节水率不低于 8%。

4.3.4 景观用水不采用市政供水和自备地下水井供水。

4.3.5 使用非传统水源时，采取用水安全保障措施，且不对人体健康与周围环境产生不良影响。

一般项

4.3.6 合理规划地表与屋面雨水径流途径，降低地表径流，采用多种渗透措施增加雨水渗透量。

4.3.7 绿化用水、洗车用水等非饮用水采用再生水、雨水等非传统水源。

4.3.8 绿化灌溉采用喷灌、微灌等高效节水灌溉方式。

4.3.9 非饮用水采用再生水时，优先利用附近集中再生水厂的再生水；附近没有集中再生水厂时，通过技术经济比较，合理选择其他再生水水源和处理技术。

4.3.10 降雨量大的缺水地区，通过技术经济比较，合理确定雨水集蓄及利用方案。

4.3.11 非传统水源利用率不低于 10%。

优选项

4.3.12 非传统水源利用率不低于 30%。

4.4 节材与材料资源利用

控制项

4.4.1 建筑材料中有害物质含量符合现行国家标准 GB 18580～GB 18588 和《建筑材料放

射性核素限量》GB 6566 的要求。

4.4.2　建筑造型要素简约，无大量装饰性构件。

一般项

4.4.3　施工现场 500km 以内生产的建筑材料重量占建筑材料总重量的 70% 以上。

4.4.4　现浇混凝土采用预拌混凝土。

4.4.5　建筑结构材料合理采用高性能混凝土、高强度钢。

4.4.6　将建筑施工、旧建筑拆除和场地清理时产生的固体废弃物分类处理，并将其中可再利用材料、可再循环材料回收和再利用。

4.4.7　在建筑设计选材时考虑使用材料的可再循环使用性能。

在保证安全和不污染环境的情况下，可再循环材料使用重量占所用建筑材料总重量的 10% 以上。

4.4.8　土建与装修工程一体化设计施工，不破坏和拆除已有的建筑构件及设施。

4.4.9　在保证性能的前提下，使用以废弃物为原料生产的建筑材料，其用量占同类建筑材料的比例不低于 30%。

优选项

4.4.10　采用资源消耗和环境影响小的建筑结构体系。

4.4.11　可再利用建筑材料的使用率大于 5%。

4.5　室内环境质量

控制项

4.5.1　每套住宅至少有 1 个居住空间满足日照标准的要求。当有 4 个及 4 个以上居住空间时，至少有 2 个居住空间满足日照标准的要求。

4.5.2　卧室、起居室（厅）、书房、厨房设置外窗，房间的采光系数不低于现行国家标准《建筑采光设计标准》GB/T 50033 的规定。

4.5.3　对建筑围护结构采取有效的隔声、减噪措施。卧室、起居室的允许噪声级在关窗状态下白天不大于 45dB（A），夜间不大于 35dB（A）。楼板和分户墙的空气声计权隔声量不小于 45dB，楼板的计权标准化撞击声声压级不大于 70dB。户门的空气声计权隔声量不小于 30dB；外窗的空气声计权隔声量不小于 25db，沿街时不小于 30dB。

4.5.4　居住空间能自然通风，通风开口面积在夏热冬暖和夏热冬冷地区不小于该房间地板面积的 8%，在其他地区不小于 5%。

4.5.5　室内游离甲醛、苯、氨、氡和 TVOC 等空气污染物浓度符合现行国家标准《民用建筑室内环境污染控制规范》GB 50325 的规定。

一般项

4.5.6　居住空间开窗具有良好的视野，且避免户间居住空间的视线干扰。当 1 套住宅设有 2 个及 2 个以上卫生间时，至少有 1 个卫生间设有外窗。

4.5.7　屋面、地面、外墙和外窗的内表面在室内温、湿度设计条件下无结露现象。

4.5.8　在自然通风条件下，房间的屋顶和东、西外墙内表面的最高温度满足现行国家标准《民用建筑热工设计规范》GB 50176 的要求。

4.5.9　设采暖或空调系统（设备）的住宅，运行时用户可根据需要对室温进行调控。

4.5.10　采用可调节外遮阳装置，防止夏季太阳辐射透过窗户玻璃直接进入室内。

4.5.11　设置通风换气装置或室内空气质量监测装置。

优选项

4.5.12　卧室、起居室（厅）使用蓄能、调湿或改善室内空气质量的功能材料。

4.6 运营管理

控制项

4.6.1 制定并实施节能、节水、节材与绿化管理制度。

4.6.2 住宅水、电、燃气分户、分类计量与收费。

4.6.3 制定垃圾管理制度，对垃圾物流进行有效控制，对废品进行分类收集，防止垃圾无序倾倒和二次污染。

4.6.4 设置密闭的垃圾容器，并有严格的保洁清洗措施，生活垃圾袋装化存放。

一般项

4.6.5 垃圾站（间）设冲洗和排水设施。存放垃圾及时清运，不污染环境，不散发臭味。

4.6.6 智能化系统定位正确，采用的技术先进、实用、可靠，达到安全防范子系统、管理与设备监控子系统与信息网络子系统的基本配置要求。

4.6.7 采用无公害病虫害防治技术，规范杀虫剂、除草剂、化肥、农药等化学药品的使用，有效避免对土壤和地下水环境的损害。

4.6.8 栽种和移植的树木成活率大于90%，植物生长状态良好。

4.6.9 物业管理部门通过ISO 14001环境管理体系认证。

4.6.10 垃圾分类收集率（实行垃圾分类收集的住户占总住户数的比例）达90%以上。

4.6.11 设备、管道的设置便于维修、改造和更换。

优选项

4.6.12 对可生物降解垃圾进行单独收集或设置可生物降解垃圾处理房。垃圾收集或垃圾处理房设有风道或排风、冲洗和排水设施，处理过程无二次污染。

第五节 公共建筑绿色评价

见《绿色建筑评价标准》(GB/T 50378—2006)。

5.1 节地与室外环境

控制项

5.1.1 场地建设不破坏当地文物、自然水系、湿地、基本农田、森林和其他保护区。

5.1.2 建筑场地选址无洪灾、泥石流及含氡土壤的威胁，建筑场地安全范围内无电磁辐射危害和火、爆、有毒物质等危险源。

5.1.3 不对周边建筑物带来光污染，不影响周围居住建筑的日照要求。

5.1.4 场地内无排放超标的污染源。

5.1.5 施工过程中制定并实施保护环境的具体措施，控制由于施工引起各种污染以及对场地周边区域的影响。

一般项

5.1.6 场地环境噪声符合现行国家标准《城市区域环境噪声标准》GB 3096的规定。

5.1.7 建筑物周围人行区风速低于5m/s，不影响室外活动的舒适性和建筑通风。

5.1.8 合理采用屋顶绿化、垂直绿化等方式。

5.1.9 绿化物种选择适宜当地气候和土壤条件的乡土植物，且采用包含乔、灌木的复层绿化。

5.1.10 场地交通组织合理，到达公共交通站点的步行距离不超过500m。

5.1.11 合理开发利用地下空间。

优选项

5.1.12 合理选用废弃场地进行建设。对已被污染的废弃地，进行处理并达到有关标准。

5.1.13 充分利用尚可使用的旧建筑，并纳入规划项目。

5.1.14 室外透水地面面积比大于等于40%。

5.2 节能与能源利用

控制项

5.2.1 围护结构热工性能指标符合国家批准或备案的公共建筑节能标准的规定。

5.2.2 空调采暖系统的冷热源机组能效比符合现行国家标准《公共建筑节能设计标准》GB 50189—2005第5.4.5、5.4.8及5.4.9条规定，锅炉热效率符合第5.4.3条规定。

5.2.3 不采用电热锅炉、电热水器作为直接采暖和空气调节系统的热源。

5.2.4 各房间或场所的照明功率密度值不高于现行国家标准《建筑照明设计标准》GB 50034规定的现行值。

5.2.5 新建的公共建筑，冷热源、输配系统和照明等各部分能耗进行独立分项计量。

一般项

5.2.6 建筑总平面设计有利于冬季日照并避开冬季主导风向，夏季利于自然通风。

5.2.7 建筑外窗可开启面积不小于外窗总面积的30%，建筑幕墙具有可开启部分或设有通风换气装置。

5.2.8 建筑外窗的气密性不低于现行国家标准《建筑外窗气密性能分级及其检测方法》GB 7107规定的4级要求。

5.2.9 合理采用蓄冷蓄热技术。

5.2.10 利用排风对新风进行预热（或预冷）处理，降低新风负荷。

5.2.11 全空气空调系统采取实现全新风运行或可调新风比的措施。

5.2.12 建筑物处于部分冷热负荷时和仅部分空间使用时，采取有效措施节约通风空调系统能耗。

5.2.13 采用节能设备与系统。通风空调系统风机的单位风量耗功率和冷热水系统的输送能效比符合现行国家标准《公共建筑节能设计标准》GB 50189—2005第5.3.26、5.3.27条的规定。

5.2.14 选用余热或废热利用等方式提供建筑所需蒸汽或生活热水。

5.2.15 改建和扩建的公共建筑，冷热源、输配系统和照明等各部分能耗进行独立分项计量。

优选项

5.2.16 建筑设计总能耗低于国家批准或备案的节能标准规定值的80%。

5.2.17 采用分布式热电冷联供技术，提高能源的综合利用率。

5.2.18 根据当地气候和自然资源条件，充分利用太阳能、地热能等可再生能源，可再生能源产生的热水量不低于建筑生活热水消耗量的10%，或可再生能源发电量不低于建筑用电量的2%。

5.2.19 各房间或场所的照明功率密度值不高于现行国家标准《建筑照明设计标准》GB 50034规定的目标值。

5.3 节水与水资源利用

控制项

5.3.1 在方案、规划阶段制定水系统规划方案，统筹、综合利用各种水资源。

5.3.2 设置合理、完善的供水、排水系统。

5.3.3 采取有效措施避免管网漏损。

5.3.4 建筑内卫生器具合理选用节水器具。

5.3.5 使用非传统水源时，采取用水安全保障措施，且不对人体健康与周围环境产生不良影响。

一般项

5.3.6 通过技术经济比较，合理确定雨水积蓄、处理及利用方案。

5.3.7 绿化、景观、洗车等用水采用非传统水源。

5.3.8 绿化灌溉采用喷灌、微灌等高效节水灌溉方式。

5.3.9 非饮用水采用再生水时，利用附近集中再生水厂的再生水，或通过技术经济比较，合理选择其他再生水水源和处理技术。

5.3.10 按用途设置用水计量水表。

5.3.11 办公楼、商场类建筑非传统水源利用率不低于20%，旅馆类建筑不低于15%。

优选项

5.3.12 办公楼、商场类建筑非传统水源利用率不低于40%，旅馆类建筑不低于25%。

5.4 节材与材料资源利用

控制项

5.4.1 建筑材料中有害物质含量符合现行国家标准 GB 18580～GB 18588 和《建筑材料放射性核素限量》GB 6566 的要求。

5.4.2 建筑造型要素简约，无大量装饰性构件。

一般项

5.4.3 施工现场 500km 以内生产的建筑材料重量占建筑材料总重量的60%以上。

5.4.4 现浇混凝土采用预拌混凝土。

5.4.5 建筑结构材料合理采用高性能混凝土、高强度钢。

5.4.6 将建筑施工、旧建筑拆除和场地清理时产生的固体废弃物分类处理并将其中可再利用材料、可再循环材料回收和再利用。

5.4.7 在建筑设计选材时考虑材料的可循环使用性能。在保证安全和不污染环境的情况下，可再循环材料使用重量占所用建筑材料总重量的10%以上。

5.4.8 土建与装修工程一体化设计施工，不破坏和拆除已有的建筑构件及设施，避免重复装修。

5.4.9 办公、商场类建筑室内采用灵活隔断，减少重新装修时的材料浪费和垃圾产生。

5.4.10 在保证性能的前提下，使用以废弃物为原料生产的建筑材料，其用量占同类建筑材料的比例不低于30%。

优选项

5.4.11 采用资源消耗和环境影响小的建筑结构体系。

5.4.12 可再利用建筑材料的使用率大于5%。

5.5 室内环境质量

控制项

5.5.1 采用集中空调的建筑，房间内的温度、湿度、风速等参数符合现行国家标准《公共建筑节能设计标准》GB 50189 中的设计计算要求。

5.5.2 建筑围护结构内部和表面无结露、发霉现象。

5.5.3 采用集中空调的建筑，新风量符合现行国家标准《公共建筑节能设计标准》GB 50189 的设计要求。

5.5.4　室内游离甲醛、苯、氨、氡和 TVOC 等空气污染物浓度符合现行国家标准《民用建筑工程室内环境污染控制规范》GB 50325 中的有关规定。

5.5.5　宾馆和办公建筑室内背景噪声符合现行国家标准《民用建筑隔声设计规范》GBJ 118 中室内允许噪声标准中的二级要求；商场类建筑室内背景噪声水平满足现行国家标准《商场（店）、书店卫生标准》GB 9670 的相关要求。

5.5.6　建筑室内照度、统一眩光值、一般显色指数等指标满足现行国家标准《建筑照明设计标准》GB 50034 中的有关要求。

一般项

5.5.7　建筑设计和构造设计有促进自然通风的措施。

5.5.8　室内采用调节方便、可提高人员舒适性的空调末端。

5.5.9　宾馆类建筑围护结构构件隔声性能满足现行国家标准《民用建筑隔声设计规范》GBJ 118 中的一级要求。

5.5.10　建筑平面布局和空间功能安排合理，减少相邻空间的噪声干扰以及外界噪声对室内的影响。

5.5.11　办公、宾馆类建筑 75％以上的主要功能空间室内采光系数满足现行国家标准《建筑采光设计标准》GB/T 50033 的要求。

5.5.12　建筑入口和主要活动空间设有无障碍设施。

优选项

5.5.13　采用可调节外遮阳，改善室内热环境。

5.5.14　设置室内空气质量监控系统，保证健康舒适的室内环境。

5.5.15　采用合理措施改善室内或地下空间的自然采光效果。

5.6　运营管理

控制项

5.6.1　制定并实施节能、节水等资源节约与绿化管理制度。

5.6.2　建筑运行过程中无不达标废气、废水排放。

5.6.3　分类收集和处理废弃物，且收集和处理过程中无二次污染。

一般项

5.6.4　建筑施工兼顾土方平衡和施工道路等设施在运营过程中的使用。

5.6.5　物业管理部门通过 ISO 14001 环境管理体系认证。

5.6.6　设备、管道的设置便于维修、改造和更换。

5.6.7　对空调通风系统按照国家标准《空调通风系统清洗规范》GB 19210 规定进行定期检查和清洗。

5.6.8　建筑智能化系统定位合理，信息网络系统功能完善。

5.6.9　建筑通风、空调、照明等设备自动监控系统技术合理，系统高效运营。

5.6.10　办公、商场类建筑耗电、冷热量等实行计量收费。

优选项

5.6.11　具有并实施资源管理激励机制，管理业绩与节约资源、提高经济效益挂钩。

青少年理财教育系列读本
QINGSHAONIAN LICAI JIAOYU XILIE DUBEN LICAI TONGSHI

理财通识

《理财教育读本》编委会　编著

智慧锦囊

工欲善其事，必先利其器。
——孔子

湖南美术出版社